Petra Knecht (Hrsg.)

Funktionstextilien

Petra Knecht (Hrsg.)

Funktionstextilien

High-Tech-Produkte bei
Bekleidung und Heimtextilien
Grundlagen – Vermarktungskonzepte –
Verkaufsargumente

Deutscher Fachverlag

Bibliografische Information Der Deutschen Bibliothek

Die Deutsche Bibliothek verzeichnet diese Publikation in der Deutschen Nationalbibliografie; detaillierte bibliografische Daten sind im Internet über http://dnb.ddb.de abrufbar.

Reihe Edition Textil
ISBN 3-87150-833-0
ISSN 1435-036X
© 2003 by Deutscher Fachverlag GmbH, Frankfurt am Main.
Alle Rechte vorbehalten.
Nachdruck, auch auszugsweise, nur mit Genehmigung des Verlages.
Umschlag: Bayerl & Ost, Frankfurt am Main
Umschlagfotos: Columbia Sportswear Company®; Hyphen; Schoeller Textil AG (2); Sympatex Technologies
Satz: UCMG, Kiew
Druck und Bindung: Wilhelm & Adam, Heusenstamm

Inhaltsverzeichnis

Vorwort

Liebe Leserin, lieber Leser,

wohl kaum eine Entwicklung der letzten Jahre hat die Textilindustrie so nachhaltig beeinflusst wie die Erkenntnis, dass Mode allein künftig nicht mehr als Vermarktungsfaktor ausreicht. Funktion ist als wesentliches Element hinzugekommen und hat zunächst der Sport- und Berufsbekleidungsbranche neue Impulse gegeben und in jüngster Zeit auch zunehmend Einfluss auf alle anderen Warensegmente genommen.

Faser- und Gewebehersteller haben an dieser Veränderung einen maßgeblichen Anteil und entwickeln in immer kürzeren Zyklen innovative Materialien. Diese so genannten Funktions- oder High-Tech-Textilien werden von den Herstellern in modische Produkte umgesetzt. Ein Trend, dessen Ende noch nicht absehbar ist, aber schon heute eine Flut von neuen Faser-, Gewebe- sowie Konfektionsmarken hervorgebracht hat.

Mit diesem Buch liegt erstmals ein Kompendium vor, das die Komplexität von Funktionstextilien von der Bekleidung bis hin zu den Haus- und Heimtextilien aufgreift und in seinen wesentlichen Facetten darstellt. Es bietet Basiswissen und neueste Erkenntnisse. Ziel ist es, dem Leser Anregungen dafür zu geben, welche Aspekte bei der Vermarktung funktioneller Textilien zu berücksichtigen sind.

Hintergrundwissen und Argumente wurden von 22 Experten praxisgerecht und leicht verständlich aufbereitet. Die Bereitschaft der Autoren, ein solches Projekt mit zu tragen und das eigene Know-how an die Branche weiterzugeben, ist nicht selbstverständlich, macht jedoch den eigentlichen Wert dieses Buches aus! Daher an dieser Stelle mein herzlicher Dank an alle Autoren für ihr Engagement und an alle diejenigen, die mich zu dem Projekt motiviert und dabei begleitend unterstützt haben.

Petra Knecht
[Petra Knecht] Kommunikationsberatung, Stuttgart

Grußwort

Die Idee, erstmals ein Kompendium über funktionelle Textilien mit Beiträgen namhafter Experten der Branche herauszugeben, begrüßen wir sehr. Das vorliegende Buch ist ein wichtiger Schritt zum Verständnis von funktionellen Textilien, deren Eigenschaften und dem Nutzen für den Endverbraucher. Die hier zusammengetragenen Beiträge vermitteln einen sehr guten Eindruck, in welchem Maße High-Tech unsere Branche bestimmt und welche Potenziale in Textilien mit Mehrfachnutzen liegen. Dies belegen auch jüngste Studien, die zum Ergebnis kommen, dass neben der Mode zunehmend die Funktion im Vordergrund der Kaufentscheidung steht.

Es ist unser gemeinsames Anliegen, dass dieser für die Branche so wichtige Wachstumsmarkt von allen Beteiligten in seiner Bedeutung erkannt wird und nicht nur die Textil- und Bekleidungsindustrie beständig an Innovationen arbeitet, sondern diese auch marktfähig macht. Ein enger Dialog mit dem Handel ist hier unabdingbar. Künftig wird der Schnittstelle zum Käufer eine noch wichtigere Aufgabe zukommen und um so mehr geht es darum, den Gedankenaustausch zu vertiefen und daran zu arbeiten, Textilien zu produzieren, die auch am Point of Sale nachgefragt werden.

Hier ist der Handel gefordert, dem Kunden informative Aufklärung zu bieten, die erweiterten Funktionen, den Zusatznutzen zu erklären und zu vermitteln, dass dieser echte Mehrwert natürlich auch mehr kostet. Das vorliegende Buch, von Fachleuten aus der Textilbranche verfasst und übersichtlich gestaltet, kann hier wichtige Hinweise geben und auch als Nachschlagewerk dienen. Darüber hinaus gibt es auch der Textilwirtschaft viele gute Hinweise für das Innenmarketing, die Kommunikation zwischen Herstellern und Handel und ist sicher auch geeignet als Unterstützung bei der Weiterbildung.

Dr. Wolf-Rüdiger Baumann
Hauptgeschäftsführer, Gesamtverband der deutschen Textil- und Modeindustrie

Jürgen Dax
Hauptgeschäftsführer, Bundesverband des Deutschen Textileinzelhandels e.V.

Mit multifunktionellen Textilien ins 21. Jahrhundert

Petra Knecht

Der Start ins 21. Jahrhundert ist aus textiler Sicht gelungen. Die Textil- und Bekleidungsindustrie hat sich zu einer High-Tech-Branche entwickelt und unzählige textile Innovationen hervorgebracht. Der Schritt vom Wert zum Mehrwert hat alle Produktgruppen erreicht und wird als neue Chance für die Textil- und Bekleidungswirtschaft verstanden. Immer mehr Hersteller setzen auf innovative Materialeigenschaften sowohl für Baby- und Kinderbekleidung, Wäsche, Strümpfe und Socken wie auch bei Sport-, Freizeit- und Berufsbekleidung bis hin zu Haus- und Heimtextilien. Die Verknüpfung von Mode mit Funktion ist unaufhaltsam, jedoch „ist die Zukunft oft schon da, ehe wir ihr gewachsen sind".

Dieser Ausspruch des amerikanischen Schriftstellers John Steinbeck hat in ganz besonderer Weise heute auch für die Textilbranche Bedeutung erlangt. Die technischen Voraussetzungen sind geschaffen, allerdings vergeht häufig noch viel Zeit von der Idee bis zur Umsetzung der textilen Innovation. Wie wichtig hier eine enge Zusammenarbeit von Forschung, Garnherstellern, Webern, Veredlern, der Zutatenindustrie und den Konfektionären ist, zeigen zahlreiche Beispiele der Stufen übergreifenden Kooperationen. Vorreiter bei diesem Know-how-Transfer bildeten die Hersteller von Sport- und Outdoorbekleidung. Sie verstanden es, ihr Produkt durch intensives Marketing beim Endverbraucher interessant zu machen. Hersteller aus anderen Segmenten versuchen von diesem Boom zu profitieren, versäumen jedoch häufig, die Produktinnovationen auf Marktakzeptanz frühzeitig abzuprüfen und schlussendlich so zu vermarkten, dass diese auch zum Markterfolg werden. Eine zugegeben nicht einfache Aufgabe.

1 Kompendium von Experten für Praktiker

Dieses Buch ist als Kompendium konzipiert. 22 Experten geben hier mit ihren einzelnen Beiträgen erstmals einen umfassenden Überblick darüber, welche Faktoren den Markt der Funktionstextilien bestimmen. Schwerpunkt der Betrachtung bilden die so genannten passiven Funktionen eines Textils: Wasserdampfdurchlässigkeit, auch als Atmungsaktivität bezeichnet, Wind- und Wasserdichte, UV-Beständigkeit sowie antibakterielle und antistatische Eigenschaften. Funktionstextilien von morgen sind aktiv. Sie passen sich der Körper- oder Umgebungstemperatur an, können kommunizieren, heilen, schützen, ja auch Wohlgefühl vermitteln. Die ersten solcher intelligenten Textilien (Smart Clothes) sind bereits produktionsreif bzw. als Prototyp auf der Frankfurter Messe Avantex 2000 und 2002 vorgestellt worden.

Funktionstextilien sind heute noch oft erklärungsbedürftig und ihr Mehrwert ist in der Regel nicht sichtbar. Regelmäßige Schulungen des Verkaufspersonals werden vom Handel aus Zeit- und Kostengründen eher selten angeboten bzw. in Anspruch genommen. Die Folge ist, dass die Verkäufer im Handel kaum besser informiert sind als die Käufer. Die Erfahrung hat gezeigt, dass insbesondere durch die Medien ein Interesse und eine Kaufabsicht für innovative Textilien geweckt, die weitere Beratung im Handel jedoch kaum erfüllt wird. Namhafte Markenhersteller sind deshalb dazu übergegangen, diesem Defizit mit Shop-in-Shop-Systemen zu begegnen und mit einer offensiven Weiterbildung der Mitarbeiter Know-how aufzubauen. Einseitige, nur auf das Produkt ausgerichtete Information ist das Ergebnis, wobei die Gefahr besteht, dass der Fachhandel zunehmend namhafte Hersteller in seinem Sortiment verliert. Eine Entwicklung, der entgegengesteuert werden kann, indem sich der Fachhandel wieder stärker als Komplettanbieter mit hoher Beratungskompetenz versteht. Die Kunden kaufen und kommen wieder, wenn sie Produkte finden, die genau auf ihre individuellen Anforderungen zugeschnitten sind. Ganz oben auf der Wunschliste stehen nach Ansicht der Händler laut der TW-Studie „Function for Fashion" folgende Eigenschaften: Elastizität, Komfort, Pflegeleichtigkeit, Klimaausgleich und Feuchtetransport. Verkäufer sollten deshalb die Vorteile und Funktionsweisen innovativer Textilien gut kennen, um sie auch glaubwürdig an den Kunden weitervermitteln zu können. Dazu bedarf es jedoch auch von den Herstellern nicht nur erheblich mehr an leicht verständlichem, verkaufsunterstützendem Material, sondern auch Öffentlichkeitsarbeit und kontinuierlicher Weiterbildungsangebote.

Die bisherigen Gewinner des Trends zu mehr Funktion in der Kleidung sind eindeutig die Hersteller intelligenter Fasern. Hier hat sich bezahlt gemacht, dass die Faserhersteller seit Jahren eine konsequente regelmäßige Aufklärungsarbeit beim Handel und Endverbraucher betreiben. Markennamen wie *DuPont*®, *Enka*®, *Gore-Tex*®, *Lycra*®, *Meryl*®, *Polartec*®, *Sympatex*®, *Tactel*®, *Teflon*®, *Tencel*® und *Trevira*® wurden zum Synonym für High-Tech-Fasern mit Qualität. Erst kürzlich belegte eine Studie der Fachzeitschrift TextilWirtschaft, dass dies eine wesentliche Voraussetzung für den Verkaufserfolg ist.

2 Textile Innovationen stehen erst am Anfang

Forschung und Entwicklung sagen voraus, dass im nächsten Jahrzehnt ein wahres Feuerwerk an textilen Innovationen zu erwarten ist und die Komplexität ihrer Eigenschaften eher noch zunehmen wird. Entscheidend für den angestrebten Verkaufserfolg ist daher, mit welcher Intensität Faserhersteller, Konfektionäre und Handel Kommunikation als Marketinginstrument einsetzen. Information hat Priorität. Die zurückliegenden Jahre haben gezeigt, dass Mode allein für die Mehrzahl der Verbraucher schon lange nicht mehr die wichtigsten Kaufimpulse gibt. Fashion und Funktion wird die Symbiose der Zukunft sein. Eine Erkenntnis, die für die Bekleidungs- und Heimtextilbranche zur Überlebensstrategie werden könnte.

Akzeptanz finden häufig nur Produkte, die dem Endverbraucher einen echten Zusatznutzen bieten. Um diese ausreichend nahe am Markt zu entwickeln, sind neue Kooperationsformen gefragt, die den Handel enger einbeziehen und auch Partner aus der IT-Branche, der Medizin oder dem Gesundheitssektor usw. einschließen. In welche Richtung dies gehen könnte, zeigen z.B. die ersten „intelligenten Westen", die Journalisten anlässlich der Deutschen Leichtathletik-Meisterschaften im Sommer 2002 trugen, um kabellose Informationsübermittlung zu testen. Heute ist schon absehbar, dass die Verknüpfung von Computer und Bekleidung nicht mehr aufzuhalten ist. Die Frage ist nur, wer im Technologiewettbewerb die Nase vorne hat.

Der Startschuss für die textile Innovation ist gefallen! Jetzt kommt es auf den Lauf an, bei dem jedes einzelne Unternehmen gefordert ist, selbst aktiv zu werden und einen offenen Dialog zu initiieren! Messen können immer nur einen Anstoß geben. Was wir brauchen, sind mehr Kommunikationsplattformen, die diesen Dialog fördern.

3 Einführung in die Autorenbeiträge

Entsprechend der Komplexität des Themas wurden die Autoren-
beiträge so ausgewählt, dass sich der Leser autodidaktisch ein
recht umfassendes Bild über Funktionstextilien aneignen kann.
Die praxisnahe Ausrichtung soll dabei helfen, weiterführende Gespräche mit Partnern vorzubereiten und begleitend zu unterstützen. Die einzelnen Texte sind so konzipiert, dass sie für sich eine
Einheit darstellen. Einzelne Themenüberschneidungen zeigen auf,
wo Verknüpfungen bestehen. Wenn weiterführende Informationen an anderer Stelle nachzulesen sind, wurden diese mit Quer-
verweisen gekennzeichnet.

Das Buch gliedert sich in die folgenden sieben Kapitel:

• Grundlagen & Entstehungsgeschichte
• Fashion & Funktion
• Beratung & Verkauf
• Vermarktungs- und Kommunikationskonzepte
• Aftersales & Weiterbildung
• Forschung & Entwicklung
• Lexikon & Adressen

3.1 Grundlagen & Entstehungsgeschichte

Die Natur ist als Inspirationsquelle nahezu unerschöpflich, dies gilt
auch für innovative Textilien. **Iris Schlomski**, Chefredakteurin der
Fachzeitschrift *texDECOR*, zeigt auf, dass außer dem Reißverschluss und dem Hosenträgerclip viele weitere Ideen für einzigartige innovative Entwicklungen von Textilien „von der Natur abgeschaut" sind.

Ulrike Luckmann, freie Journalistin, PR-Beraterin und Autorin des
Touchbuchs, zählt zu den profundesten Kennern der Textilbranche.
Seit Jahrzehnten begleitet sie die Entwicklung funktioneller Textili-
en. In lockerer Schreibweise erzählt sie von den Highlights textiler
Innovationen seit der Erfindung des Ostfriesennerzes, vom Helanca-Anzug der Olympiamannschaft von 1960 bis hin zu den neues-
ten Forschungsergebnissen in Sachen Wärmemanagement.

Der Tragekomfort ist eines der wichtigsten Verkaufsargumente
für Bekleidungstextilien. **Prof. Dr. Karl Heinz Umbach**, Abtei-

lungsdirektor bei den *Hohensteiner Instituten*, ist weltweit die Kapazität für Bekleidungsphysiologie, der Wissenschaft von der Funktion der Kleidung. Ihm verdankt die Branche fundierte Erkenntnisse und Testmethoden zur Optimierung des Tragekomforts. Der Wissenschaftler zeigt auf, welche Faktoren dabei zu berücksichtigen sind.

Prof. Dr.-Ing. Heinrich Planck, Direktor am *Institut für Textil- und Verfahrenstechnik Denkendorf*, weist in seinem Beitrag darauf hin, dass die heutigen funktionellen Textilien ohne eine kontinuierliche Weiterentwicklung bei Fasern, Garnen und Konstruktionen undenkbar wären.

Dr. Reinhold Schneider, wissenschaftlicher Mitarbeiter am *Deutschen Institut für Textil- und Faserforschung Stuttgart/Denkendorf*, schildert, welche verschiedenen Ausrüstungsverfahren angewendet werden können, um bei Textilien Funktionalität zu erzielen.

3.2 Fashion & Funktion

Bisher gibt es über Funktionstextilien noch so gut wie keine umfassenden Marktforschungserhebungen. Relativ ausführlich ist die im November 2001 erschienene Studie „Faser & Funktion" der in Frankfurt am Main herausgegebenen Fachzeitschrift *TextilWirtschaft*. Deren Marketingleiter **Michael Albaum** fasst dabei die wichtigsten Erkenntnisse in Bezug auf die Bedürfnisse der Händler und Kunden zusammen.

Die erste stufenübergreifende Plattform für High-Tech-Textilien schuf im Jahr 2000 **Dr. Isa Hofmann**, Objektleiterin der *Avantex, Messe Frankfurt*. Sie kennt wie kaum eine andere auf internationaler Ebene die Entscheidungsträger der Branche. Sie wurde für das Buch gewonnen, um für diesen Leserkreis erstmals den internationalen Aspekt von Funktionstextilien zu betrachten.

3.3 Beratung & Verkauf

Die Verbraucher werden immer häufiger mit dem Begriff „multifunktionelle Textilien" konfrontiert und sind entsprechend neugierig, was sich dahinter verbirgt und welchen Nutzen sie davon haben. Daraus resultiert ein erhöhter Aufklärungs- und Beratungsbedarf in allen Sparten des Textilhandels. Um eine gewisse

Neutralität in der Darstellung zu erreichen, wurden für das Kapitel bewusst ausschließlich Journalisten gewonnen, die alle in ihrem Fachgebiet Experten sind.

Hedda Mikuta, Chefredakteurin bei der Fachzeitschrift *Baby Junior*, zeigt auf, dass zahlreiche Hersteller bereits ein umfangreiches Sortiment an funktioneller Kleidung für Babys und Kleinkinder bieten. Demgegenüber besteht aber derzeit eine noch viel zu geringe Nachfrage bei den Käufern, da bei vielen die Kenntnis darüber fehlt. Entsprechend fordert sie den Handel auf, hier mehr Aufklärungsarbeit zu leisten.

Auch bei Socken und Strümpfen haben die innovativen Entwicklungen der Hersteller noch nicht die breite Resonanz gefunden. **Ilona Sauerbier**, Fachredakteurin bei der *TextilWirtschaft*, macht eine Bestandsaufnahme der derzeitigen Angebote.

Wäsche mit Zusatznutzen ist vor allem im Sportwäschemarkt ein großes Thema. **Bettina Maurer** und **Elke Dieterich**, beide ebenfalls Fachredakteurinnen bei der *TextilWirtschaft*, stellen gemeinsam die aktuelle Situation auf dem Wäschesektor dar. Elke Dieterich informiert zusätzlich sehr ausführlich über den Markt für Sportbekleidung.

Till Gottbrath, Journalist, PR-Berater und mehrfacher Teilnehmer von Expeditionen, ist in der Branche der Outdoor-Spezialist. Er erläutert die Funktionsweise des Zwiebelprinzips, d.h. welche Bekleidungsteile optimalerweise wie miteinander kombiniert werden, um so den idealen Tragekomfort zu erzielen.

Auch Gesundheitskleidung profitiert enorm von den Entwicklungen funktioneller Textilien. Die Medizinjournalistin **Regine Schulte Strathaus** hat in ihrem Beitrag die wichtigsten Erkenntnisse zusammengetragen.

Traditionell ist Funktion bei der Berufsbekleidung ein wichtiger Faktor. Neben der klassischen Arbeits- und Schutzkleidung hat sich ein Markt für komplette Kollektionen im Corporate-Identity-Stil entwickelt. **Stefan Roller-Assfalg**, Chefredakteur *SIP-Textil* und stellvertretender Chefredakteur *Personal*, *Protection* & *Fashion*, gibt einen Überblick.

Auch Heim- und Haustextilien sind ohne Funktion heute undenkbar. Spezialist für den Bereich Haustextilien und Bettwaren ist

Dipl.-Ing. **Dietram Neuper**, Chefredakteur der Fachzeitung *Haustex*; im selben Verlag erscheint auch die Fachzeitung *Heimtex*. Ihr Chefredakteur **Hans-Jürgen Hömske** hat zusammengetragen, was es Wissenswertes zum Thema gibt.

3.4 Vermarktungs- und Kommunikationskonzepte

Ohne professionelle Vermarktung bleiben funktionelle Textilien unbeachtet. **Kirsten Reinhold**, Fachredakteurin bei der *Textil-Wirtschaft*, schildert sehr informativ, mit welchen Strategien Einzelhändler erfolgreich die Aufmerksamkeit der Kunden erreicht haben.

Die *Akademie Dorfen*, *Bildungszentrum des Bayerischen Handels*, zählt zu Deutschlands führenden Weiterbildungseinrichtungen beim Thema Visual Merchandising. Akademieleiterin **Cornelia Gottwald** beschreibt in ihrem Beitrag den Stellenwert dieser wichtigen Disziplin der Verkaufsunterstützung und verweist auf erfolgreiche Umsetzungsbeispiele.

Petra Knecht, Diplom-Journalistin, Leiterin der *[Petra Knecht] Kommunikationsberatung* und Herausgeberin dieses Buches, fasst in ihrem Beitrag die wichtigsten Erkenntnisse über Kommunikation zusammen und informiert über wesentliche Strategien, die heute bei der Vermarktung von funktionellen Textilien Erfolg versprechend sind.

3.5 Aftersales & Weiterbildung

Auch wenn inzwischen die meisten Funktionstextilien von den Herstellern als pflegeleicht bezeichnet werden, bleiben doch teilweise unangenehme Überraschungen nicht aus, wenn man das gute Stück zu Hause einfach nur in die Waschmaschine wirft. **Ludwig Egelhof**, erster Vorsitzender der *Forschungsstelle Textilreinigung e.V.*, informiert über die Möglichkeiten und Grenzen bei der Pflege funktioneller Textilien.

Die Werte haben sich gewandelt und mit ihnen die Ansprüche der Kunden. An das Verkaufspersonal werden neue Anforderungen gestellt, die **Karl Erdle**, Marketingdozent und Verkaufstrainer, übersichtlich auflistet und durch wertvolle Tipps ergänzt.

3.6 Forschung & Entwicklung

Dr. Walter Begemann, Geschäftsführer des *Forschungskuratoriums Textil e.V.*, gibt in seinem Beitrag Einblick in die Textilforschung durch Beispiele von Innovationen in der Textilindustrie. Er geht auf Entwicklungen ein, die in naher Zukunft von Bedeutung sein werden und schon jetzt, im Vorfeld der Forschung, auf Interesse bei den Endverbrauchern stoßen.

Mit Visionen der Bekleidungsindustrie befasste sich Dipl.-Ing. **Uta-Maria Groth**, bis zu ihrem plötzlichen Tod im Mai 2002 Geschäftsführerin der *Forschungsgemeinschaft Bekleidungsindustrie e.V.* Mit der Einbindung von Mikrosystemtechnik in die Forschung der Bekleidungsindustrie hat sie frühzeitig den Weg geebnet für die Entwicklung intelligenter Textilien, von denen heute die ersten bereits auf dem Markt sind.

Die Zusammenstellung der wichtigsten Fachliteratur übernahm **Sigrid Riedel**, beim *Fachinformationszentrum Technik e.V. (Fiz-Technik)* verantwortlich für Kundenberatung Textil.

3.7 Lexikon & Adressen

Das **ABC der Funktionstextilien** ist eine in dieser Form bisher einzigartige Zusammenstellung. Das umfangreiche Glossar beinhaltet insgesamt ca. 300 Fachbegriffe. Zusammen mit den **Herstelleradressen** und dem Verzeichnis **Markenprodukte bei Funktionstextilien** hat dieser Lexikonteil eine wichtige Nachschlagefunktion. Herausgeberin **Petra Knecht** hat Herstellerliste und ABC nach den ihr vorliegenden Erkenntnissen zusammengestellt. Eine jeweils aktualisierte Fassung kann unter www.funktionstextilien.de ab Herbst 2003 eingesehen werden. Die Herausgeberin ist ihren Lesern dankbar für Anmerkungen bzw. Ergänzungen. Kontaktaufnahme unter info@petra-knecht.de.

4 Ausblick

Der Siegeszug von Funktionstextilien hat die gesamte Textilwirtschaft erfasst und zeigt damit, dass die Branche so innovativ ist wie noch nie. Die Zyklen für Neuentwicklungen werden immer kürzer, die Materialien immer leichter, die Kombination mit anderen Zusatzfunktionen wird erhöht und gleichzeitig werden die

Outfits immer mehr den modischen Ansprüchen gerecht. Lifestyle hat Einzug gehalten in die Welt der Funktionskleidung und damit den Weg geebnet für einen breiten Käuferkreis.

Entsprechend dem gegenwärtigen Trend „zurück zur Natur" wächst parallel dazu der Anteil funktioneller Synthetiktextilien, die sich keineswegs mehr wie eine Chemiefaser anfassen. Naturlook mit High-Tech und Komfort zu verknüpfen und die besonderen Eigenschaften des Materials verständlich dem Käufer zu vermitteln, das dürfte für die Zukunft eines der wesentlichen Erfolgsrezepte sein.

Grundlagen und Entstehungsgeschichte

Von der Natur abgeschaut – Wie neue funktionelle Textilien entstehen

Iris Schlomski

Das menschliche Genie mag viele Erfindungen machen, doch nie wird es sich irgendeine Erfindung schöner, einfacher oder dem Zweck angemessener ausdenken können als die Natur; denn in den Erfindungen der Natur fehlt nichts und nichts ist überflüssig.

Leonardo da Vinci, 15. Jahrhundert

Bereits Leonardo da Vinci ging mit offenen Augen durch die Natur und erkannte, dass diese einem riesigen „Ideenreservoir" gleicht. Die Natur als Inspirationsquelle ist nahezu unerschöpflich,

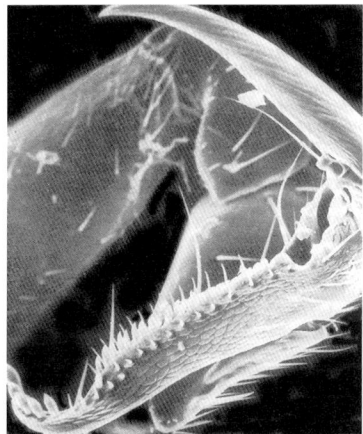
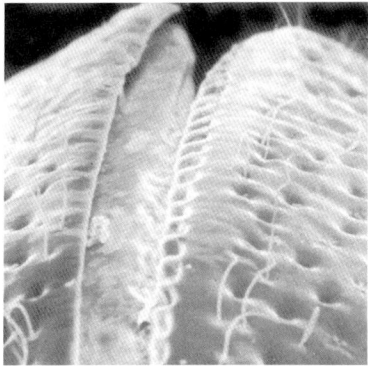
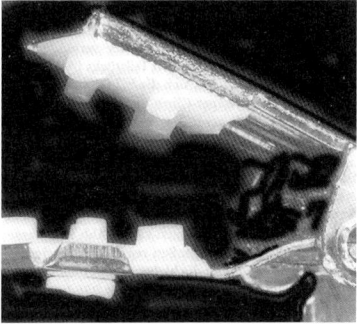
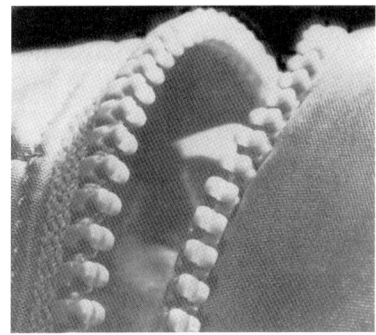

Abb. 1: Hosenträgerclip   Abb. 2: Reißverschluss

auch für unsere Bekleidung. So funktioniert der banale Hosenträgerclip wie die Raubzange am Vorderfuß der Zikadenwespe oder der Reißverschluss wie die Vorderflügel-Verbindung beim Zwergrückenschwimmer.

Erst in den 60er Jahren des 20. Jahrhunderts wurde für dieses „Abschauen von der Natur" mit Bionik ein Fachbegriff geprägt und ist heute ein anerkanntes Forschungsgebiet. Zusammengesetzt aus den Begriffen BIOlogie und TechNIK bedeutet Bionik sinngemäß: „Von der Natur lernen für eine Technik von morgen". Die Natur gilt als Vorbild für technische und funktionelle Entwicklungen, wobei der Biologe die Natur untersucht und der Techniker (anschließend) etwas erschafft, indem er die Natur „kopiert". Denn Vorbilder aus der Natur können nur übertragen werden, da die Natur keine fertigen Konstruktionspläne bietet. Jedoch wird die Natur hinsichtlich ihrer Konstruktionen und Verfahrensweisen durchforstet, um darin Anregungen für eigenständiges technisches Gestalten zu finden.

Getrockneter Faden aus Klebstoff

Bereits im 17. und 18. Jahrhundert interessierte sich der experimentelle Wissenschaftler *Robert Hooke* für die Kokons der Seidenraupe. Für ihn war deren entworfene Seide „ein getrockneter Faden aus Klebstoff". Kurze Zeit später spekulierte der Universalgelehrte *René-Antoine Réaumur*, dass die Herstellung einer künstlichen klebrigen Verbindung „eine leichte Angelegenheit" sein müsste. Doch erst 1880 gelang es dem französischen *Graf Hilaire de Chardonnet*, ein kommerziell tragbares Verfahren zur Herstellung von extrudierter künstlicher Seide zu entwickeln. Auf der Weltausstellung 1889 in Paris präsentierte er eine kleine Spinnmaschine, die glänzende Fäden aus einer Flüssigkeit, der Nitro-Zellulose (Nitratseide) zog. Heute fertigt die Textilindustrie sehr viele Fasern wie z.B. Viskose-, Acetat- oder Polyestergarne nach dem Extruderprinzip der Seidenraupe. Die Bezeichnung „Spinndüse" für den industriellen Extruder und „Spinndrüse" für das Organ der Seidenraupe kommt daher nicht von ungefähr.

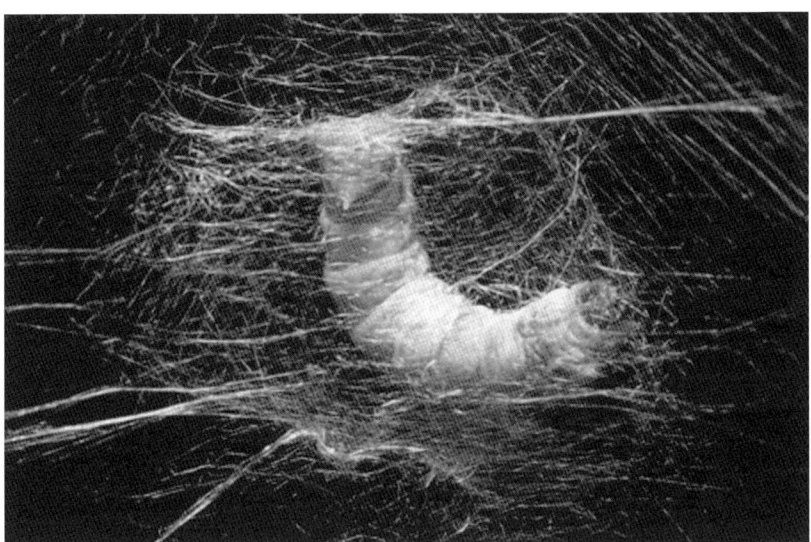

Abb. 3: Seidenraupe beim Einspinnen

Die Seidenraupe spritzt durch zwei Öffnungen unterhalb ihres Mundes Fibroin heraus und zementiert die beiden Fäden mit Sericin zusammen, das gleichzeitig von den Drüsen abgesondert wird. Bei der künstlichen Herstellung wird die Spinnmasse durch eine Spinndüse gepumpt (siehe Abbildung)

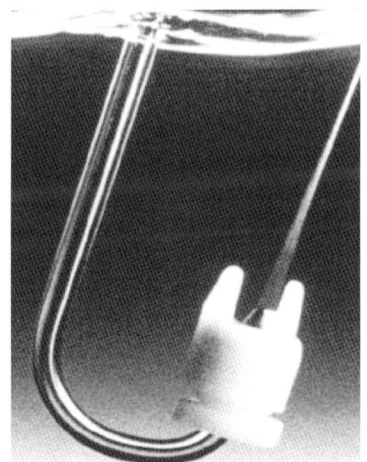

Abb. 4: Spinndüse, ENKA® Viscose

Igelartige Kugeln, die gut haften

Auch für den Klettverschluss, der uns heute in der Mode überall begegnet, gibt es eine „natürliche" Variante. Der Schweizer Ingenieur und leidenschaftliche Wanderer *Georges de Mestral* untersuchte die gewöhnliche Klette, nachdem er zum wiederholten Male nach

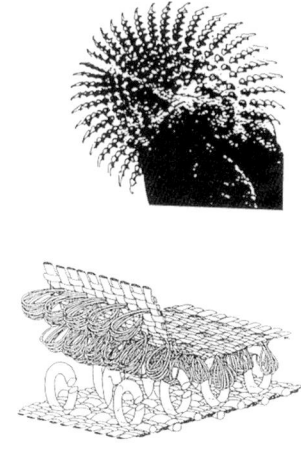

Abb. 5: Klettverschluss nach dem Velcro-Prinzip

Abb. 6: Technischer Klettverschluss

einem Spaziergang mit seinem Hund Kletten aus dem langen Fell des Tieres entfernen musste. Er legte eine Klette unter sein Mikroskop und entdeckte, dass die scheinbar gerade endenden Stacheln der Klette in Wirklichkeit an ihrer Spitze winzige elastische Häkchen trugen. Die Idee des Klettverschlusses war geboren.

1951 lies sich *de Mestral* das von ihm entwickelte *Velcro-Prinzip* (Klettverschluss aus Haken- und Flauschband) patentieren. Im Laufe der darauffolgenden Jahrzehnte wurden eine Vielzahl unterschiedlicher Typen von Klettbändern entwickelt. Heute arbeiten Bioniker bereits an Klettverschlüssen der zweiten Generation: Gefragt, ob es in der Natur vielleicht auch Beispiele für Verhakungen gäbe, die fest schließen, aber weniger schnell verschmutzen als bisherige Klettverschlüsse, machte sich die Saarbrücker Arbeitsgruppe von *Werner Nachtigall* auf die Suche und wurde fündig. Auch in England arbeiten Bioniker an einer Optimierung des Klettverschlusses. Die Biomimetiker der Universität von Reading suchen derzeit nach Vorlagen aus der Natur für einen lautlosen Klettverschluss.

Was hat der Hai mit Rekorden zu tun?

High-Tech-Materialien wie *Fast.Skin* von *Speedo* sind ebenfalls „von der Natur abgeschaut". Die Haut der meisten Haie ist mit speziell konfigurierten Schuppen bedeckt, die feine Riefen oder

Abb. 7: Speedo® Fast. Skin™ Gripper *Abb. 8: Speedo Swimwear*

Dukte bilden. Dieser Haifischhaut nachempfunden ist das *Fast.Skin*-Material von *Speedo*, weltweit einer der führenden Hersteller von technischer und modischer Schwimm- und Beachbekleidung. Bei den Olympischen Spielen 2000 wurden 83 % aller Medaillen in *Fast.Skin* errungen. Und 13 von 15 Weltrekorden sowie 22 Olympische Rekorde wurden von den Athleten in *Fast.Skin* aufgestellt. Die Widerstandsverminderung durch so genannte „Riblets" konnten Wissenschaftler dabei bereits Anfang der achtziger Jahre nachweisen. Die Hauptanwendung dieses bionischen Effekts liegt allerdings in der Verminderung des Treibstoffverbrauchs (ca. 1,5 %) von Langstrecken-Großflugzeugen.

Bei *Fast.Skin*, als speziell für den Schwimmsport entwickeltes textiles Material, lassen winzige, v-förmige Erhebungen und ein zusätzlicher Aufdruck auf dem Gewebe das Wasser schneller über den Körper gleiten. Die biomimetische Haifischhaut mit speziellem Aufdruck sorgt so für einen verringerten Widerstand und weist einen um 3 % geringeren Oberflächenwiderstand als *Aquablade* auf (speziell für die Olympiade 1996 in Atlanta entwickelter, ursprünglich schnellster Schwimmanzug der Welt). Der anatomische Schwimmanzug unterstützt dabei den natürlichen Bewegungsablauf des Schwimmers, die biomimetische Haifischhaut mit speziellem Aufdruck und die exzellente Passform sorgen für eine hohe Geschwindigkeit.

Hohlfasern wie im Fell der Eisbären

Auch das Wasser abweisende, wärmeisolierende Haarkleid der Eisbären war eine Inspirationsquelle. In der Natur dient das Eisbärenfell

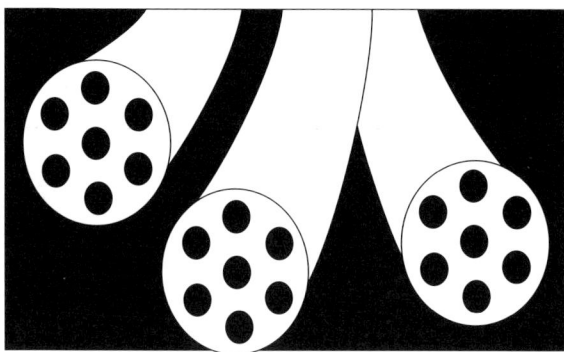

Abb. 9: Faser Hollofil®, DuPont

Abb. 10: Eisbärenfell als Vorlage zur Hohlfaser

zum verbesserten Schutz der Tiere gegen Kälte – das Sonnenlicht dringt durch die (pigmentfreien) Fellhaare auf die schwarze Haut und die Wärme des Sonnenlichts wird durch die hohe Isolationsfähigkeit der hohlen Fellhaare zurückgehalten. Dies führte zur Herstellung von Polyester-Hohlfasern (z.B. *Hollofil®* von DuPont), die über eine sehr hohe Isolationsfähigkeit (Wärmerückhaltevermögen) verfügen und zum Beispiel bei Schlafsäcken und Outdoor-Bekleidung eingesetzt werden.

Schmutz abweisende Beschichtungen: Der Lotus-Effekt

Ein weiteres Beispiel, wie mit Hilfe der Bionik neue Anwendungen für den Menschen entstehen, ist der Lotus-Effekt. Die Heilige Lotusblume gilt in den asiatischen Religionen als Symbol der Reinheit: Makellos sauber entfalten sich die Blätter aus dem Schlamm der Gewässer. Dieses Phänomen der Selbstreinigung wurde im Detail untersucht und gewährt erstaunliche Einblicke in die Möglichkeiten der Natur, sich gegen den allgegenwärtigen Schmutz, aber auch gegen Mikroorganismen zu wehren. Durch die Übertragung dieser Eigenschaft auf technische Oberflächen können fast alle Materialien durch Wasser (Regen) gereinigt werden.

Abb. 11: Die Heilige Lotuspflanze (Nelumbo nucifera)

Da der Lotus-Effekt ausschließlich auf einer physikalisch-chemischen Grundlage beruht und nicht an ein lebendes System gebunden ist, kann eine selbstreinigende Oberfläche technisch hergestellt werden. Die Werkstoffe für derartige neue Beschichtungen stehen bereits zur Verfügung. Bis heute wurde allerdings die scheinbar widersprüchliche Forderung nach einer rauhen Oberfläche als Grundlage einer sauberen Oberfläche übersehen. Dennoch haben in den letzten Jahren Forschung und Industrie intensive Anstrengungen unternommen, um Schmutz abweisende oder selbstreinigende Oberflächen zu entwickeln. Mögliche Anwendungsgebiete liegen vor allem in der Beschichtung von Fassaden, Dächern, aber auch bei Textilien. Gelingt hier eine Umsetzung, dann stellt der Lotus-Effekt sicherlich eines der eindrucksvollsten Beispiele für die Bionik der letzten Jahre dar. Textilien mit Lotus-Effekt hätten ohne Zweifel ein enormes Anwendungspotenzial für die Bekleidung.

Fragen an die Natur werden auch in der Zukunft bei der Herstellung von „multifunktionellen Textilien" eine Schlüsselrolle spielen. Die Bioniker haben das Potenzial der Natur, auch in Hinblick auf die Beschaffenheit von Oberflächen, noch lange nicht ausge-schöpft. Derzeit arbeiten z.B. die Ingenieure am *ITV Denkendorf* (Stuttgart) an der Entwicklung neuartiger Polyesterstoffe, die sich durch eine samtartige, besonders hautsympathische Oberfläche und hohen Tragekomfort auszeichnen: Oberflächen, wie sie unter dem Begriff „Peach-Skin" bekannt sind – und auch hierbei ent-stammt mit dem Pfirsich das Vorbild aus der Natur.

Der lange Weg von der Idee zum multifunktionellen Textilprodukt

Ulrike Luckmann

Cleveres gegen Windchill. Stoffe mit Lichtschutz. Microkapseln als Wärmespeicher. Isolation gegen Eiszeitgrade. Silberionen als Geheimrezept gegen Körpergeruch. Metallfäden gegen statische Aufladung. Was da klingt wie Sciencefiction-Visionen, sind keine Zukunftsträume, sondern bereits Realität. Die Stoffe der Zukunft gibt es schon, erhältlich in jedem gut sortierten Sportgeschäft: multifunktionelle Sportmode mit unendlich vielen Eigenschaften. Zugegeben, wer seinen Blick über das Bekleidungsangebot für aktiven wie Freizeitsport gleiten lässt, ist schnell überfordert. Es ist nicht leicht, sich durch den Dschungel der Markenbegriffe durchzuarbeiten, hinter Faserkonstruktionen und Membransysteme zu blicken, sich mit Funktionsbegriffen auseinander zu setzen, um sein ganz individuelles Bekleidungssystem zusammenzustellen.

Denn, wer heute, zu Beginn des 21. Jahrhunderts, Sport treibt, braucht weder zu frieren noch mit schwitzfeuchtem Shirt eine Laufrunde zu beenden. Selbst im Himalaja können sich extreme Expeditionsfreaks bei tiefsten Temperaturen kuschelig warm ins Outfit mummeln und dem beißenden Wind die lange Nase zeigen. Wir sind verwöhnt, was den technischen Standard unserer Funktionsbekleidung betrifft, und wir halten Funktion in der Kleidung für selbstverständlich, ebenso wie eine superleichte Pflege. Mit HighTech in Textilien gehen wir genauso sorglos um wie mit neuer Software oder dem Navigationssystem neuester Generation im Auto.

Das war nicht immer so. Die funktionelle Idee ist zwar alt – reicht weit bis ins vorletzte Jahrhundert zurück –, doch die Geschichte funktioneller Stoffe und Materialien dauert erst seit ein paar Jahrzehnten an. Seit sich Menschen draußen der Witterung aussetzten, egal ob bei der Arbeit, beim Sport oder um sich vorwärts zu bewegen, haben sie nach Ideen gesucht, sich so praktisch wie möglich anzuziehen, um ihre Gesundheit und ihr Leben zu schützen. Oft mit einfachsten Mitteln.

1. H.J.Hansens „Ostfriesennerz"

Als Helly Juell Hansen, Kapitän auf eigenem Schiff, seine Matrosen bei Wind und Wetter beobachtete, bemerkte er, dass sie ihre derben Baumwollsachen mit Ölfarbe bestrichen hatten, um

Abb. 1: Ostfriesennerz

sich vor Wind und Regen zu schützen. Die Idee zur Herstellung des ersten „Ölzeugs" der Welt, des „Ostfriesennerzes", war geboren. Das war 1875. Bereits im ersten Jahr seines Unternehmens *Helly Hansen* verkaufte der Gründer 2000 Stück vom Ölzeug, fünf Jahre später bereits 10.000. 1887 bekam Hansen auf der in Paris stattfindenden Messe *Expo* das „Diploma for Excellence". Diese erste Idee für Wetterschutzbekleidung legte den Grundstein für weitere Innovationen. Die letzte wirklich bahnbrechende Neuerung kam 1976 auf den Bekleidungsmarkt, 1969 entdeckt von Bob Gore (*W.L.Gore & Associates, USA*): *Gore Tex* ® Heute kennt jeder diese Membran, weiß, dass sie winddicht ist, wasserdicht und atmungsaktiv, was so viel heißt, dass verdunstender Schweiß von innen nach außen entweichen kann. Damit erfüllt die mikroporöse Membran aus PTFE die Funktion, die H. J. Hansen mit seinem

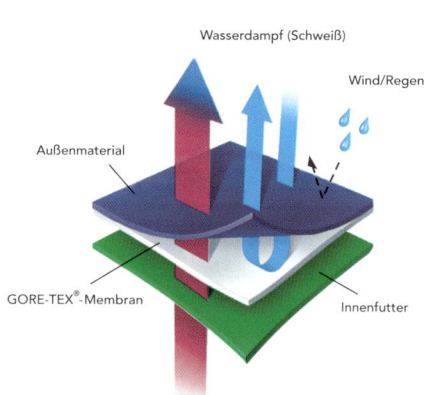

Ölzeug nie erreichen konnte: Atmungsaktivität. Ins Ölzeug ging zwar nichts „rein", aber auch nichts „raus".

Auf das Ideenkonto von Helly Hansen geht eine weitere Funktionsinnovation mit Grundstein-Charakter: der Faser-

Abb. 2: Prinzip der heutigen Gore-Tex®-Membran

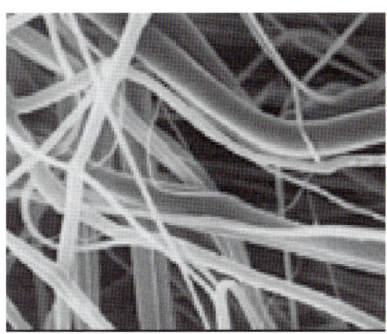

Abb. 3: Mikrofaservlies Thinsulate, 3M

pelz. Ein dicker, flauschiger, wenn auch anfangs rauer Stoff, aus dem das Unternehmen warme Westen und Jacken für Jäger, Fischer und Waldarbeiter schneiderte. Die hohe Isolationswirkung wird durch die Luft einschließenden Kammern zwischen den Fasern erzeugt. Man wusste schon damals, dass Luft ein schlechter Wärmeleiter ist. Auch heute noch basiert die Isolationswirkung von Fleece, wie er beispielsweise unter dem Markennamen *Polartec von Malden Mills*, USA, angeboten wird, auf diesem Prinzip. Auch Faservliese wie *Thinsulate*™ von *3M* basierten auf der Grundkonstruktion des hohen Lufteinschlusses, verstärkt noch durch Fasern, die auch im Innern einen lufteinschließenden Hohlkörper aufwiesen.

2. Maria Bogners funktionelle Sportmode

Lufteinschluss als Funktionselement hatte auch Maria Bogner erkannt, als sie 1960 die ersten warmen Anoraks für die Deutsche Olympische Nationalmannschaft in Squaw Valley schneiderte: Diese waren in kleinen Rauten abgesteppt, einer Art Kammersystem, in denen isolierende Luft Kälteschutz erzeugte. Doch die „Königin der Keilhose", wie Maria Bogner bewundernd genannt wurde, begann bereits 1936 Geschichte der funktionellen wie modischen Sportmode zu schreiben. Ihre erste für den Wintersport entworfene Hose war aus dichtem Loden und deshalb warm, wind-

Abb. 4: Maria Bogner mit ihrer ersten Keilhose

dicht und robust, die erste Jacke ein Wind abweisender Blouson aus Baumwollpopeline.

Maria Bogner entdeckte mit den 1947 erstmals verarbeiteten **Helancafasern** die Möglichkeiten, die der Einsatz elastischer Stoffe für die Sportbekleidung bot. Ihr Anspruch, Funktionalität für den Sport zu schaffen, sprich mittels Bekleidung für Bewegungsfreiheit, Wärmeisolation und Windschutz zu sorgen, sowie der Wunsch nach femininer Eleganz verband sie aufs beste in der legendären Keilhose aus Helanca/Wolljersey. Damit brachte Maria Bogner einen gänzlich neuen Look auf die Pisten und die Skifahrerinnen weltweit liebten sie dafür.

Die Gefahr der Auskühlung durch Wind, den so genannten **Windchill-Effekt**, bannte sie so gut wie damals möglich durch gedoppelte Fronten in Blousons und Pullovern mit Hilfe dünner, aber fester Baumwollstoffe. Erst 1976 mit *Gore Tex*® und 1990 mit *Windstopper*™ konnte man diesen Schutz aus synthetischen Funktionsmaterialien sehr viel einfacher herstellen. Sie waren pflegeleichter, trugen nicht so auf und boten unzählige Variationen der Verarbeitung.

3. Odd Lofterrød und die Kinderstrumpfhose

Helanca selbst war eine der ersten Fasern, die den Tragekomfort und die Eigenschaften von Bekleidung enorm verbesserten. So kam

1947 Odd Lofterrød, Gründer der Marke *Odlo*, als Erster auf die Idee, Helanca in Kinderstrumpfhosen zu verarbeiten. Bis dato trugen auch Kinder Wollstrümpfe mit Strumpfhaltern, die nicht besonders wärmten und auch noch sehr unbequem waren. Lofterrod erhielt seine Inspiration aus dem Sport, sein jüngster Sohn war Eisschnell-Läufer. Er wollte schlicht

Abb. 5: Skimannschaftskleidung von Odlo in den 60ern

und einfach, dass der Junge nicht mehr fror, wenn er aufs Eis ging. Die Entwicklungen hochwertigerer Stoffe und die Verbesserung der Fasern ließen ihn dann 1963 den ersten elastischen und einteiligen Helanca-Anzug für Eisschnell-Läufer schneidern, der ein paar Jahre später von 25 Nationalmannschaften während der Olympischen Spiele in Sapporo getragen wurde. Die Medaillenerfolge dort zeugten nicht nur von sportlichem Erfolg, sondern dokumentierten auch den Beginn eines sportfunktionellen Zeitalters.

4. Revolution der Feinstkapillare

Revolutionär für Funktionsbekleidung war vor allem die Erfindung der Mikrofasern Ende der siebziger Jahre. Diese **Mikrofilamente** (sog. Feinstkapillare) ließen völlig neue und dichtere Webarten zu und damit Gewebe, die noch vor Zeiten von *Gore Tex®* oder anderen Membransystemen enormen Wind- und Regenschutz boten. Zudem hohe Atmungsaktivität (sog. Wasserdampfdurchlässigkeit), wie sie beispielsweise für Sportarten wie Tennis und Jogging vonnöten waren. Richtung weisend waren Erstentwicklungen wie *Tactel®* (Du Pont), *Trevira®* (Hoechst) und *Meryl®* (Nylstar). Später spezialisierten sich japanische Unternehmen ebenfalls auf diese Technologie.

In Zeiten des *ISI (Internationales Sportmode Institut)*, gegründet 1980, zog mit den neuen Fasern auch Mode in die sonst so triste blau-rot-weiße Sportszene ein. Seit 1980 bot man Stoffherstellern und Konfektionären den Service der von Trendscouts professionell erarbeiteten Trend-, Styling- und Farbinformationen an. In den folgenden Jahren boomte Sportmode, allerdings noch sehr streng nach Sportarten getrennt. Modische Impulse kamen aus der Fashion auf den internationalen Laufstegen. Erstmals waren alle Möglichkeiten der Verarbeitung,

Abb. 6: Freizeitanzug aus Ballonseide

Färbung und freier Silhouettenwahl da. In der Tennismode machte so genannte Fallschirmseide auf sich aufmerksam und die abenteuerlichsten Drucke, Farben und Farbkombinationen sah man auf Skipisten und Joggingpfaden. Undenkbar zu dieser Zeit, mit einem Tennis-Outfit auch auf den Golfplatz oder gar zum Laufen zu gehen.

5. Wettstreit der Designer

Das änderte sich Mitte der 90er Jahre durch die **Multifunktionstrends.** Das war die Zeit der sprunghaft wechselnden Trends, die für ein paar Monate wie eine Welle über die modebewussten Sportler schwappten: also der *Tommy-Hilfiger*-Look, *New Balance Classics* in Grau oder Beige oder gar die legendäre Outdoor-Jacke von *Helly Hansen*, die in den USA von einem Discjockey getragen solch ein Aufsehen erregte, dass die Kids von München bis Los Angeles nichts anderes mehr tragen wollten. Wenigstens für eine Weile.

Der Trend und die strikte Einteilung nach Sportarten löste sich weitgehend auf und die großen Modedesigner, allen voran *Prada* in Italien, schielten nach Inspiration suchend auf die Sport-Courts der Welt und setzten die dort gewonnenen Ideen um in legere Mode, die jedes Diktat auflöste. Da blieb die Funktion schon mal auf der Strecke, wenn die Modemacher statt Samt und Seide Mikrofasern und wasserdichte Beschichtungen verarbeiten sollten.

6. Siegeszug der High-Tech-Materialien

Mit der Entwicklung von Elastanfasern (in USA *Spandex* genannt) Ende der 80er Jahre kam noch eine weitere interessante Dimension ins Spiel: Mussten bis dato Badeanzüge in elastischen Strickkonstruktionen gefertigt werden, gerüscht oder gerafft, konnte mit der Entwicklung dieser dehnbaren Fasern mit einer Rücksprungkraft von bis zum 800fachen der Ursprungslänge (*Lycra*) das Spiel mit Formen und Schnitten beginnen. Heute wäre ein Leben ohne **Lycra**® (*DuPont*) kaum denkbar: Generell in der Sportbekleidung, aber auch bei der Wäsche, bei Strümpfen, Shirts, ja sogar bei Jeans hat die dezente Beimischung von Elastan zu natürlichen und synthetischen Fasern einen festen, fast selbstverständlichen Platz eingenommen.

Das letzte Jahrzehnt des zwanzigsten Jahrhunderts bescherte ein Feuerwerk innovativer **High-Tech-Materialien**. Gleichzeitig entstanden Institutionen wie das *Forschungsinstitut Hohenstein*, das sich durch die Festlegung qualitativer Standards und Qualitätssicherung besonders bei Sportstoffen und in der Konfektion einen Namen gemacht hat. *Charlie*, eine dem Menschen nachempfundene Computerpuppe, ist seit der Entwicklung erster Funktionsmaterialien damit beschäftigt, die Tragefunktionen, den Feuchtigkeitstransport und andere für den Sport notwendige Eigenschaften zu testen (siehe auch Beitrag Umbach, Seite 48/49). Der Verbraucher wurde maßlos verwöhnt: nach oben kletternde Werte von Wassersäule[1], Wasserdampfdurchlässigkeit, Winddichtigkeit und anderen sonst abstrakten Größen schraubten die Bekleidungsansprüche höher und höher.

Moderne Techniken in der Faserspinnerei lieferten Fasern nach Maß: **Hohlfasern**, Fasern mit modifiziertem Querschnitt oder gar die der Spinnmasche beigemischten Stoffe für einen Lichtschutz (Keramikpartikel), zur geruchshemmenden Bakterienvernichtung (Silberionen) oder zur Reduzierung elektromagnetischer Spannungsfelder (Metall) sind heute gar kein Problem mehr. Aussehen, Schimmer und Griff der Stoffe sind per Knopfdruck zu steuern.

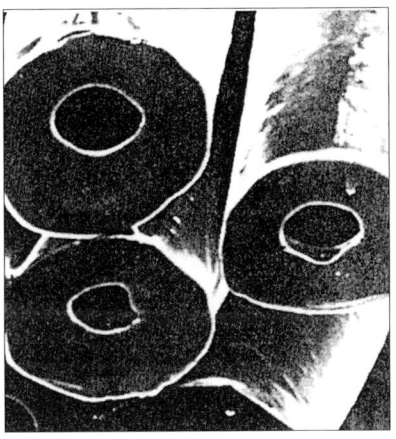

Abb. 7: Querschnitt Hohlfaser[2]

Neueste Innovationen in Sachen Wärmemanagement kommen aus der Raumfahrttechnik: Mikroskopisch kleine Paraffinkapseln nehmen die beim Sport entstehende überschüssige Körperwärme auf und geben diese wieder an den Träger ab, wenn er beispielsweise bewegungslos im Skilift sitzt oder auf dem Berggipfel nach einem anstrengenden Aufstieg der Auskühlung ausgesetzt ist. Diese

---

[1] Maß für Wasserdichtigkeit mit der Einheit mm. Entspricht der Wasserhöhe, die theoretisch über dem Material stehen könnte, ohne dass dieses durchlässig wird.
[2] Quelle: Hans J. Koslowski, Chemiefaserlexikon, 11. Auflage, Deutscher Fachverlag 1997, S. 83.

Phase Change Materials (PCM) ermöglichen eine Klimakontrolle, so dass sich das Textil an die jeweiligen Temperaturen anpasst.

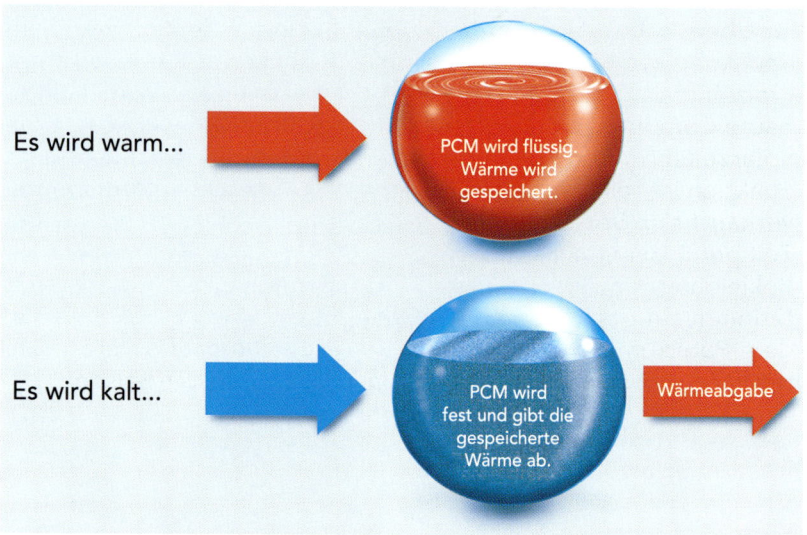

Abb. 8: PCM (Phase-Change-Materials)-Technik

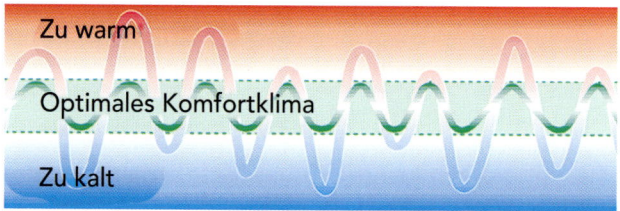

Abb. 9: Dynamische Klimakontrolle bei ComforTemp®, Schoeller

Unter der Marke *Outlast®* und *ComforTemp® (Schoeller)* schwimmen diese Kapseln als letzter Trend auf einer noch nicht enden wollenden Erfolgswelle.

7. Langer Weg ohne Ende

Der Weg von der funktionellen Idee bis zum jetzigen technischen Stand der multifunktionellen Textilie war lang, aufregend und voller Überraschungen. Heute stehen Faserindustrie, Stoffhersteller und Konfektionäre multifunktioneller Bekleidung für Sport und Freizeit unter Druck, Innovationen zu finden. In den Ärmel eingebaute Computer, integrierte Handys als Kommunikationszentrale, Solarzellen in der Weste – die Ideen scheinen fast ausgereizt. Funktion ist selbst zum Trend geworden. Mit diesen Argumenten verkauft sich Sportmode auch in einer wirtschaftlich schwachen Zeit gut. Höher, schneller, weiter ist die Devise im Sport und in der Bekleidung. Und wer rechtzeitig zu den neuen Kollektionspräsentationen auf der weltweit größten Sportmesse *ISPO* in München dem Publikum eine noch nie da gewesene Innovation präsentieren kann, hat gewonnen. Zumindest bis zur nächsten Saison.

Die physiologische Funktion der Bekleidung

Karl Heinz Umbach

1. Tragekomfort als Verkaufsargument

Die Anforderungen, denen Kleidung genügen muss, um wettbewerbsfähig zu sein, sind in den letzten Jahren in steigendem Maße vielfältiger geworden. Bei der derzeitigen Marktsituation genügt es nicht mehr, Textilien und Kleidung lediglich modisch zu gestalten und/oder mit guten mechanisch-technologischen Eigenschaften auszustatten. Sie müssen vielmehr auch gute bekleidungs-physiologische Trageeigenschaften besitzen. Guter **Tragekomfort** stellt heute ein entscheidendes Verkaufsargument dar und ist wesentlich für die Akzeptanz eines Textilproduktes am Markt.

Unter „Komfort" ist dabei mehr als der allgemeinsprachliche Inhalt dieses Wortes zu verstehen. Tragekomfort drückt insbesondere die **physiologische Funktion** der Kleidung aus. Sie muss den Menschen vor äußeren Klimaeinflüssen schützen und seine körpereigene Thermoregulation unter wechselnden Klima- und Tätigkeitsbedingungen in der Weise unterstützen, dass Wärme- und Feuchtehaushalt des Körpers ausgeglichen sind und ein hautnahes „Mikroklima" entsteht, welches als angenehm empfunden wird.

Wie wichtig diese physiologische Funktion ist, zeigt als Beispiel die Abbildung 1, in der als Maß für die physische Belastung eines Sportlers seine Pulsfrequenz herangezogen ist. Sie erreicht bei gut atmungsaktiven Textilien selbst bei schwerer körperlicher Anstrengung keine kritischen Werte. Anders dagegen bei Kleidung, die nur gering atmungsaktiv ist. Hier stellt sich nach einer Toleranzzeit von 65 min. bereits eine Pulsfrequenz von 180 Schlägen/min. ein, was bei einem etwa 20-jährigen Menschen die Grenze der Belastbarkeit darstellt. Dies bedeutet, dass nach ca. 65 min. der Träger dieser Kleidung seine körperliche Leistung reduzieren oder abbrechen muss, wenn er nicht die Gefahr eines Kreislaufkollapses eingehen will.

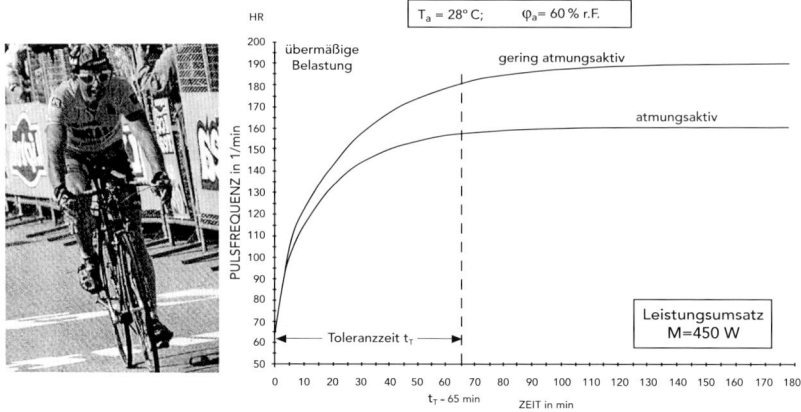

Abb. 1: Thermophysiologische Funktion von Sportbekleidung

Will man also physiologisch „funktionelle" Produkte anfertigen, müssen sich Textil- und Bekleidungshersteller fragen:

- Wie lässt sich ein guter Tragekomfort einerseits objektiv feststellen und andererseits gezielt konstruieren?

Und der Handel muss sich fragen:

- Wie kann man einerseits gegenüber dem Lieferanten guten Tragekomfort spezifizieren, und wie kann man ihn andererseits dem Kunden gegenüber als Verkaufsargument belegen?

Antworten auf diese Fragen gibt die **Bekleidungsphysiologie**, die Wissenschaft von der Funktion der Kleidung. Mit ihrem Instrumentarium ist es heute möglich, den Tragekomfort von Textilien und Kleidung objektiv zu messen und in quantitativen **Maßzahlen** auszudrücken, ähnlich der Zahlen, die Aufschluss geben über Scheuerfestigkeit, Reißfestigkeit, Wasserdichtheit etc. Es lassen sich aber nicht nur bereits bestehende Textilien oder Kleidungsstücke hinsichtlich ihrer physiologischen Eigenschaften prüfen und beurteilen. Vielmehr konnten für zahlreiche textile Anwendungsgebiete konkrete **Konstruktionsleitlinien** aufgestellt werden, die gezielt bei der Produktentwicklung eingesetzt zu physiologisch optimierter Kleidung führen.

2. Komponenten und Aspekte des Tragekomforts

„Tragekomfort" kann gemessen werden, weil er überwiegend kein rein individuelles und damit sehr unterschiedliches Empfinden darstellt, sondern vielmehr die direkte Folge der **Wechselwirkung Körper-Klima-Kleidung** ist. Der Mensch produziert als Warmblüter bei allen Tätigkeiten infolge von Stoffwechselprozessen im Körperinnern Wärme, die von ca. 80 W beim Schlafen bis zu 450 W, kurzfristig sogar bis über 1000 W bei schwerer körperlicher Anstrengung reichen kann (siehe Abb. 2). Da der Mensch ein homoiothermes, also gleichbleibend warmes Lebewesen ist, muss diese Wärme im selben Maße, wie sie entsteht, auch wieder abgeführt werden. Nur so ist die **Energiebilanz** des menschlichen Körpers im Gleichgewicht, eine unabdingbare Voraussetzung für Wohlbefinden.

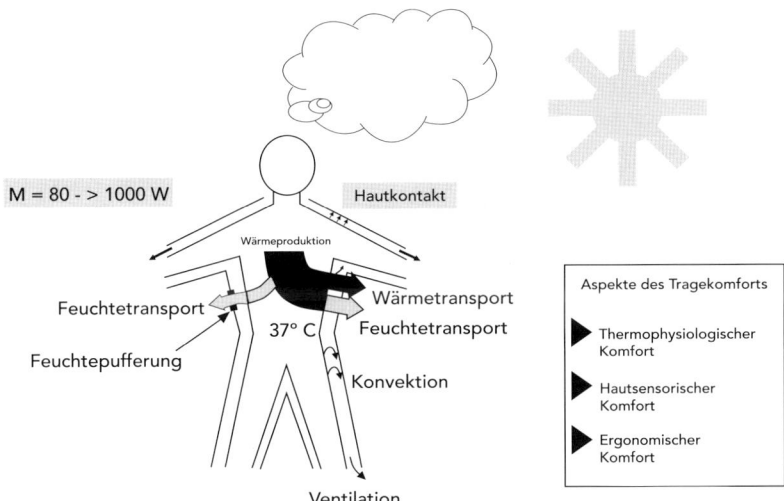

Abb. 2: Energiebilanz des menschlichen Körpers

Für diese Wärmeabfuhr vom Körper stehen mehrere Mechanismen zur Verfügung. Zum einen ein „trockener" **Wärmetransport** durch die Kleidung hindurch infolge Konduktion, Konvektion und Strahlung. Wie groß dieser Wärmetransport ist, wird einerseits von der Umgebungstemperatur und andererseits von der Wärmeisolation der Kleidung bestimmt.

In den meisten Fällen reicht allerdings dieser trockene Wärme-transport nicht aus, um die Energiebilanz des Körpers im Gleich-gewicht zu halten. In diesen Fällen beginnen wir zu schwitzen mit dem Ziel, durch Verdampfen von Schweiß an der Hautoberfläche den Körper zu kühlen. Diese Kühlung funktioniert aber nur dann, wenn der Schweiß auch wirklich verdampfen kann und nicht etwa flüssig an der Haut herabrinnt. Dies bedeutet, die Kleidung muss auch einen guten **Feuchtetransport** bewirken, was oft als „At-mungsaktivität" bezeichnet wird.

In vielen Fällen ist jedoch die produzierte Schweißmenge zu groß, um sofort verdampft werden zu können. Deshalb muss die Klei-dung als dritte wesentliche Eigenschaft eine gute **Feuchtepuffe-rung** aufweisen. Diese Parameter, Wärme- und Feuchtetransport sowie Pufferwirkung, bestimmen den **thermophysiologischen Komfort** der Kleidung.

Daneben ist aber auch der **hautsensorische Komfort** der Kleidung wichtig. Darunter sind die Berührempfindungen zu verstehen, die durch den mechanischen Kontakt zwischen Textil und Haut zu-stande kommen. Dies können angenehme Empfindungen sein, wie etwa Weichheit und Schmiegsamkeit. Leider aber auch Hautir-ritationen wie z.B. das Kratzen, Jucken oder Kleben auf schweiß-feuchter Haut. Diese gilt es natürlich zu vermeiden.

Als dritte Komponente ist der **ergonomische Komfort** zu berück-sichtigen. Die Kleidungsstücke müssen vom Design her so gestal-tet sein, dass sie die Körperbewegungen des Trägers nicht behin-dern und dass im Mikroklima innerhalb der Kleidung auch eine gute Luftumwälzung (Konvektion) sowie ein guter Luftaustausch mit der Umgebung über Kleidungsöffnungen (Ventilation) zustan-de kommen.

3. Quantitative Messung des Tragekomforts von Kleidung

3.1. Textilien

Wärme- und Feuchtetransportvermögen sowie die Pufferwir-kung von Textilien werden mit dem Thermoregulationsmodell der menschlichen Haut (**Hautmodell**) ermittelt. Dieses Mess-gerät simuliert die Wärme- und Feuchteabgabe der Haut, differenziert nach Tragesituationen mit nur insensibler Wasserdampfabgabe bzw. mit mäßigem oder starkem Schwitzen. Für jede dieser drei Tragesituationen liefert das Hautmodell für ein Textil spezifische Kenngrößen (z.B. Wärmeisolation, Wasserdampfaufnahmevermögen, Schweißtransport etc.), die dessen thermophysiologische Güte als Flächengebilde charakterisieren. Diese Kenngrößen gehen in ein Beurteilungsmodell ein, das die **thermophysiologische Funktion** des Textils in einer Note quantifiziert.

Die Oberflächenstruktur eines Textils bestimmt im Wesentlichen seinen **hautsensorischen Tragekomfort**. Die dafür relevanten Kenngrößen des Textils (Klebe-, Oberflächen- und Benetzungsindex, Kontaktpunktzahl Textil/Haut, Steifigkeit) werden heute mit speziellen Messgeräten ermittelt und in einem weiteren Beurteilungsmodell umgesetzt. Zusammen mit der vorstehend erläuterten thermophysiologischen Note resultiert damit eine **Komfortnote**, die den in der Praxis von dem Textil vermittelten Tragekomfort ausdrückt und die zwischen 1 „sehr gut" und 6 „ungenügend" liegen kann. Damit lassen sich unterschiedliche Textilkonstruktionen hinsichtlich ihres Tragekomforts sowohl absolut als auch vergleichend bewerten (siehe Abb. 3).

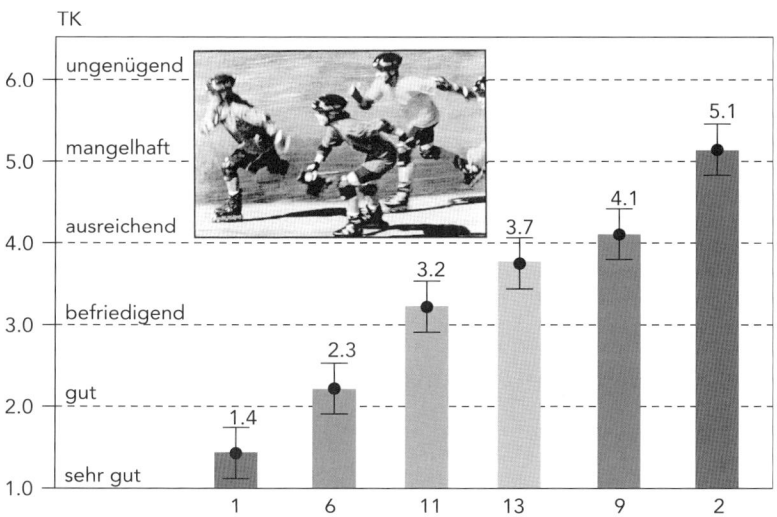

Abb. 3: Tragekomfortnote von Sportbekleidung

Die Aussagen dieses Beurteilungsmodells stimmen sehr gut mit praktischen Trageerfahrungen überein. In ausgedehnten Forschungsarbeiten konnte nachgewiesen werden, dass die damit für unterschiedlichste Textilkonstruktionen berechnete Tragekomfortnote mit einer Genauigkeit von ± 0,3 Notenstufen mit der vom Menschen subjektiv vergebenen Note übereinstimmt (siehe Abb. 4).

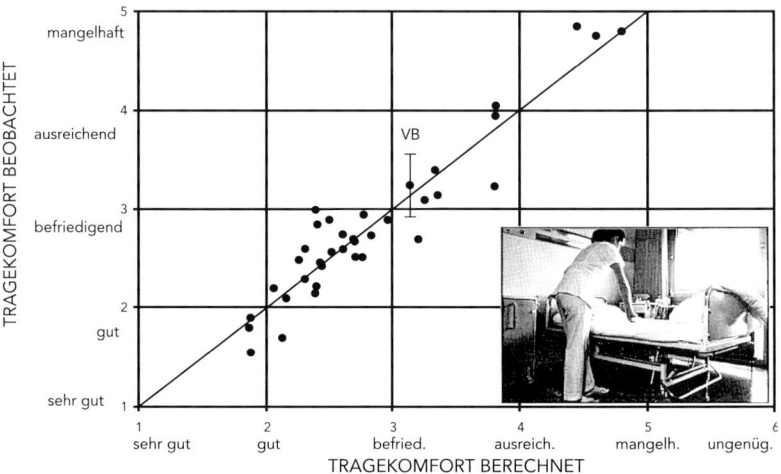

Abb. 4: Korrelation zwischen aus Labormessungen und mit Testpersonen ermitteltem Tragekomfort

Mit den Labormessungen mit dem Hautmodell und den hautsensorischen Apparaturen kann aber nicht nur die Frage beantwortet werden, welche der für eine bestimmte Kleidung infrage kommenden Textilkonstruktionen die physiologisch beste Lösung darstellt. Diese für den Verbraucher leicht verständliche Tragekomfortnote eignet sich auch für die **Produktbeschreibung im Handel**. Sie wird deshalb schon von zahlreichen Herstellern wie auch Versandunternehmen in Werbebroschüren und Katalogen eingesetzt.

3.2. Konfektionierte Kleidung

Die Messungen an Textilien als Flächengebilde werden durch Untersuchungen am kompletten Kleidungssystem mit einem lebensgroßen Thermoregulationsmodell des Menschen, der **Gliederpuppe „Charlie"**, ergänzt. Diese besteht aus einem Kupferkörper. Durch sie werden durch im Körperinnern verlegte und computer-

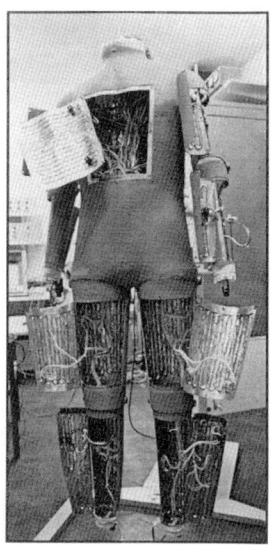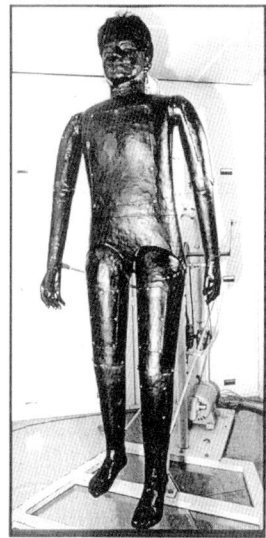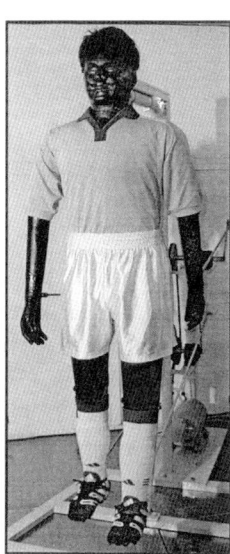

Abb. 5: Messung des Tragekomforts von Kleidung mit der thermischen Gliederpuppe „Charlie"

gesteuerte Heizleitungen die Körper- und Hauttemperaturen des Menschen vermittelt. Mit Charlie, der mittels an Armen und Beinen befestigter und motorisch angetriebener Stangen Gehbewegungen ausführen kann, lässt sich unmittelbar die effektive Wärmeisolation eines konfektionierten, aus Unter- und Oberbekleidung bestehenden Kleidungssystems und, zusammen mit den Ergebnissen der Hautmodell-Messungen, auch dessen effektives Feuchtetransportvermögen ermitteln.

Diese kleidungsspezifischen Kenngrößen werden wiederum in Vorhersagerechnungen eingesetzt, die per Computer den **klimatischen Verwendungsbereich** der Kleidung ergeben, in dem der Mensch bei einer bestimmten Tätigkeit einerseits noch nicht friert, andererseits noch nicht unzumutbar stark schwitzt.

4. Feuchtemanagement von Textilien

Eine der Voraussetzungen für guten Tragekomfort ist, dass speziell die hautnah getragenen Textilien ein gutes **„Feuchtemanagement"** besitzen und das „Mikroklima" in der Kleidung über der Haut auch bei stärkerer körperlicher Aktivität möglichst trocken halten.

Da der Feuchtetransport in Textilien ein komplexer Vorgang ist, kommt es zu dessen Optimierung keineswegs – wie fälschlicherweise oft geglaubt wird – nur auf das Fasermaterial an. Es gibt keine „Wunderfaser", die in allen Tragesituationen einen guten physiologischen Komfort bewirkt. Dies insbesondere auch deshalb, weil je nach Tragesituation unterschiedliche physiologische Anforderungen an die Textilien zu stellen sind. In „normalen" Situationen mit nur insensiblem Schwitzen kommt es hinsichtlich des resultierenden Tragekomforts vorwiegend auf eine gute **Wasserdampfdiffusion** (auch als **„Atmungsaktivität"** bezeichnet) an. Bestimmt wird sie hauptsächlich durch die Dicke des Textils und die Weite seiner Poren (siehe Abb. 6). Eine gute „Atmungsaktivität" ist damit keine Frage des Fasermaterials, ob Natur- oder Chemiefasern, sondern der Textilkonstruktion, z.B. Garnstärke, Einstellung, Bindungs- oder Legungsart etc.

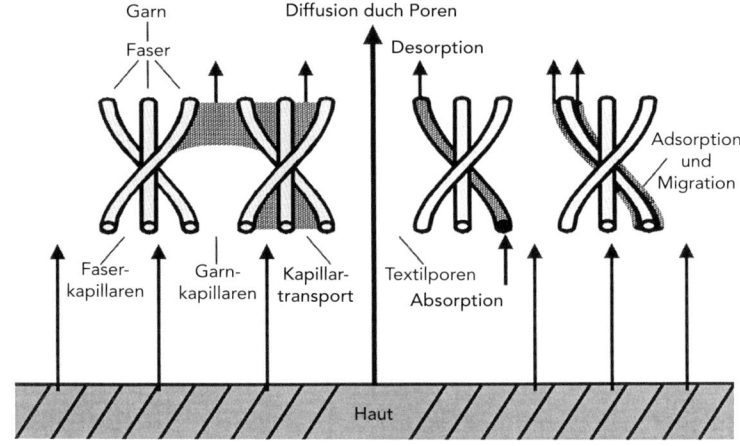

Abb. 6: Mechanismen des Feuchtetransports in Textilien

Bei stärkerem Schwitzen sind bei einem hautnah getragenen Textil vorrangig die Mechanismen der **Adsorption und Migration** – die Anlagerung und der Transport von flüssigem Schweiß an und entlang den Faseroberflächen – sowie der **Kapillartransport** wichtig. Letzterer, oft auch als „Löschblatteffekt" bezeichnet, beruht auf dem physikalischen Prinzip des Aufsteigens von Wasser in engen Röhren und Spalten. Die Faserzwischenräume im Garn bzw. die Garnzwischenräume im Textil wirken als solche Kapillaren mit Saugwirkung.

Wie gut der Kapillartransport funktioniert, hängt zum einen von der Faser- und Garnfeinheit ab. Zum anderen wird er, wie auch die Adsorption und Migration, von der **Wasseraffinität der Faseroberflächen** bestimmt, ob diese hydrophil (wasserannehmend) oder hydrophob (Wasser abweisend) sind. Aus physiologischer Sicht sollten die Faseroberflächen hydrophil sein, eine Forderung, die nicht nur von Baumwolle und Viskose, sondern auch von Synthetiks wie PES, PA und PAC in deren „Ausgangszustand" erfüllt wird. Allerdings beeinflusst die **Ausrüstung** des Textils (z.B. Weichmacher, optische Aufheller, Wasser abweisend wirkende Präparate etc.) wesentlich diese Wasseraffinität. Sie kann die Hydrophilie der Faseroberflächen in eine Hydrophobie umkehren.

Gegenüber den vorstehend angeführten Mechanismen sind **Absorption und Desorption** (Feuchteaufnahme bzw. -abgabe in und aus dem Faserinnern), da in ihrer Effektivität begrenzt, von zweitrangiger Bedeutung. Wie gut Absorption und Desorption funktionieren, hängt von der Wasseraffinität des Faserinnern ab, d.h. ob dieses hygroskopisch (Wasser aufnehmend) oder nicht hygroskopisch (Wasser abweisend) ist.

Die **Hygroskopizität** hängt im Wesentlichen von der chemischen Zusammensetzung des Fasersubstrats ab. So sind Naturfasern wie z.B. Wolle und Baumwolle im Faserinnern hygroskopisch. Sie nehmen Feuchte sehr gut auf. Da diese jedoch im Faserinnern gebunden ist, wird sie nur wenig transportiert. Textilien aus 100 % Naturfasern eignen sich damit aus physiologischer Sicht vorwiegend für Tragesituationen, in denen relativ wenig geschwitzt wird, also z.B. für den Einsatz in reiner Alltagskleidung.

„Funktionstextilien" für Kleidung zur Ausübung körperlicher Aktivitäten (z.B. Sport- und Freizeitkleidung, Berufskleidung) dagegen müssen vor allem eine hohe Feuchtetransportgeschwindigkeit besitzen. Diese Forderung wird von Synthetiks wie PES, PA und PAC erfüllt, die im Faserinnern nicht hygroskopisch sind und damit die Feuchte nicht aufnehmen, sie aber an den Faseroberflächen rasch transportieren.

5. Konstruktionsprinzipien für Funktionstextilien

5.1. Denier-Gradient-Textilien

Für Textilien, die als einzige Schicht am Körper getragen werden, wie z.B. Fußball-Shirts oder Bodies, haben sich zweiflächige Konstruktionen aus Synthetiks mit Kapillarverengung (**Denier Gradient**) bewährt. Bei diesen werden an der hautzugewandten Innenfläche feine Garne aus gröberen Einzelfasern und an der Außenfläche gröbere Garne aus feineren Fasern (z.B. Mikrofasern) eingesetzt (siehe Abb. 7). Damit verengen sich die Garn- bzw. Faserkapillaren von der Innenschicht zur Außenschicht des Textils hin. Dadurch wird eine besonders hohe **Saugwirkung** und damit ein besonders effektiver Transport flüssigen Schweißes von der Haut weg bewirkt, der sich an der Textilaußenfläche verteilt und von da aus in die Umgebungsluft verdampft wird.

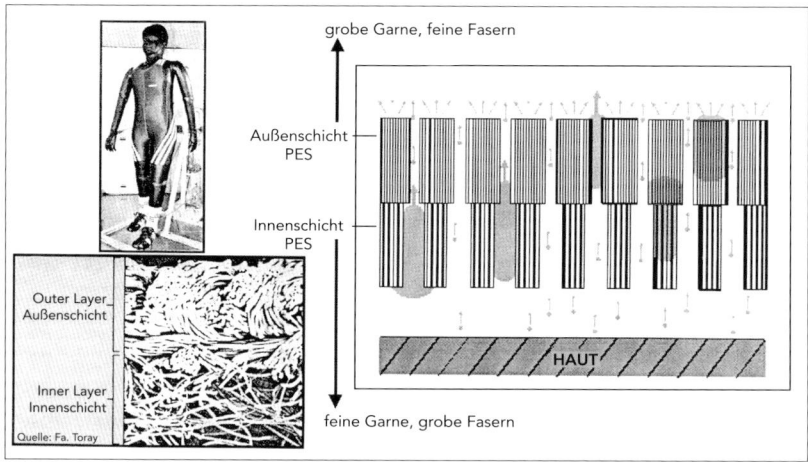

Abb. 7: Schweißtransport in zweiflächigen Textilien mit Kapillarverengung („Denier Gradient")

5.2. Double-Face-Textilien

In einem aus mehreren Komponenten bestehenden Kleidungssystem können die Denier-Gradient-Textilien aus 100 % Synthetiks als Unterbekleidung getragen problematisch werden. Transportiert hier die Oberbekleidung die Feuchte nicht ausreichend schnell, kommt es in den hautnahen Textilschichten zu einem Feuchtestau. Diese Gefahr besteht insbesondere bei einer äußeren Wetterschutzkleidung, die ja so konzipiert ist, dass sie flüssige Feuchte nicht durchlässt. Ist sie atmungsaktiv, kann diese Wetterschutzkleidung zwar Wasserdampf transportieren. Bei großen aus der Unterwäscheschicht anfallenden Schweißmengen erfolgt dieser Wasserdampftransport in vielen Fällen jedoch nicht rasch genug, so dass eine Rückbefeuchtung der Unterwäsche eintritt, die der Träger subjektiv als unangenehm registriert.

Für Unterwäsche in einem aus mehreren Komponenten bestehenden Kleidungssystem sind deshalb zweiflächige Textilien zu empfehlen, die nach dem **Double-Face-Prinzip** (Abb. 8) aufgebaut sind. An der hautzugewandten Innenfläche befinden sich Synthetiks mit gutem Transportvermögen für flüssigen Schweiß. Die durch übergreifende Fäden verbundene Außenfläche besteht aus gut Feuchte aufnahmefähigem Fasermaterial, wie z.B. Baumwolle, Wolle, Viskose oder deren Mischungen. Diese absorptive Außenfläche des Textils fungiert als Pufferzone für überschüssigen Schweiß, der nun aber bis zur Verdampfung aus der Oberbekleidung nicht in Hautnähe gespeichert wird. Die Unterwäsche wird damit auch bei starkem Schwitzen länger als trocken und hautsensorisch angenehm empfunden. Außerdem trocknet sie nach dem Schwitzen wesentlich rascher ab als Wäsche aus 100 % Baumwolle. Ein unangenehmes oder gar gesundheitsschädliches Frösteln (*post-exercise-chill*) in Ruhephasen nach Aktivität, bei der stark geschwitzt wurde, wird mit *Double-Face*-Textilien wirkungsvoll verhindert.

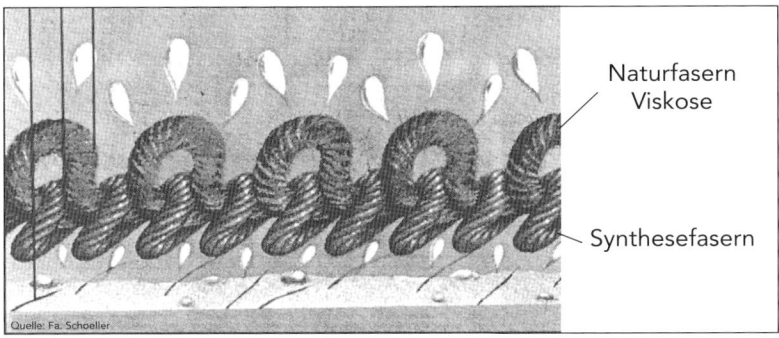

Abb. 8: Konstruktionsprinzip zweiflächiger Textilien („Double Face")

5.3. Mikrofasern

Der Feuchtetransportmechanismus der Adsorption und Migration ist in einem Textil umso effektiver, je mehr Faseroberflächen vorhanden sind. Sie lassen sich bei gleichem Garntiter mit **Mikrofasern** unter 1.0 dtex um ca. 50 % gegenüber „Normalfasern" mit einer Feinheit um 1.7 dtex vergrößern (siehe Abb. 9). Damit resultiert aus dem Einsatz von Mikrofasern ein deutlich besserer Schweißtransport.

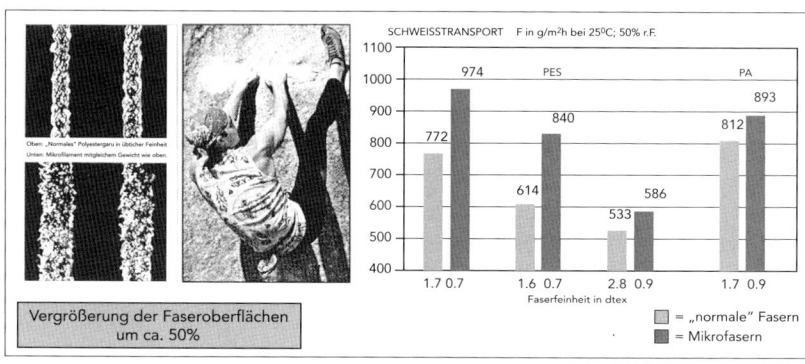

Abb. 9: Verbesserung des Schweißtransports bei Funktionskleidung durch Mikrofasern

Die bei Mikrofasern vergrößerte Faseroberfläche kann sich jedoch nachteilig auf den hautsensorischen Tragekomfort auswirken, weil dadurch die Zahl der Kontaktpunkte zwischen Textil und Haut vergrößert wird und die Tendenz zu einem unangenehm empfundenen Kleben auf schweißfeuchter Haut zunimmt. Allein der Einsatz von Mikrofasern garantiert also nicht automatisch einen verbesserten Tragekomfort. Vielmehr müssen dazu – wie auch bei „Normalfasern" – gewisse Konstruktionsleitlinien eingehalten werden. Unter anderem fordern diese aus hautsensorischer Sicht eine möglichst geringe Kontaktpunktzahl zwischen Textil und Haut. Dies kann bei Mikrofaser-Textilien z.B. durch Aufrauen der Textilinnenfläche, mechanisch oder durch einen chemischen Prozess bei der Veredlung, realisiert werden.

5.4. Profilfasern

Außer durch Mikrofasern lassen sich die Faseroberflächen in Textilien auch durch sog. **Profilfasern** vergrößern. *CoolMax*® ist dafür ein Beispiel. Die bei diesem Polyester-Fasertyp geschaffene **Quer-**

schnittsform mit Kanälen bedingt eine deutlich größere Faser-oberfläche als bei „normalen" Fasern mit kreisrundem Quer-schnitt, was zu einem besseren Schweißtransport und damit beim Einsatz in Funktionstextilien zu einem deutlich besseren Trage-komfort führt.

6. Tragekomfort als Konstruktionsziel

Infolge der dargestellten Komplexität der Empfindung „Trage-komfort" hängt dessen Optimierung von einer großen Zahl unter-schiedlicher Konstruktionsparameter ab, die nur dann realisiert werden kann, wenn alle Komponenten der Bekleidung hinsichtlich Fasermaterial, Faser-, Garn- und Textilkonstruktion, Ausrüstung und Schnittgestaltung richtig aufeinander abgestimmt und an den spezifischen Einsatzzweck der Kleidung angepasst sind.

Auch stellt sich guter Tragekomfort nicht automatisch ein, sondern ist stets nur das Resultat einer sorgfältigen und gezielten **Produkt-planung** und -gestaltung. Dazu stehen heute nicht nur zuverlässi-ge, in ihrer Aussage genaue physiologische Labor-Prüfverfahren zur Verfügung, sondern auch konkrete **Konstruktionsleitlinien** für zahlreiche textile Anwendungsgebiete. Diese lassen sich jedoch nur dann erfolgreich einsetzen, wenn ein enger Dialog zwischen den einzelnen Stufen der textilen Kette, angefangen vom Faser-hersteller bis hin zum Handel, stattfindet. Dieser Dialog funktio-niert aber nur dann, wenn er sich auf konkrete bekleidungsphysio-logische Anforderungsprofile stützen kann, die in Spezifikationen

Physiologische Spezifikationen		
Wasserdampfdurchgangswiderstand („Atmungsaktivität")		
Qualitätsstufen:		
Standard:	$13\,m^2\,Pa\,/\,W < R_{et} \leq 20\;m^2\,Pa\,/\,W$	
Mittel:	$6\,m^2\,Pa\,/\,W < R_{et} \leq 13\;m^2\,Pa\,/\,W$	
Hoch:	$R_{et} \leq 6\;m^2\,Pa\,/\,W$	

Abb. 10: Produktpass für Wetterschutzkleidung

bzw. einem **„Produktpass"** festgehalten sind, der an der Schnittstelle zwischen Handel und Hersteller eingesetzt wird.

Die Abbildung 10 zeigt das Beispiel eines solchen Produktpasses für Wetterschutzkleidung. Darin sind drei Qualitätsstufen für den Tragekomfort anhand der „Atmungsaktivität" definiert, ausgedrückt durch den Wasserdampfdurchgangswiderstand R_{et} des Textils. Diese physiologischen Qualitätsstufen eignen sich insbesondere auch im Handel bei Verkaufsgesprächen zur Darstellung des Preis-Leistungs-Verhältnisses verschiedener Produkte.

7. Marktpotenzial für Funktionskleidung

Funktionskleidung lässt sich nur dann erfolgreich vermarkten, wenn sie tatsächlich eine für den Träger **spürbare Funktion** besitzt, wozu insbesondere ein guter physiologischer Tragekomfort gehört. Diesbezüglich optimierte Kleidung verursacht für den körperlich aktiven Träger nicht nur weniger physiologischen Stress und reduziert damit die Gefahr von Gesundheitsschäden. Sie erhöht auch seine physische und mentale Leistungsfähigkeit und ist in belastenden Klima- und Tätigkeitssituationen für längere Einsatzdauern tragbar.

Das für Funktionskleidung vorhandene große **Marktpotenzial** mit für die Zukunft prognostizierten erheblichen Zuwachsraten bietet große Chancen nicht nur für die Textil- und Bekleidungsindustrie, sondern auch für den Handel, die Absatzmengen zu erhöhen. Dies ist jedoch nur mit innovativen **High-Tech-Produkten**, mit gegenüber „Alltagskleidung" verbesserten physiologischen Trageeigenschaften und damit besserer Gebrauchsfunktion möglich. Für die Entwicklung solcher Produkte liefern Forschungs- und Prüfinstitute mit der Erarbeitung von Konstruktionsleitlinien und der Bereitstellung rationeller Prüfmethoden zur Begleitung der Entwicklungsphase eine unverzichtbare Hilfe.

Die Revolution bei Fasern, Garnen und Konstruktionen

Heinrich Planck

Einleitung

In den letzten Jahren wurden neue Fasern, Garne, Konstruktionen und Beschichtungen für den Bereich der funktionellen Bekleidungs- und Heimtextilien entwickelt und in den Markt eingeführt. Neben bekannten Materialien, die wie z. B. die Viskose weiter optimiert wurden, bieten insbesondere Mikrofasern aus unterschiedlichen polymeren Werkstoffen innovative Ansätze, Textilien mit neuen Funktionen zu entwickeln. Auch die zusätzliche Ausrüstung von Fasern mit zusätzlichen Funktionen, z.B. dem antimikrobiellen Verhalten, Abgabe von Pflegemittel oder Temperaturausgleichsvermögen, eröffnen neue Märkte für funktionale Bekleidungstextilien. Die Entwicklung von sog. *Abstandstextilien* kann auch im Bereich der Bekleidung und im Heimtextilienbereich Anwendung finden. Die einzelnen Innovationen sollen im Nachfolgenden näher beleuchtet werden.

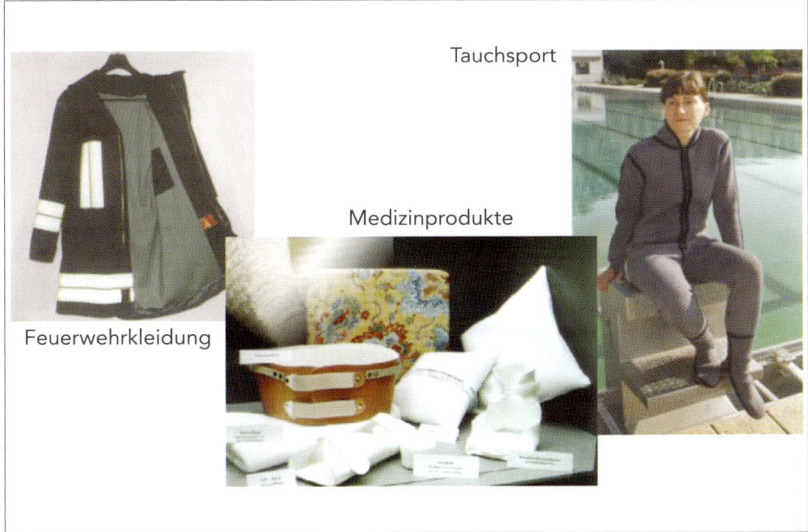

Tauchsport

Medizinprodukte

Feuerwehrkleidung

Abb. 1: Anwendungsbeispiele für Abstandsgewirke

Ober- und Unterseite aus unterschiedlichen Materialien herstellbar

Polfäden sorgen für Transport von Feuchtigkeit und Druckstabilität

Abb. 2: Aufbau eines Abstandsgewirkes

Mikrofasern/Splitfasern

Polyester oder Polyamid-Filamentgarne werden mittels der sog. *Schmelzextrusion* hergestellt. Das Polymer wird in einem Extruder aufgeschmolzen und unter hohem Druck durch eine Düsenplatte, in die kleine Kapillarbohrungen eingebracht worden sind, hindurchgepresst. Dabei entstehen einzelne Filamente, deren Summe durch die Anzahl der Bohrungen bestimmt wird. Diese werden zu einem Multifilamentgarn zusammengefasst. Da diese Filamentgarne in der Regel noch nicht über die entsprechende Festigkeit verfügen, müssen sie einem zusätzlichen Verstreckungsprozess unterworfen werden, um die Orientierung der Polymerketten wie auch die Kristallinität zu erhöhen.

Polyester-Filamentgarne können mit konventionellen Spinnverfahren bis zu einem Einzeltiter von 1 dtex hergestellt werden, was einem Durchmesser einer Einzelkapillare von ca. 10 µm (1µm = 1/1.000 mm) entspricht. Durch den Einsatz der sog. *Splitfaser-Technologie* ist die Herstellung von Faserdurchmessern von ca. 1 µm möglich geworden. Hierbei werden zwei unterschiedliche Polymere gleichzeitig in einer Düsenöffnung verarbeitet, der Querschnitt des entstehenden Einzelfilaments ist vergleichbar mit einem runden Kuchen, bei dem die einzelnen Kuchenstücke aus unterschiedlichem Material hergestellt worden sind und sich abwechseln. Werden nun diese Einzelfilamente mechanisch belastet, zerfällt der Kuchen, es trennen sich die einzelnen Segmente. Die eine Komponente wird herausgelöst, die andere bleibt übrig, es entstehen viel feinere Filamente, als dies mit der konventionellen Spinntechnik der Fall ist. Solche Mikrofasergarne verleihen einer textilen Fläche einen ganz anderen, viel geschmeidigeren und weicheren Griff. Auch das bekleidungsphysiologische Verhalten solcher Mikrofaser-Textilien kommt dem von Naturfasern sehr nahe.

Hochfeste Fasern

Hochfeste Fasern in Form von Polyester (Polyethylenterephalat), Polyamid, Para-Aramid oder Polyethylen werden für Technische Textilien eingesetzt. Sie haben aufgrund der Polymerstruktur wie auch aufgrund der Polymerket-ten-Anordnung sehr hohe lineare Zugfestigkeitswerte. Im Beklei-dungsbereich werden z.B. Para-Aramide (z.B. *Kevlar*™) oder Polyethylen-Hochmodulfasern (*Dyneema*™) für Schutzanzüge eingesetzt und gewährleisten Schutz gegen Stich- und Schuss-verletzungen. Hier ist allerdings der Einfluss der Feuchtigkeit auf die Schutzwirkung zu beachten, die durch die Reduzierung der Faser-Faser-Reibung beeinträch-

Abb. 3: Schutzweste, Kevlar

tigt sein kann. In normaler Bekleidung werden solche Fasermateriali-en aufgrund des relativ hohen Preises nicht verwendet.

Metallfasern einschließlich metallisierter Fasern

Solche Fasern werden beispielsweise dann eingesetzt, wenn elektrostatische Aufladung verhindert werden soll. Diese Funktion ist Voraussetzung für eine in Reinräumen getragene Arbeitsklei-dung (beispielsweise bei der Chipherstellung), da durch elektro-statische Aufladungen Staubpartikel aufgenommen und unkon-trolliert freigesetzt werden können, die dann zu einem Fehler im Chip führen. Im Heimtextilienbereich werden solche Fasern in Bo-denbeläge eingearbeitet, um die elektrostatische Aufladung in Büro- und Rechnerräumen zu verhindern.

Mit solchen Metallfasern lassen sich auch Textilien zum Schutz ge-gen elektromagnetische Strahlungen herstellen. Hierbei werden

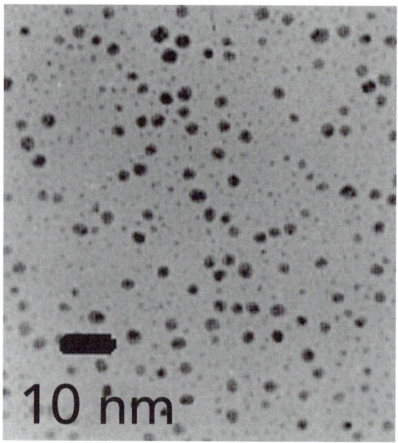

*Abb. 4: Nanodisperses metalli-
sches Silber zur Verwendung in
Textil- und Mikrofasern. Besonderheit: Die Struktur von Mikrofasern bleibt bei der Verwendung
nanoskaligen Silbers unbeein-
trächtigt. Bio-Gate Bioinnovative
Materials GmbH*

die Metallfasern in einer textilen Fläche, z.B. einem Gewebe, in Gitterform so eingearbeitet, dass das physikalische Prinzip des „Faradayschen Käfigs" wirkt, und somit der Träger dieses Kleidungsstückes gegen elektromagnetische Strahlen geschützt ist. Gleiche Wirkung haben metallisierte Oberflächen von Fasern oder ganzen Flächen. Bei Bekleidungstextilien wird als Metall-Beschichtungsmaterial insbesondere Silber eingesetzt, da dieses Edelmetall im Hautkontakt in der Regel nicht zu allergischen Reaktionen führt. Silberbeschichtete Oberflächen weisen auch

Abb. 5: Herzfrequenzmesser

Abb. 6, 7: Kühljacke, D'Appoloma S. p. A. und Hemd mit selbsttätig aufkrempelnden Ärmeln, D'Appoloma

antimikrobielle Eigenschaften auf und werden deshalb z.B. als Neurodermitikerwäsche angeboten. Ähnliche Strukturen werden auch im Heimtextilienbereich gegen Schutz vor Elektrosmog z.B. als Betteinlagen verwendet.

Bei den *Smart Textiles* werden elektronische Bauteile und Strukturen in ein Bekleidungstextil integriert. Interessant sind hierbei textile Strukturen, die zur Aufnahme und Weiterleitung von Signalen, z.B. zur Überwachung der Körpertemperatur, Atemfrequenz oder Herztätigkeit dienen. Solche Bekleidungsstücke werden derzeit entwickelt für Kleinkinder oder hilfsbedürftige Menschen. Mögliche weitere Einsatzbereiche könnten auch Schutzanzüge für Katastropheneinsätze sein. Hier kommen elektrisch leitende Fasern z.B. als ummantelte Metallfasern zum Einsatz, die zur Energieversorgung bzw. zum Datentransfer dienen.

Elastanfasern

Als Elastanfäden werden hochelastisch dehnbare Fasern bezeichnet, die Dehnungen bis zum Sechsfachen der Eigenlänge erlauben, ohne zu reißen, und die bei Entlastung in ihre ursprüngliche Länge zurückkehren. Elastanfasern werden heute auf Basis von Polyurethan hergestellt, Fasern aus Naturkautschuk kommen nur noch in seltenen Fällen zum Einsatz.

Elastanfasern haben sich in allen Bereichen der Bekleidung durchgesetzt: in der modischen Bekleidung als Stretch-Ware, im Sportbereich z.B. als hauteng anliegende Radfahrerhose oder Badeanzug. Im Bereich der Medizintextilien werden Elastanfasern bei Stütz- und Kompressionsstrümpfen in Form von Gestricken verwendet. Bei medizinischen Maß-Kompressionsstrümpfen erfolgt die Einbindung der Elastanfasern entsprechend der vom Arzt verordneten Kompressionskraft. Zur Verbesserung der Hautverträglichkeit werden solche Elastanfasern oft mit Baumwolle oder Polyamid umsponnen, so dass das Elastanmaterial nicht direkt mit der Haut in Kontakt kommt.

Faserzusatzfunktionen – Antimikrobielle Fasern

Bakterien führen häufig zu gesundheitlichen Problemen oder können zu Belästigung, z.B. zu üblem Geruch führen. Im Bereich der Heimtextilien sind textile Bodenbeläge oft Nährböden für Bakterien und Pilze, die durch Übertragung von Keimen zu Gesundheitsstörungen wie z.B. Fieber oder Fußpilzerkrankungen führen können. Im Bereich der Bekleidung ist ebenfalls eine solche aktive Oberfläche wünschenswert, um störende Nebenwirkungen wie z.B. Schweißgeruch zu vermeiden. Da solche Textilien direkt auf der Haut getragen werden, ist hier die Wirkung auf die natürliche – und erforderliche – Bakterienflora auf der Haut zu berücksichtigen. Die antibakterielle Oberfläche soll hier keine unerwünschte Reaktion zeigen. Die Ausrüstung von Fasern und Oberflächen stellt deshalb besondere Herausforderungen an die Textil- und Faserchemie.

Um das Wachstum von Bakterien auf Fasern zu vermeiden, werden zwei unterschiedliche Ansätze verfolgt: Bei der antibakteriel-

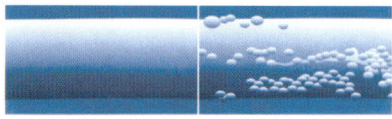 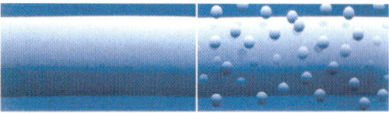

Während normale Fasern (rechts) ausreichend Angriffsfläche für Mikroorganismen geben, bleibt Trevira Bioactive (links) davon völlig unberührt.

Antimikrobiell wirkende Additive sind fest in der Trevira-Faser (links) verankert, während bei nachträglich behandelten Fasern (rechts) die chemischen Substanzen in die Umgebung migrieren und die natürliche Hautflora beeinträchtigen können.

Abb. 8: Antimikrobielle Faser Trevira® Bioaktiv

len Ausrüstung werden Substanzen verwendet, die die Bakterien, die mit der Faseroberfläche in Kontakt kommen, abtöten. Auch kommen Metallisierungen z.B. mit Silber in Frage; dabei werden Silberionen freigesetzt, die die Bakterien abtöten.

Phase Change Materials (PCM)

Im Beruf wie auch in der Freizeit kann in der Körper bei bestimmten Tätigkeiten erheblichen Temperaturschwankungen ausgesetzt sein. Angestellte in Kühlhäusern, die im Sommer regelmäßig ho-

Abb. 9: Work-wear-Stoff im Changeant-Style, Schoeller

hen Temperaturschwankungen von z.B. – 20 °C im Kühlhaus und +30 °C im Freien ausgesetzt sind, erleiden ohne Schutz sehr schnell Erkrankungen der Atemwegsorgane. Deshalb ist hier die Möglichkeit des Temperaturausgleichs durch die Bekleidung von hohem Interesse.

Realisiert wird dies durch den Einsatz von sog. *Phase Change Materials* (PCM), die z.B. in Form von paraffinhaltigen Mikrokapseln in die Faser eingearbeitet sind. Diese Paraffine schmelzen bei höheren Temperaturen unter Wärmeaufnahme, d.h., es tritt ein Kühlungseffekt ein. Bei tiefen Temperaturen erstarren die Paraffinpartikel unter Wärmeabgabe, es tritt ein Erwärmungseffekt auf. Die Intensität der Wirkung hängt von der Menge des eingearbeiteten Paraffins ab, jedoch sind hier Limitierungen vorhanden, da mit steigendem Paraffingehalt die Faserfestigkeit abnimmt.

Kompaktgarne

Fasergarne werden aus Naturfasern, aus geschnittenen oder gerissenen Chemiefasern oder aus einer Kombination beider Materialien hergestellt. Durch bekannte Spinnverfahren (Ringspinnverfahren, Open-End-Spinnen u.a.) werden daraus Fasergarne hergestellt. Ringgarne weisen technologisch bedingt eine relativ hohe Haarigkeit auf. Diese wird durch aus der Faseroberfläche herausstehende Faserenden verursacht.

Beim Kompaktspinnen werden die Fasern in der Verstreckungszone einer Ringspinnmaschine durch Unterdruck kompaktiert. Folge ist bei gleich bleibender Festigkeit ein glattes, weiches Garn mit bedeutend geringerer Haarigkeit. Im Bereich der Unterwäsche oder Oberbekleidung können dadurch ein weicherer Griff und verändertes Kontaktgefühl auf der Haut auftreten. Kompaktgarne zeigen durch die geringere Haarigkeit oft einen geringeren Wärmerückhalteeffekt als normale Ringgarne.

Schrumpfgarne – Atmofil™

Auch im Chemiefasersektor gibt es innovative Entwicklungen, die in der Bekleidung Anwendung finden können. Neben bauschigen, texturierten Garnen, die nach dem Verspinnen einem Veredlungsprozess zugeführt werden und dabei eine bleibende Kräuselung erhalten, werden in der Textilausrüstung durch innovative Nachbehandlungsschritte, z.B. bei Temperaturzufuhr, unterschiedliche Schrumpfverhalten der Garne erreicht. Werden z.B. Garne mit einem ausgeprägten Schrumpfverhalten in einem Gewebe kombiniert mit Garnen, die sich unter Temperaturzufuhr längen, entstehen samtartige Schlingen-Velours-Oberflächen mit einem weichen, seidenartigen Griff und guten physiologischen Eigenschaften. Neben Blusenstoffen lassen sich hieraus auch interessante Stoffe für den DOB- und Heimtextilien-Bereich herstellen.

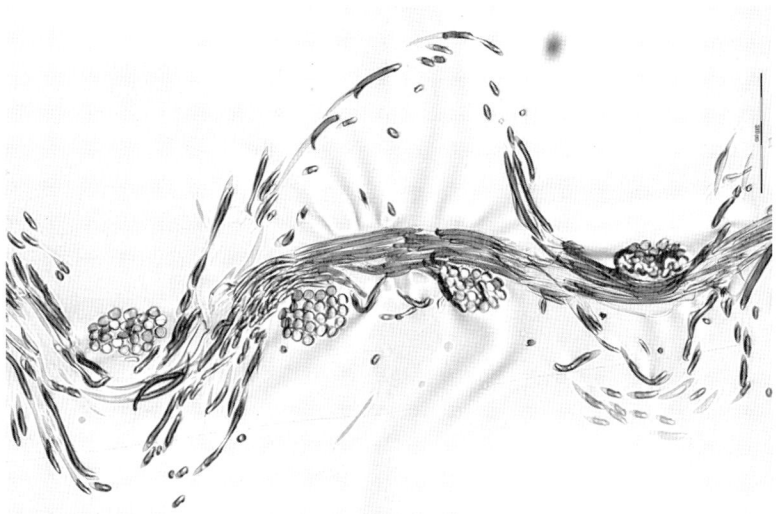

Abb. 10: Schrumpfgarn Atmofil™; Gewebeschnitt

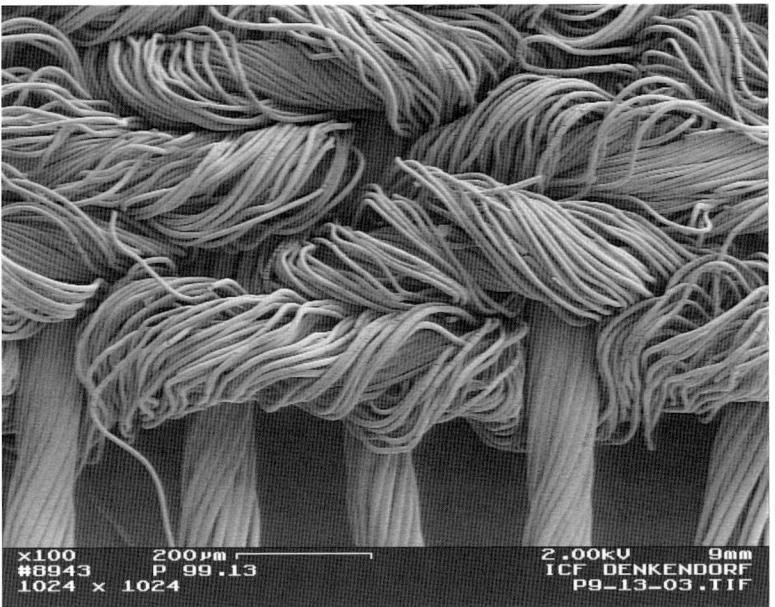

Abb. 11: Atmofil™- Gewebe nach 25 % Schrumpf und 25 % Längung

Flächenkonstruktionen Vliesstoffe

Vliesstoffe genießen auch im Bekleidungs- und Heimtextilien-markt wachsende Beliebtheit. Durch den Einsatz neuer Materialien und neuer Verarbeitungstechnologien entstehen neue innovative textile Flächen, die insbesondere im Bekleidungsbereich großes Interesse finden.

Spinnvliese mit einem Flächengewicht bis zu minimal 15 g/m² lassen sich mit der so genannten *Spinnvliestechnologie* herstellen. Entsprechende Vliesstoffe aus PET (Polyethylenterephthalat und Polyesterfasern auf Basis von Polyethylen) oder PP (Polypropylen) werden im Hygienebereich eingesetzt. Dickere Vliesstoffe kommen in der Bekleidungstechnik als Futter- oder Einlagenstoffe zum Einsatz.

Durch den Einsatz von *Splitfasern*, mit deren Hilfe feintitrige Mikrofasern mit sehr kleinen Faserquerschnitten hergestellt werden können, lassen sich Vliesstoffe herstellen, deren Eigenschaften denen

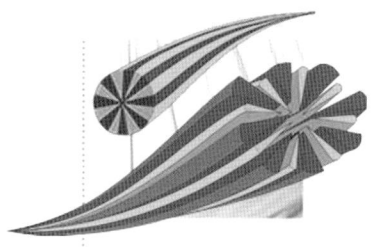

Abb. 12: Evolon®, Freudenberg

herkömmlicher textilen Flächen sehr nahe kommen. Bikomponenten-Fasern werden dabei zu einem Vlies verarbeitet und anschließend einer Wasserstrahlverfestigung unterzogen. Dabei trennen sich die beiden Komponenten, die Mikrofasern bilden die Faserkomponente, die sog. *Matrixkomponente* dient der zusätzlichen Verfestigung der Struktur. Dem Unternehmen Freudenberg, Weinheim, ist hier unter dem Handelsnamen *Evolon*™ die Herstellung einer interessanten Struktur gelungen, auf deren Basis kostengünstige Bekleidungstextilien und Heimtextilien hergestellt werden können.

Maschenwaren

Maschenwaren in Form von Gestricken und Gewirken weisen aufgrund der Maschenstruktur eine Strukturflexibilität auf. Deshalb werden sie insbesondere im Bereich der Bekleidung eingesetzt.

Durch den Einsatz von elektronisch gesteuerten Flachstrickmaschinen lassen sich mit Hilfe der *Fully-fashion-Technik* ganze Kleidungsstücke in einem Arbeitsgang herstellen. Durch die elektronische Nadelauswahl besteht eine sehr große Variabilität und Musterungsvielfalt. Diese Technik eignet sich besonders für sehr hoch stehende Preissegmente in der Damenoberbekleidung.

Im Bereich der Technik wurden in den letzten Jahren Möglichkeiten entwickelt, um sog. Abstandstextilien herzustellen. Zwei voneinander unabhängige Flächen werden über „Abstandshalter", die meist aus einem monofilen Faden bestehen und fest in die Flächen eingebunden sind, verbunden. Dadurch entsteht ein Luftpolster, das zur Wärmeisolierung, zur Klimatisierung oder zur mechanischen Dämpfung eingesetzt werden kann. Solche Technologien sind sowohl in der Strickerei wie auch in der Wirkerei entwickelt und bereits teilweise in der Bekleidungstechnik oder im Bereich der technischen Textilien im Einsatz. Abstandsgestricke weisen in der Regel, aufgrund der Strickmaschen-Struktur, eine höhere elastische Dehnbarkeit auf als Abstandsgewirke. Neue Anwendungen sind denkbar.

Der Trend zu Funktionskonstruktionen für den Sportbereich ist erkennbar. Die Strukturen und Materialien übernehmen dabei Funktionen wie z.B. Wärme-Kälte-Ausgleich, Schweißtransport, elektromagnetische Schutzwirkung und viele andere. Solche Funktionen können meist nur durch gezielte Auswahl und Anordnung der Fasermaterialien erreicht werden. Gestrickte Sportunterwäsche wird beispielsweise durch Kombination von nicht aufsaugenden Chemiefasern, die direkt mit der Haut in Berührung stehen, in Kombination mit hochsaugender Baumwolle an der Außenseite erreicht. Die Chemiefasern transportieren die Feuchtigkeit weg von der Haut, die Baumwolle speichert und gibt die Feuchtigkeit dann nach außen ab. Der Träger hat dadurch das Gefühl der Trockenheit, obwohl er schwitzt.

Gewebe
Auch Gewebe aus hochfesten Fasern werden im Bereich der Schutzbekleidung verwendet. Hier besteht ein großer Bedarf, neue Strukturen, die leichter und sicherer sind, zu entwickeln. Hochfeste Fasern, die im technischen Bereich eingesetzt werden, eröffnen auch hier neue Anwendungsfelder und neue Möglichkeiten.

Zusammenfassung/Ausblick
Die Textiltechnik bietet vielfältige Möglichkeiten, funktionale Textilien herzustellen. Die Funktion steht in allen Anwendungsbereichen, so auch im Bereich der Bekleidung und der Heimtextilien,

zunehmend im Vordergrund. Durch gezielte Auswahl der Materialien und Strukturen, oft in Kombination mit Beschichtungen, die bis in den Bereich der Nanotechnologie, also in den Bereich der kleinsten Teilchen hineinreicht, lässt sich diesen Anforderungen Rechnung tragen.

Die Bedeutung von Ausrüstungen

Reinhold Schneider

Knitterbeständig, krumpfarm, bügelarm, flammfest, Schmutz abweisend, Wasser abweisend, antistatisch, filzfrei, UV-beständig… – die Liste der gewünschten Eigenschaften und Anforderungen an Textilien ist lang. Um diese Effekte erreichen zu können, müssen entsprechende Ausrüstungsverfahren angewendet werden. Hierbei handelt es sich vorrangig um chemische Modifizierungsverfahren, zum Teil werden aber auch mechanische Prozesse eingesetzt. So wird z.B. durch das Rauen eine flauschige Oberfläche erzielt. Immer erfolgt die Veredlung in mehreren Schritten, deren einzelne Teilprozesse „Vorbehandlung, Färberei, Druckerei und Ausrüstung" dazu führen, die Trageeigenschaften der Ware zu optimieren, den Gebrauchswert zu erhöhen und schließlich auch das Erscheinungsbild zu verbessern. Sie haben bereits seit Jahren immense praktische Bedeutung, da sie die Gebrauchstüchtigkeit der Textilien mit den verliehenen zusätzlichen neuen Eigenschaften verbessern.

1. Hochveredlung und Knitterfreiausrüstung

Der Fachbegriff Hochveredlung wird ausschließlich für die Pflegeleichtausrüstung, d.h. **Bügelfreiausrüstung** von cellulosehaltigen Textilien verwendet. Speziell die Baumwolle neigt aufgrund ihres chemischen und übermolekularen Aufbaus zur Knitterneigung: Jede einzelne Baumwollfaser gerät beim Biegen oder Knicken unter Zugspannung, wobei an der Außenseite des Faserbogens eine Zugspannung entsteht, die auf der Innenseite zur Druckkraft führt. Diesen deformierenden Kräften gibt die Baumwollfaser nach, indem ihre cellulosischen Polymerketten aneinander abgleiten. Selbst bei Entlastung, etwa nach dem Waschen und Trocknen, bleibt die deformierte Form erhalten.

Hier wird eine verminderte Knitterneigung und verbesserte Formstabilität durch Ausfüllen der zugänglichen Faserhohlräume mit einem elastischen Kunstharz oder durch chemische Vernetzung der Faserelemente erreicht. Die einzelnen Polymerketten werden in ihrer ursprünglich gestreckten Lage fixiert und können nicht mehr

Abb. 1: Label „Medizinisch getestet"

gegeneinander bewegt werden. Auch wird das Quellverhalten bei diesem Prozess signifikant verringert, wodurch eine permanente Formstabilität des ausgerüsteten Gewebes erreicht wird. Wichtig in diesem Zusammenhang ist, dass die Textilindustrie heute weitgehend formaldehydarme bzw. -freie Ausrüstungsverfahren anwendet. Absolut formaldehydfreie Ausrüstungen sind verfügbar auf Basis von Polycarbonsäuren. Formaldehydarme Ausrüstungen basieren auf Dimethylglyoxalharnstoff. Verbraucher, die sich ganz bewusst für Kleidung entscheiden, die für die Gesundheit unbedenklich sind, achten auf entsprechende Kennzeichnungen (Zertifikate) der Ware. In den strengen Prüfkriterien des Öko-Tex Standard 100 oder dem Prüfsiegel „Hautsache körperverträglich – medizinisch getestet" ist auch der Formaldehydgehalt berücksichtigt.

Abb. 2: Öko-Tex Standard 100

Um das Einlaufen der Ware beim (ersten) Waschen zu verhindern, kommen neben den chemischen Ausrüstungsverfahren auch mechanische Verfahren, sog. **Sanfor-Ausrüstungen**, zur Anwendung. Die Ware wird angefeuchtet und anschließend genau in dem Maß geschrumpft, wie es sonst erst nach der Wäsche und mechanischen Beanspruchung der Fall wäre. Eine spezielle Variante ist hier die **Sanfor-Set-Ausrüstung** für cellulosische Materialien. Baumwolle, Viskose, Modal, Lyocel, Cupro usw. werden dabei vor der Schrumpfung mit flüssigem Ammoniak behandelt und erhalten so zudem einen der **Mercerisation** ähnlichen glänzenden Effekt. Das Material ist weich im Griff, verfügt über hohen Glanz sowie hohe Reißfestigkeit und zeichnet sich auch durch eine erhöhte Anfärbbarkeit aus.

2. Flammschutz

Die Verluste allein an Sachwerten, die jährlich durch Brände verursacht werden, liegen in der Bundesrepublik in Milliardenhöhe. Viele natürliche und synthetische Faserstoffe sind leicht brennbar. Insbesondere bei Heimtextilien, aber auch bei Schutzbekleidung für Feuerwehrleute kommt der flammhemmenden Ausrüstung von Fasern und Textilien eine wichtige Bedeutung zu.

Abb. 3: Einsatzbekleidung für die Feuerwehr, Gore

Abb. 4: Schutzbekleidung mit Novotex-Oberstoffmaterial

So wird in bestimmten Bauvorschriften wie Theater-, Vortragsoder Kinosälen als größere Versammlungsstätten die Verwendung schwer entflammbarer Textilien gefordert. Auch für Hochhäuser und Kaufhäuser gibt es entsprechende Bestimmungen. In den USA und in Großbritannien müssen mittlerweile selbst Kindernachtkleider schwer entflammbar ausgerüstet sein. Strenge Vorschriften gelten zudem für Textilien in Flugzeugen, Schiffen und anderen Verkehrsmitteln. Zudem werden bei Feuerwehr, Polizei und auf dem militärischen Sektor sowie im Rennsport schwer entflammbare Textilien eingesetzt.

Textilien, die dem Feuer „widerstehen", zählen entweder zu den flammbeständigen Fasern (z.B. Glasfasern, aromatische Amine) oder sie werden nachträglich mit Flammschutzmitteln so ausgerüstet, dass diese auch nach mehrmaligem Waschen bzw. Reinigen noch erhalten bleiben. Was im gewerblichen Textilmarkt schon aufgrund der Sicherheitsvorschriften üblich ist, findet sich zunehmend auch bei Heimtextilien.

Für die Brennbarkeit von Textilien verantwortlich ist sowohl deren chemische Konstitution der Faserpolymere wie auch die textile Konstruktion des Flächengebildes. Dabei gilt: Ein leichtes und dünnes Gewebe entzündet sich viel leichter und brennt auch schneller als ein schweres Material.

Ein flammhemmender Effekt wird z.B. durch Dehydratisierung erreicht. Dabei wird die Bildung leicht brennbarer Pyrolyseprodukte bei der Einwirkung von höheren Temperaturen vermindert oder verhindert. Dieses Verfahren wird vor allem bei Cellulose angewendet und basiert meist auf Phosphor-Stickstoffverbindungen. Möglich sind aber auch waschbeständige Flammschutzausrüstungen, die durch chemische Anbindungen der Flammschutzkomponenten an die Cellulosefasern erreicht werden und dann sogar kochbeständig sein können (z.B. *Pyrovatex CP*).

Immer entstehen beim Brennen jedoch chemische Reaktionen, bei denen die Luft (Sauerstoff) unter der starken Wärmeentwicklung als Beschleuniger wirkt. Diese Reaktion kann mit Hilfe von Halogenverbindungen für alle Fasertypen gedrosselt werden. Diese halogenhaltigen Flammschutzmittel eignen sich gut für die Flammschutzausrüstung von Synthesefasern, wobei in zunehmendem Maße auch Pyrolysekatalysatoren auf Basis von Phosphor-Stickstoffverbindungen eingesetzt werden.

3. Hydrophobierung

Textilien erhalten wasser- und Schmutz abweisende Eigenschaften durch die so genannte Hydrophobierung. Speziell dieses Ausrüstungsverfahren hat erheblich dazu beigetragen, den Bekanntheitsgrad von Funktionstextilien beim Verbraucher zu steigern. Hydrophob ausgerüstet werden heute nicht nur Regenmäntel und Sportbekleidung, sondern zunehmend auch Freizeitkleidung bis hin zur Businessmode.

Bei der Hydrophobierung wird das Textil mit einer Chemikalie imprägniert. Diese Chemikalie weist sowohl hydrophile als auch hydrophobe Eigenschaften auf. Die hydrophilen Teilchen wenden sich der Faser zu und erzeugen so eine nach außen gerichtete hydrophobe Schicht. Die Faser ist damit vor Wasserzutritt geschützt.

Die einfachste **Hydrophobierung** besteht aus Paraffinemulsionen, die Metallsalze wie Aluminium- und Zirkonsalze enthalten. Die positive geladenen Metallsalze bewirken die Ausrichtung und Haftung der negativ geladenen Paraffinteilchen an der Faser. Die nach außen gerichteten hydrophoben (Wasser abweisenden) Paraffinteilchen verhindern ein Benetzen der Faser mit Wasser. Eine besonders gute Wasch- und Reinigungsbeständigkeit weisen Imprägnierungen aus, die auf Basis von quarternären Ammoniumverbindungen sowie aus fettsäuremodifizierten Methylolmelaminen bestehen. Besonderes Interesse als Hydrophobiermittel besitzen die Silikone, da sie für alle Fasertypen eingesetzt werden können und weitestgehend gute Echtheiten besitzen.

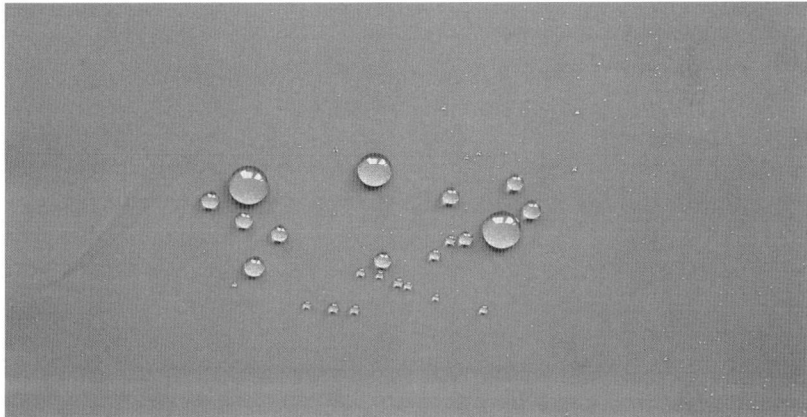

Abb. 5: Wasser abweisende Oberfläche (hydrophob)

4. Schmutz abweisende Ausrüstung

Entscheidend für die Schmutzneigung eines Textils ist:

1) der verwendete Fasertyp,
2) der technologische Aufbau des Garns (Spinnprozess),
3) der technologische Aufbau der erzeugten Fläche (Web- bzw. Maschenware)

und

4) die angewandten Ausrüstungen. Die hochveredelte Baumwolle wird dabei z.B. leichter schmutzig und lässt sich schwerer reinigen (waschen) als unbehandelte Baumwolle.

Um Textilien vor **Feuchteanschmutzung** wie Rotweinflecke etc. im Bereich der Tischwäsche zu schützen, gibt es die Möglichkeiten der Hydrophobierung, aber auch die Quellfest-Appretur. Schmutz abweisende Ausrüstungen gegen **Trockenanschmutzung** beruhen hingegen darauf, Unebenheiten auf der Faser- und Gewebeoberfläche auszugleichen und so eine Barriere gegen Schmutz zu bilden. Dies erfolgt durch so genannte weiße Pigmente (meist anorganische Metalloxide wie Al_2O_3, SiO_2).

Bei der Ausrüstung gegen **Ölanschmutzung** (Soil-Release) werden vorwiegend z.B. Siliciumverbindungen, Carboxymethylcellulosen und vor allem Fluorkohlenwasserstoffe auf das textile Material aufgebracht, die keine Affinität gegenüber öligen Verunreinigungen aufweisen (vgl. Antihaftbeschichtung von Kochgeschirr etc). Die Substanzen ummanteln die Faser und verhindern ein Anhaften von Schmutz bzw. tragen wesentlich dazu bei, dass der Schmutz bei der Wäsche wieder leicht abgegeben wird. Derartige Verbindungen können mit der Hochveredlung kombiniert werden und lassen sich waschpermanent auf der Faser fixieren.

Ebenfalls gute Soil-Release-Effekte werden durch Umhüllung der Faser mit einem schützenden Belag erreicht. Diese im Gebrauch angeschmutzte Schutzhülle löst sich während des Waschens entweder völlig oder nur teilweise vom Textil wieder ab und entfernt dabei den aufgefangenen Schmutz – eine Methode, wie sie häufig beim Stärken von Kragen, Manschetten u.ä. eingesetzt wird. Als dauerhaften „Schutz vor Schmutz" selbst bei häufigerem Waschen sind nur permanent fixierende Fluorcarbonausrüstungen geeignet. Zudem werden auch anionische Verbindungen eingesetzt (elektrostatische Abstoßung der Schmutzpartikel).

5. Weichgriffausrüstung

Textilweichmacher erhöhen die Geschmeidigkeit und erzielen einen weichen, glatten und geschmeidigen Warengriff, der für die Marktfähigkeit vieler Textilien von ausschlaggebender Bedeutung ist. Die Weichgriffbehandlung gleicht den Verlust von Ölen und Fetten der mehrstufigen Veredlungsprozesse wieder aus. Ausgangsmaterial für klassische Weichgriffmittel sind natürliche Fette und Öle, die dann chemisch modifiziert werden. Die Ausrüstung mit Salzen oder weiteren Substanzen (quarternierte Verbindungen von tertiären Aminen, Aminoestern, Aminoamiden) sorgen für einen besonders weichen Griff. Meist sind Weichmacher auch gleichzeitig Hydrophobiermittel (wasser- und Schmutz abweisend) aufgrund ihres geradkettigen hydrophoben Restes.

Neben den klassischen Weichgriffmitteln gibt es eine Reihe von Weichmachern in Form von Dispersionen, wobei die Art der Dispersion von Fetten, Ölen, Wachsen, Paraffinen oder Polyethern ganz wesentlich ist. Unter „Supersoftener" versteht man z.B. die Anwendungsform der Mikroemulsion ausgewählter Silikonweichmacher.

6. Filzfrei-Ausrüstung

Wärme und Feuchtigkeit öffnen die schuppig aufgebaute Oberflächenstruktur der Wolle. Bei mechanischer Bewegung im Wasser (Waschvorgang) wandern die Wollfasern ausschließlich in Richtung der Haarwurzel, da die Bewegung in Gegenrichtung durch Verhaken der erhaben abstehenden Schuppen erschwert ist. Durch die stets gleichgerichtete Bewegung der Fasern tritt somit eine Verdichtung bzw. Schrumpfung, das Verfilzen ein.

Diesem natürlichen Prozess kann mit unterschiedlichen **Antifilzausrüstungen** entgegengewirkt werden. Eine Variante ist, der Wolle einfach synthetische Fasern beizumischen. Bei einem anderen Verfahren wird hingegen die Schuppenschicht partiell durch Oxidation entfernt. Auch kann die Schuppenschicht mit einem Film von Polymeren ummantelt werden. Die besten Effekte werden allerdings mit kombinierten Verfahren von Vorchlorierung und Kunstharzbehandlung erzielt. Hierzu zählt z.B. das **Hercosettverfahren**, auf das die Auszeichnung der Ware mit „Waschmaschinenfest durch Superwash" hinweist.

7. Antistatische Ausrüstung

Besonders Synthetiks neigen dazu, sich durch Reibung während des Tragens elektrostatisch aufzuladen. Aber auch natürliche Fasermaterialien wie Wolle und Seide können sich in einer sehr trockenen Raumluft elektrostatisch aufladen. Besonders unangenehm ist dies bei Kleidungsstücken, die dadurch am Körper kleben oder beim Ausziehen knistern. Auch ist die Anschmutzbarkeit bei Textilien, die sich aufladen, beträchtlich erhöht (Staub- und Schmutzpartikel werden von dem elektrisch aufgeladenen Textil angezogen). Besonders wichtig ist jedoch, elektrostatische Aufladung bei textilen Bodenbelägen zu verhindern.

Ursache für die elektrische Aufladung textiler Materialien ist der große Oberflächenwiderstand. Bei Berührung und Trennung verschiedener Gegenstände (z.B. Reibung der Schuhsohle auf dem Bodenbelag) erfolgt aufgrund unterschiedlicher Elektronenaustrittsenergien ein Elektronenübergang und damit eine Ladungstrennung. Je größer der elektrische Widerstand eines Textils ist, umso stärker ist die Neigung zur elektrostatischen Aufladung. Demzufolge müssen antistatische Ausrüstungen den Oberflächenwiderstand des Textils herabsetzen. Hierzu bedient sich die Textilindustrie der Applikation mit hygroskopischen (wasserbindenden) und oberflächenaktiven polaren Verbindungen (Tenside). Auch die Applikation von elektrisch leitenden Polymeren und Salzen sowie Kohlenstoffeinlagerungen oder das Einweben von metallischen oder metallisierten Fäden führt zu antistatischen Effekten. Antistatische Polyamidfasern mit Graphitanteil werden bereits in erheblichem Umfang für Damen-Tages- und Nachtwäsche eingesetzt und sind als so genannte **Antistatika** praktisch auf allen Faserarten wirksam.

8. Antimikrobielle Ausrüstung

Antimikrobielle Ausrüstungen sind vor allem für medizinische Textilien von Interesse, werden aber auch für hautnah getragene Bekleidungstextilien (Unterwäsche u. Strümpfe) eingesetzt. Eine derartige Ausrüstung verhindert die Ausbreitung krankheitserregender Mikroorganismen, da Bakterien und Pilzen der Lebensraum entzogen wird. Speziell die Ausbreitung von Fußpilzen und anderen Hautpilzerkrankungen soll so eingedämmt werden. Außerdem verhindert die antimikrobielle Ausrüstung das Entstehen von unangenehmen Gerüchen, wenn Körperschweiß durch Bakterien zersetzt wird.

Die antimikrobielle Ausrüstung kann entweder durch Zusatz so genannter mikrobiozider Substanzen zur Spinnmasse (Synthesefasern) oder aber konventionell erfolgen. Beim konventionellen Verfahren wird das Textil mit geeigneten Substanzen ausgerüstet. Zusammen mit harzbildenden Ausrüstungsprodukten wird diese Substanz dann permanent auf dem Fasermaterial fixiert. Auch gibt es die Möglichkeit der direkten chemischen Fixierung und Pfropfung von antimikrobiell wirksamen Substanzen auf dem Fasermaterial. Als antimikrobielle Wirkstoffe kommen quarternäre Ammoniumverbindungen und chlorierte Diphenylether (Triclosan) sowie Bisphenole und Silberzeolithe zur Anwendung.

9. UV-Schutz

Nicht jedes textile Material, jede Kleidung schützt ausreichend vor UV-Strahlung. Besonders in der Sportswear – wie etwa für Golf, Segeln, Tennis, Fußball, Trekking und Radfahren – werden deshalb Textilien mit UV-Schutz angeboten.

Grundsätzlich gilt, dass sehr dicht gewobene Textilien besser vor UV-Strahlung schützen als solche mit gröberer Warendichte. Auch weisen dunkel gefärbte Textilien gewisse UV-Schutzeffekte auf. Und schließlich bieten die Fasern selbst einen mehr oder weniger guten UV-Schutz. Polyester mit aromatischen Bausteinen bietet aufgrund der starken Eigenabsorption einen gewissen UV-Schutz.

Cellulosische Fasern und Seide bieten dagegen einen geringeren UV-Schutz als Wollmaterialien.

Mit den heute verfügbaren UV-Schutzausrüstungen lassen sich Schutzfaktoren (sog. Ultraviolet Protection Factor) von bis zu 50 erreichen, d.h., durch Tragen eines solchen Textils kann man sich bis zu 50-mal länger der Sonneneinstrahlung aussetzen als ohne Sonnenschutz.

Im Labor wird textiler Sonnenschutz nach der australisch-neuseeländischen Norm und nach dem UV Standard 801 geprüft. Letzterer wurde herausgegeben von der Internationalen Prüfgemeinschaft für angewandten UV-Schutz.

Ein UV-Schutz wird durch die Einlagerung von Pigmenten in den Fasern erreicht (v.a. Titandioxid) und hierbei durch Absorption und Reflexion der UV-Strahlen am Pigment. Die Pigmente werden hierzu von der Faser umhüllt und können auch nicht ausgewaschen werden. Auch eine Ausrüstung der Textilien mit UV-Absorbern ist möglich

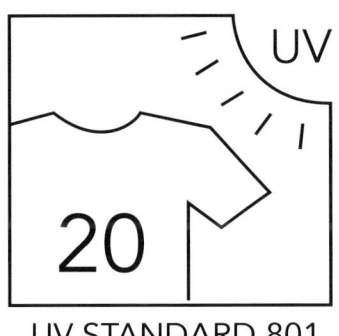

Abb. 6: UV Standard 801

(z.B. Alkyl p Aminobenzoate, Cinoxate u.a.). Diese Substanzen absorbieren die UV-Strahlung und wandeln sie in Wärme um. Entsprechende Ausrüstungen sind unter dem Warenzeichen „Solar-
tex", „Tinofast" und „Rayosan" bekannt.

10. Beschichtung

Wasserdichte Materialien wie Regenschutzbekleidung, Planen,
Regenmäntel und Kunstleder sind heute aus dem täglichen Leben
nicht mehr wegzudenken. Diese Wasserdichtigkeit wird durch
die Beschichtungstechnik erzielt. Bei Verwendung von so genannten mikroporösen Beschichtungen lässt sich sogar eine atmungsaktive Sport- und Freizeitbekleidung herstellen. Diese bietet dann
nicht nur einen effizienten Schutz vor Regen und Nässe, sondern
auch einen hohen Tragekomfort. Zudem eignet sich diese Beschichtungstechnik zur Kombination mit anderen Ausrüstungen,
etwa für den Flammschutz, und ermöglicht die Herstellung
funktioneller Textilien mit besonderen Eigenschaften, z.B. für
Feuerwehrleute, die gleichzeitig auch dem Löschwasser ausgesetzt sind. Sowohl die Oberflächeneigenschaft (z.B. Oberflächenstruktur) als auch der textile Griff und die Funktionalität
(Flammschutz, Wasser und Schmutz abweisend, Wasserdampfdurchlässig usw.) kann durch die geeignete Wahl der Beschichtungschemikalien bestimmt werden.

Das Beschichten erfolgt durch ein- oder beidseitiges Aufbringen
von Streichmassen auf das textile Substrat. Die Streichmassen
basieren je nach gewünschtem Effekt auf Kautschuk oder auf einer Reihe von filmbildenden Kunststoffen (z.B. Urethane, Acryla-
te, Vinylchloride u.a.). Meist erfolgt ein dreischichtiger Aufbau
der Beschichtung: (a) Haftstrich, (b) Deckstrich, (c) Schlussstrich.
Der erste Strich dient der Haftvermittlung zwischen textilem Trägermaterial und Beschichtungsauflage. Der Deckstrich, als Kern-
stück der Beschichtung, bestimmt im Wesentlichen die Eigenschaften der Beschichtung wie etwa die Scheuerfestigkeit. Der
Schlussstrich bestimmt schließlich die Oberflächeneigenschaften
(Hydrophilie, Hydrophobie, Prägung etc.) des resultierenden Produktes.

Entsprechend der Zusammenstellung der Beschichtungen, Auswahl an Beschichtungschemikalien und Additiven (z.B. Flammschutzmittel) kann ein breites Spektrum von Eigenschaften und

Einsatzmöglichkeiten realisiert werden. Anwendungen finden sich sowohl für modische bis hin zu den High-Tech-Materialien. Insbesondere die Beimischung von bestimmten Additiven zur Beschichtungsmasse erlaubt eine individuelle Anpassung an das Einsatzgebiet (z.B. Flammschutzadditive, Effektpigmente, Signalfarben). Als Beschichtungsmassen werden derzeit hauptsächlich Polyvinylchlorid, Polyurethan sowie Polyacrylat eingesetzt, die den wesentlichen Einsatzbereich und die erzielbaren Echtheiten festlegen.

Fashion & Funktion

Der Stellenwert der Funktion im Bekleidungshandel[1]

Michael Albaum

Der Weg vom Hersteller zum Kunden ist in der Mode häufig steiniger als anderswo. Denn Kunden kaufen Mode in der Regel unverpackt und anprobiert. Markenversprechen helfen dann nicht weiter, wenn die Farbe nicht gefällt, die Ärmel zu kurz sind oder die Hose zu lang ist. Am Point of Sale schlägt für jedes Kleidungsstück die Stunde der Wahrheit: Erst hier wird entschieden, welche Artikel und welche Marken in die Einkaufstüte und damit in die Garderobe des Kunden wandern. Dem Handel kommt damit eine zentrale Vermittlerrolle in der textilen „Pipeline" zu. Er ist sozusagen das Nadelöhr zum Endverbraucher. Nur Produkte und Marken, von denen er überzeugt ist, finden Eingang in sein Geschäft, werden ansprechend präsentiert und so promotet, dass sie bei der Kundschaft letztendlich auch erfolgreich sind.

Dies trifft insbesondere auf erklärungsbedürftigere Textilien und Bekleidungsartikel zu. Also auch und gerade auf funktionelle Bekleidung. Deswegen spielt der Handel für den Erfolg oder Misserfolg funktioneller Textilien eine entscheidende Rolle.

Doch wie steht der Handel zum Thema Funktion, welchen Stellenwert hat Funktion beim Abverkauf, wie wichtig sind welche Funktionen bei welchen Bekleidungsartikeln, wie sieht der Handel die Zukunft von funktioneller Kleidung? Um diese Fragen zu beantworten, hat die Branchenzeitschrift *TextilWirtschaft* im Sommer 2001 eine umfangreiche Befragung im deutschen Textilhandel durchgeführt. Insgesamt 417 Unternehmen nahmen an der Befragung teil. Dabei wurden jeweils rund 100 Interviews in Geschäften geführt, die DOB, HAKA, Wäsche oder Sportmode führen. Somit konnten auch signifikante Unterschiede in der Beurteilung des Stellenwerts der Funktion in diesen vier Marktsegmenten aufgedeckt werden. Durchgeführt wurde die Befragung von dem

---

[1] Ergebnisse einer *TextilWirtschaft*-Befragung im DOB-, HAKA-, Wäsche und Sportmode führenden Handel zur aktuellen und zukünftigen Bedeutung von Funktion in der Mode

Marktforschungsinstitut *A.M.T. Advanced Marketing Research Technologies* aus Dreieich bei Frankfurt am Main.

1. Fashion & Funktion – Wie der Handel allgemein zum Thema Funktion steht

1.1. Die Funktion als Abverkaufshilfe

Funktionalität ist in vielen Branchen jahrelang das zentrale Verkaufsargument gewesen. Das hat sich in den letzten Jahren vielfach geändert. Nicht nur bei Autos entscheidet das Design immer mehr über Erfolg und Misserfolg einer Marke, auch bei technischen Geräten wie zum Beispiel Fernsehgeräten und Kameras entwickelt sich das Design mit zum zentralen USP. Selbst bei so simplen Geräten wie Wasserkochern oder Pfeffermühlen entscheidet die Form oft stärker als die Funktionalität über Kauf oder Nichtkauf. Wobei natürlich die Funktion trotz aller kreativen Spielereien am Design einwandfrei klappen muss.

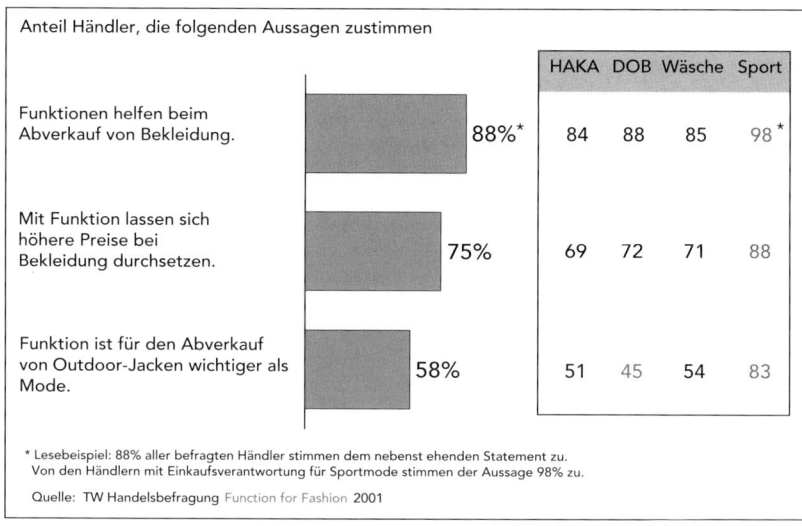

Anteil Händler, die folgenden Aussagen zustimmen		HAKA	DOB	Wäsche	Sport
Funktionen helfen beim Abverkauf von Bekleidung.	88%*	84	88	85	98*
Mit Funktion lassen sich höhere Preise bei Bekleidung durchsetzen.	75%	69	72	71	88
Funktion ist für den Abverkauf von Outdoor-Jacken wichtiger als Mode.	58%	51	45	54	83

* Lesebeispiel: 88% aller befragten Händler stimmen dem nebenst ehenden Statement zu. Von den Händlern mit Einkaufsverantwortung für Sportmode stimmen der Aussage 98% zu.

Quelle: TW Handelsbefragung Function for Fashion 2001

Abb. 1: Abverkaufsförderung durch Funktion

In der Mode hingegen ticken die Uhren anders. Zählte hier bis vor noch gar nicht langer Zeit alleine der Blick auf die Form, so spielt mittlerweile die Funktion auch beim Modeeinkauf und -verkauf eine immer wichtigere Rolle. Das sieht mittlerweile fast jeder Händ-

ler so. Egal, ob er im DOB-, HAKA-, Wäsche oder Sportmode führenden Handel arbeitet. Der Hintergrund dieser Entwicklung: Die
Mode wechselt sehr schnell, für viele Verbraucher sogar viel zu
schnell. Zudem ist es letztlich nur eine Minderheit, die aufgrund
neuer modischer Trends tatsächlich zum Kleidungskauf losschrei-
tet. Funktion bietet gegenüber der Mode den Vorteil, dass deren
Vorzüge auch der Mehrheit der modisch weniger interessierten
Konsumenten vermittelbar sind. Somit überrascht nicht, dass 80 %
aller befragten Händler der Aussage zustimmen, dass die Funktion neben der Mode immer mehr an Bedeutung für den Abverkaufserfolg von Bekleidung gewinnt. Selbst von den Befragten
aus dem DOB-Handel sieht das die große Mehrheit (72 %) so. Bei
bestimmten Artikeln – wie zum Beispiel Outdoor-Jacken – sind die
meisten Händler sogar der Meinung, dass schon heute die Funktion für den Abverkauf wichtiger ist als die Mode.

Ein weiterer Pluspunkt für die Funktion liegt in den Möglichkeiten,
die diese fürs Preismarketing erschließt. Kunden sind preissensi-
bel. Höhere Preislagen lassen sich in der derzeitigen Wettbewerbs-
situation nur sehr schwer durchsetzen. Funktion bietet hier dem
Handel nicht nur neue Verkaufsargumente, sondern auch die Be-
gründung für höhere Preise. Dass dies funktioniert, zeigt folgendes
Ergebnis der TW-Studie: 75 % der Händler sagen, dass sich mit
Funktion höhere Preise bei Bekleidung durchsetzen lassen.

1.2. Funktion als Motor der Mode von morgen

Funktion leistet also schon heute der Mode als Verkaufsargument
kräftig Unterstützung. Zukünftig wird die Bedeutung der Funktion
gegenüber der Mode aus Handelssicht sogar noch wachsen. So
sagen zwei Drittel der befragten Händler, dass die tradierten Mo-
dezyklen eigentlich überholt seien und zukünftig von Innovations-
zyklen abgelöst beziehungsweise ergänzt werden. Rund jeder
zweite Händler glaubt, dass die Innovationen bei Bekleidung zukünftig stärker über neue Funktionsstoffe als über neue Dessins
und Schnitte kommen werden. Und immerhin 43 % sehen die Mode zukünftig nur noch im Schatten der Funktion stehen. Selbst die
im DOB-Handel Befragten sehen dies so.

Parallel dazu ist die Mehrheit der Händler der Meinung, dass sich
Mode ohne Komfortfunktionen immer schlechter verkaufen lassen
wird. Kunden, die einmal erlebt haben, wie angenehm Stretchhosen

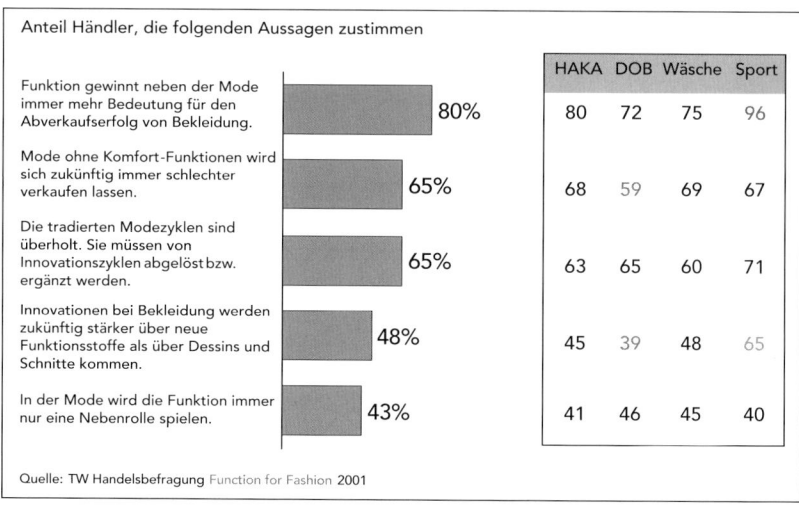

Abb. 2: Funktion als Motor der Mode von morgen?

oder atmungsaktive Jacken sein können, wollen darauf auch bei zukünftigen Käufen nicht mehr verzichten. So werden schon heute die meisten Damenhosen aus elastischen Stoffen gefertigt – in der HAKA wird die Entwicklung ähnlich verlaufen.

1.3. Schwindende Vorbehalte gegenüber Chemiefasern

Noch vor wenigen Jahren herrschten bei den Kunden starke Vorbehalte gegenüber Chemiefasern. Naturstoffe waren angesagt. Dies hat sich in den letzten Jahren stark geändert. Neue Funktionen und eine deutlich bessere Anmutung der Funktionsstoffe haben die Vorbehalte gegenüber Chemiefasern stark schrumpfen lassen. So sagten in der *Spiegel*-Studie *Outfit 5* schon 40 % der befragten Männer und Frauen, dass sie gerne Kleidung tragen, die moderne, hochwertige Kunstfasern enthält. Vorbehalte gegenüber Chemiefasern treten – so die Meinung von rund 90 % der Händler – bei Kunden nur dann auf, wenn sie nichts über deren Funktion beziehungsweise Funktionsvorteile wissen. Hilfreich beim Abverkauf ist auch, wenn der Kunde in den Kleidungsstücken den Hinweis auf ihm bekannte Markenchemiefasern wie *Tactel*®, *Lycra*® oder *Tencel*® findet.

1.4 Der Erfolg der Funktion bedarf der Unterstützung im Verkauf

Um die mit Chemiefasern verbundenen Vorteile auszuschöpfen, bedarf es eines gut geschulten Verkaufspersonals. Fast alle der befragten 417 Händler sagten, dass ein kompetentes Verkaufspersonal für den Abverkauf funktionaler Textilien sehr wichtig ist. Die Funktionen bieten sehr gute Verkaufshilfen an, aber sie sind – so die Mehrheit der Händler – oft immer noch nicht selbsterklärend. Gerade dem Fachhandel bietet funktionelle Bekleidung somit gute Möglichkeiten, Marktanteile gegenüber weniger beratungsstarken Handelsformen wieder zurückzugewinnen.

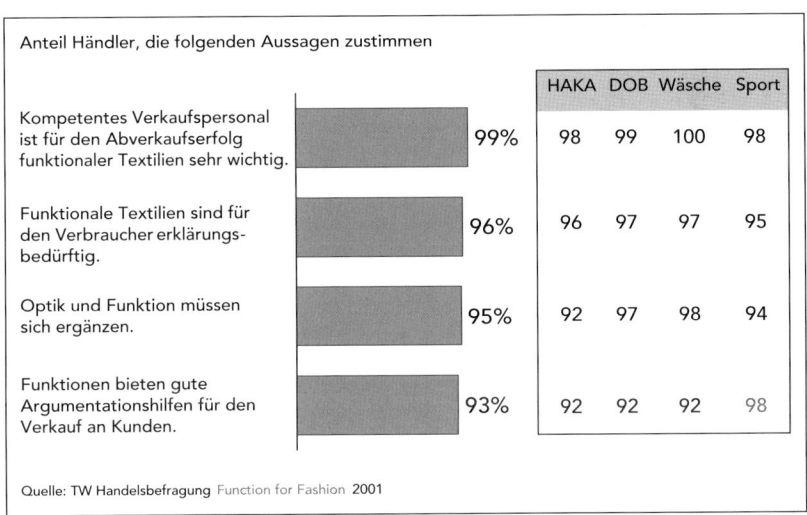

Anteil Händler, die folgenden Aussagen zustimmen		HAKA	DOB	Wäsche	Sport
Kompetentes Verkaufspersonal ist für den Abverkaufserfolg funktionaler Textilien sehr wichtig.	99%	98	99	100	98
Funktionale Textilien sind für den Verbraucher erklärungsbedürftig.	96%	96	97	97	95
Optik und Funktion müssen sich ergänzen.	95%	92	97	98	94
Funktionen bieten gute Argumentationshilfen für den Verkauf an Kunden.	93%	92	92	92	98

Quelle: TW Handelsbefragung Function for Fashion 2001

Abb. 3: Funktion im Verkauf

1.5 Funktion bei Wäsche, Businesswear und Sportbekleidung

Die Funktion hat ihren Siegeszug in der Sportmode begonnen. Die zunehmende Vermengung von Sport und Fashion trägt stark dazu bei, dass auch Funktionen zunehmend Eingang in den Bereich der Freizeitkleidung gefunden haben. 80 % der Händler glauben zudem, dass die wachsende Bedeutung von Funktion die Grenzen zwischen Sport- und Bekleidungsmode weiter verwischen wird. Auch bei Wäsche sehen fast 80 % der

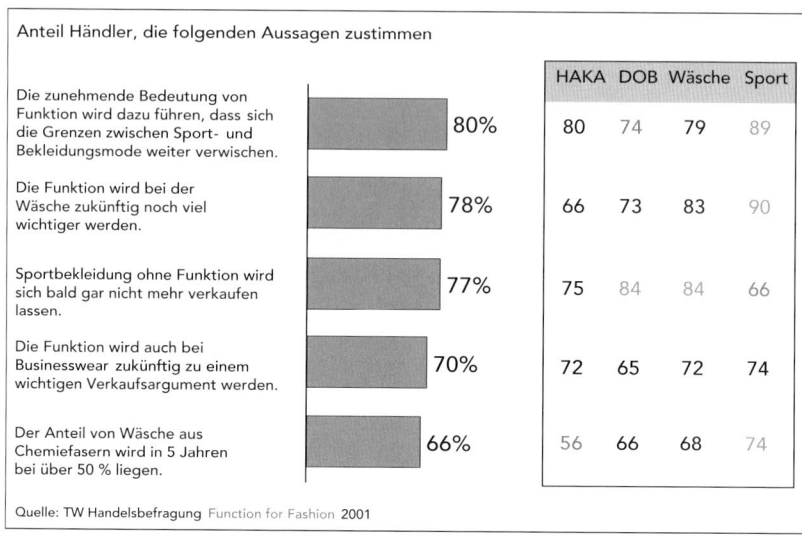

Abb. 4: Funktion bei Wäsche, Businesswear, Sportbekleidung

Händler eine zunehmende Bedeutung der Funktion. Und selbst bei Businesswear sehen 70 % der Befragten – darunter 65 % HA-KA-Händler – dass Funktion hier zu einem wichtigen Verkaufsargument wird.

2. Die Wichtigkeit von Funktionen als Verkaufsunterstützung

Bei der Bekleidung hat der Kunde mittlerweile nicht mehr nur die Qual der Wahl zwischen verschiedenen Schnitten, Stoffen und Farben. Auch bei den Zusatzfunktionen bieten ihm Handel und Industrie ein wachsendes Angebot. Das beginnt mit der Elastizität der Stoffe über waschbare Wolle bis hin zu antibakteriellen Funktionen. Und hört nicht auf bei selbstcremenden Feinstrümpfen, die mittlerweile sogar schon große Discounter zu Minipreisen an die Frau zu bringen versuchen.

In der *TW*-Studie „Function for Fashion" wurden die Händler danach befragt, wie wichtig welche Funktionen als Verkaufsunterstützung sind. Am wichtigsten sind dabei eindeutig die folgenden drei Funktionsbereiche: Elastizität und Komfort, Easy-Care-Funktionen sowie Klimaausgleich und Feuchtigkeits-

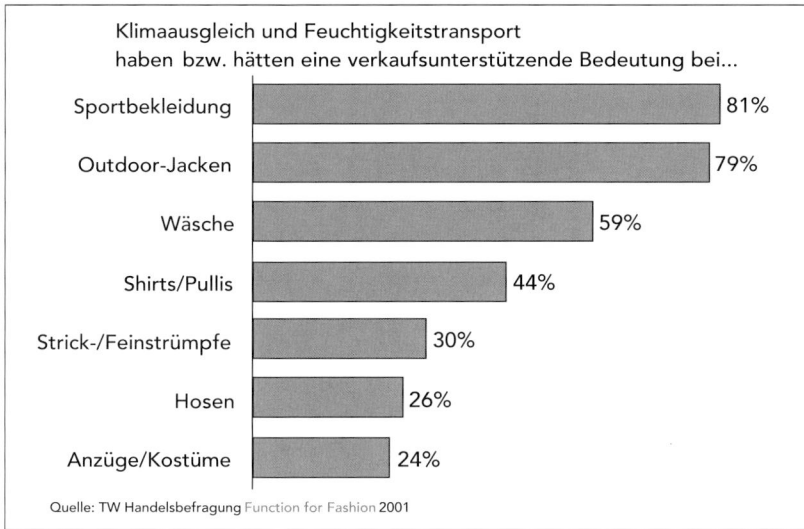

Abb. 5: Klimaausgleich und Feuchtigkeitstransport

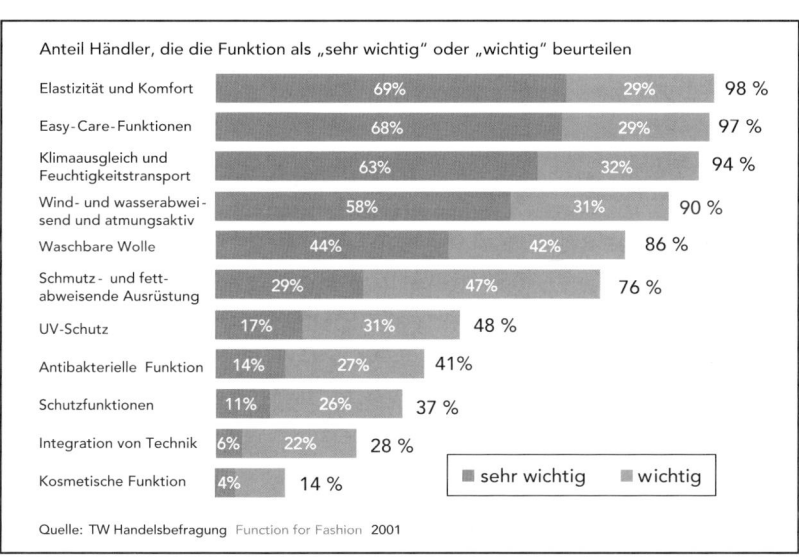

Abb. 6: Wichtigkeit von Funktionen als Verkaufsunterstützung

transport. Jeweils rund zwei Drittel der befragten Händler sehen diese als „sehr wichtig", fast alle anderen als zumindest „wichtig" an.

Die Atmungsaktivität der Kleidung folgt mit geringem Abstand auf Platz 4 der wichtigsten Funktionen. Von geringer Bedeutung schätzte der Handel bei der Umfrage den UV-Schutz, die Integration von Technik sowie kosmetische wie antibakterielle Funktionen ein.

3. Welche Funktion zählt bei welchem Artikel?

Natürlich sind diese verschiedenen Funktionen je nach Artikel unterschiedlich wichtig. So besitzt Elastizität aus Handelssicht bei Hosen, Wäsche und Pullis eine sehr starke verkaufsunterstützende Funktion. Auch bei Anzügen glauben immerhin noch über 50 %, dass dehnbare Stoffe beim Abverkauf helfen. Bei Outdoor-Jacken – in der Regel sowieso weiter geschnitten – lässt sich mit Elastizität hingegen nicht viel gewinnen. Da stehen ganz klar andere Funktionen im Vordergrund.

Easy-Care-Funktionen – wie zum Beispiel Waschbarkeit und Knitterarmut – sind bei Hosen, Shirts, Anzügen und Kostümen extrem wichtig. Waschbare Wolle ist für 80 % der Händler bei Pullovern ein starker Produktvorteil, der bei Kunden gut ankommt. Aber auch für Anzüge aus waschbarer Wolle sieht jeder dritte Händler gute Absatzchancen. Schließlich tritt so gut wie kein Kunde den Gang in die Reinigung mit Freude an. Er kostet Zeit und Geld. Praktischer ist da schon die eigene Waschmaschine. So überrascht auch nicht, dass über 50 % der Händler Kostüme, Anzüge sowie Hosen gerne mit Schmutz abweisenden Ausrüstungen sähen. Das wären dann wieder gute Verkaufsargumente gegenüber der Kundschaft. Allerdings: Mit Abstand am wichtigsten ist den Händern eine Schmutz abweisende Ausrüstung bei Outdoor-Jacken.

Atmungsaktivität und Feuchtigkeitstransport sind aus Handelssicht zentrale Verkaufsargumente bei Sportbekleidung und Outdoorjacken. Kosmetische und antibakterielle Funktionen würden vor allem bei Wäsche und Strümpfen gut ankommen. Schutzfunktionen – wie sie z.B. mit Kevlar versetzte Stoffe leisten – sind für 66 % der Händler insbesondere bei Sportbekleidung und Outdoorjacken sinnvoll.

Last but not least: der UV-Schutz. Da gibt es überraschende Ergebnisse. Denn: Deutschland ist nicht Australien. Kein großes Ozonloch hängt über dem öfter einmal trüben deutschen Himmel. Auch die Zahl der Tage mit Sonnenbrandgefahr hält sich in Grenzen. UV-

Schutz dürfte also rein faktisch kein allzu großes Verkaufsargument sein. Dennoch stufen 17 % der Händler diesen als „sehr wichtig" und weitere 48 % als „wichtig" ein. Sportbekleidung, Shirts, Pullis und Outdoor-Jacken sind dabei die Artikel, bei denen ein eingearbeiteter UV-Schutz aus Handelssicht am erfolgreichsten ist.

4. Bekanntheit und Kompetenzen der Anbieter

Bekanntheit alleine ist zwar längst keine hinreichende Garantie für Erfolg. Aber sie ist – zumindest bei professionellen Einkäufern – eine notwendige Voraussetzung dafür. In Bezug auf insgesamt 27 Markenfasern, Marken-Funktionsstoffe, Marken-Ausrüstungen sowie Anbieter von Fasern, Funktionsstoffen und Membranen wurde nachgefragt, wie gut denn der Handel über diese informiert ist. Welche kennt er und wo sieht er deren Kompetenzen?

Erstes Ergebnis: Die großen Marken und Anbieter *Lycra®*, *Sympatex®*, *Tactel®*, *Gore®* sowie *Trevira®* und *Teflon®* sind der überwiegenden Mehrheit der Händler bekannt. Bei vielen anderen Anbietern bzw. Marken – darunter auch so bedeutende Firmen wie *Eschler*, *Lenzing* oder *Schoeller* – muss das Gros der Händler passen: Anbieter unbekannt. Erstes Fazit: Selbst professionelle Einkäufer im Handel sind oft nicht viel besser über den Anbietermarkt bei Funktionsstoffen informiert als die Endverbraucher. Da gibt es also eine Informationslücke im Handel.

Zweites Ergebnis: Bekanntheit im Handel scheint sich zu lohnen. Wer nämlich erst einmal einen Namen in der Zielgruppe der Händler hat, dem trauen die Händler fast alles zu. Konkretes Beispiel: Lycra steht für Kompetenz bei Elastanen. Aber auch wenn es um kosmetische Funktionen geht, ist Lycra das Label, dem die meisten Händler Kompetenz zutrauen. Das heißt: Marken stehen hier nicht nur für Kompetenz in einem ganz speziellen Bereich, sondern besitzen oft eine Dachmarken-Kompetenz.

5. Konkrete Visionen: Integrierte Handys und Puls messende BHs

Mit in die Jacke eingebauten Solarzellen lädt der Businessman sein Handy, Palm oder Notebook jederzeit wieder auf. Infarktgefährdete ältere Damen tragen zur Vorbeugung Puls messende

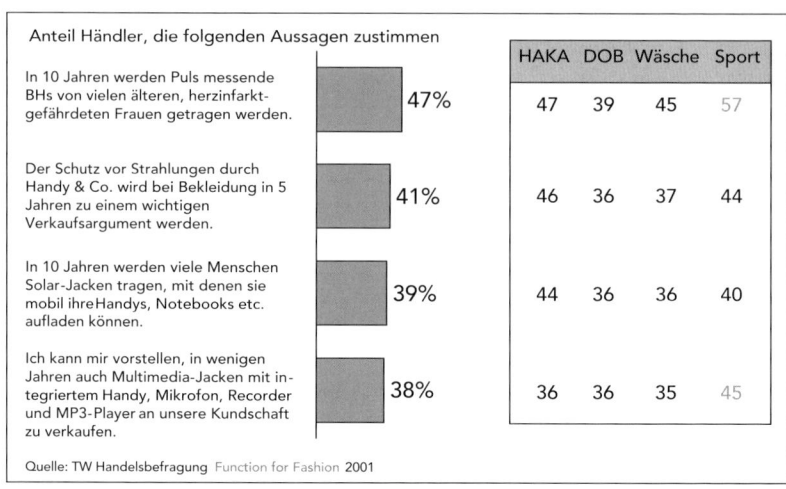

Abb. 7: Konkrete Visionen: Integrierte Handys und pulsmessende BHs

BHs. Im Hemdkragen eingebaute Minikameras identifizieren auf jedem Kongress potenzielle Gesprächspartner und machen ihren Träger auf diese aufmerksam. Der Fantasie sind – auch in Sachen intelligenter Kleidung – kaum Grenzen gesetzt. Was sich dann tatsächlich am Markt alles durchsetzen wird, weiß man heute noch nicht. Aber: Zwei Drittel der befragten Händler sind sich sicher, dass die Integration von Technik in Textilien und Bekleidung ein starker Wachstumsfaktor in der Bekleidungsbranche innerhalb der nächsten zehn Jahre sein wird. Genauso viele glauben, dass in 20 Jahren intelligente Bekleidung eher die Norm denn die Ausnahme sein wird. Hier sind es vor allem die Befragten aus dem Sportmode führenden Handel, die am häufigsten an den Siegeszug intelligenter Bekleidung glauben. Aber selbst im DOB-Handel teilen fast 60 % diese Annahme.

Konkret nachgefragt, geben sich die Händler dann doch wieder etwas weniger visionär. So geben dem Puls messenden BH keine 50 % der Händler eine Chance. An den Erfolg von Solar-Jacken oder Multimedia-Jacken mit integriertem Handy, Mikrofon, Recorder etc. glauben rund 40 %. Wobei immer wieder auffällt: Wenn es um so genannte intelligente Textilien geht – also um in Bekleidung integrierte Technik –, sind es vor allem die Befragten aus den HAKA- und Sportmode-Geschäften, die hier große Absatzpotenziale sehen. Händler, die hingegen ihre Ware vorwiegend an eine weibliche Klientel verkaufen, sind da deutlich skeptischer.

6. Die Zukunftschancen von High-Tech-Fashion

Strümpfe ziehen sich zusammen oder weiten sich von selber, um gefährlichen Venenthrombosen bei Fluggästen vorzubeugen. Jackenärmel mutieren zu Computertastaturen, Outdoor-Jacken strahlen Wärme nach innen aus, sobald es außen kälter wird. Diese drei Beispiele zeigen schon: High-Tech-Fashion kann auf ganz verschiedene Funktionsbereiche zielen. Diese lassen sich wie folgt kategorisieren:

Anteil Händler, die folgenden Aussagen zustimmen

	Wird innerhalb der nächsten 5 Jahre von Bedeutung sein	Wird erst langfristig von Bedeutung sein	Wird wahrscheinlich nie von Bedeutung sein
FUNKTIONEN			
Health & Care High-Tech-Fashion, die das Wohlbefinden des Menschen steigert, gegen Krankheiten schützt oder sogar heilend wirkt und Schutz vor schädlichen Umwelteinflüssen wie Elektrosmog und Handy-Strahlung bietet.	38%	46%	16%
Security & Protection High-Tech-Fashion, die die Sicherheit des Individuums stärkt und den Personenschutz optimiert.	34%	46%	20%
Fitness & Wellness High-Tech-Fashion, die bequem ist und bei allen sportlichen Aktivitäten Selbstkontrolle, hohe Funktionalität und Spaß mit Schutz bietet.	73%	19%	8%
Games & Fun High-Tech-Fashion, die Spaß und Action bringt und über Community Wear jede Menge Spiel und Kommunikation beinhaltet.	48%	36%	17%
Cyberwear High-Tech-Fashion, die Multimedia-Anwendungen durch die Integration von Technik ermöglicht.	34%	49%	17%

Quelle: TW Handelsbefragung Function for Fashion 2001

Abb. 8: Die Zukunftschancen von High-Tech-Fashion

- Health & Care: Das ist High-Tech-Fashion, die das Wohlbefinden des Menschen steigert, gegen Krankheiten schützt oder sogar heilend wirkt und Schutz vor schädlichen Umwelteinflüssen wie Elektrosmog und Handy-Strahlung bietet.
- Security & Protection: High-Tech-Fashion, die die Sicherheit des Individuums stärkt und den Personenschutz optimiert.
- Fitness & Wellness: High-Tech-Fashion, die bequem ist und bei allen sportlichen Aktivitäten Selbstkontrolle, hohe Funktionalität und Spaß mit Schutz bietet.
- Games & Fun: High-Tech-Fashion, die Spaß und Action bringt und über Community Wear jede Menge Spiel und Kommunikation ermöglicht.
- Cyberwear: High-Tech-Fashion, die Multimedia-Anwendungen durch die Integration von Technik möglich macht.

Die befragten Händler sollten erklären, welche dieser fünf Bereiche ihrer Meinung nach innerhalb der nächsten fünf Jahre von Bedeutung sein werden, welche erst längerfristig und welche wahr-
scheinlich nie Bedeutung erhalten werden. Das Ergebnis ist klar:
Funktion im Bereich Fitness & Wellness besitzt aus Handelssicht
die größten Erfolgsaussichten. Fast drei Viertel (73 %) aller Händler glauben, dass solche Funktionen schon innerhalb der nächsten
Jahre bei den Kunden gut ankommen werden. Rund jeder Zweite
(48 %) sieht das auch so für die Entwicklungen im Games & Fun-
Bereich. Bei den übrigen drei Bereichen – Health & Care, Security
& Protection sowie Cyberwear – sind die Händler hingegen deutlich zurückhaltender. Zwar kann sich die Mehrheit auch hier langfristig neue erfolgreiche Produktentwicklungen vorstellen – kurz-
und mittelfristig glaubt hingegen nur eine Minderheit an einen
Markterfolg von High-Tech-Fashion aus diesen drei Bereichen.

7. Fazit

Die Meinung der Händler ist klar: Funktionen helfen beim Abverkauf von Bekleidung. Und sie ermöglichen höhere Verkaufspreise.
Dem Thema Funktion stehen die Händler somit fast durchweg positiv gegenüber. Aus ihrer Sicht birgt das Thema Funktion große
Potenziale für dringend benötigte Absatz- und Umsatzsteigerun-
gen in der Bekleidungsbranche. Auffallend ist dabei, dass der
Funktion nicht nur bei Sportbekleidung und Wäsche ein sehr hoher Stellenwert beigemessen wird. Auch die HAKA- und DOB-
Händler sehen die Funktion als sehr wichtig für den Abverkaufserfolg an. Einig sind sich die Händler auch im Punkt Schulung: Um
die mit Funktionen verbundenen Potenziale im Geschäft zu realisieren, bedarf es eines gut geschulten Verkaufspersonals. Funktion ist und wird erklärungsbedürftig sein. Die Vorteile von Funktion müssen den Kunden kompetent kommuniziert werden.

Intelligenten Textilien messen die Mehrheit der Händler aktuell
noch keinen allzu hohen Stellwert bei. Aber: Für die Zukunft können
sich immerhin zwei Drittel der Befragten schon heute vorstellen,
dass in Mützen eingebaute Kameras, Multimedia-Jacken, Puls messende BHs & Co. ihren Eingang in die Sortimente und dann auch in
die Einkaufstüten der Kunden finden werden. Schließlich wundert
sich heute ja auch keiner mehr über sprechende Navigationssyste-
me in Autos oder weltweite Kommunikation im Echtzeit-Modus.

Funktionstextilien im Bekleidungssektor – Eine Betrachtung aus internationaler Sicht

Isa Hofmann

WTO wird den weltweiten Textilmarkt grundlegend verändern

„Zukunft ist ein ernstes Geschäft. Wenn Ihre Kunden die Zukunft vor Ihnen erreichen, sitzen Sie in der hintersten Reihe." Dieser warnende Ausspruch der amerikanischen Trendforscherin *Faith Popcorn* sollte Textilwirtschaft und Handel vor allem in Europa in ernste, aber konstruktive Alarmbereitschaft versetzen. Nicht nur, dass die Märkte in den westlichen Industrienationen gesättigt sind und die Konsumfreudigkeit bei Bekleidung und Heimtextilien seit Herbst 2001 extrem bescheiden ausfällt. Der sukzessive Abbau der Handelsschranken und Zollhemmnisse, d.h. die Festlegung neuer Spielregeln im liberalisierten Welthandel im Rahmen des WTO-Abkommens, ist vielmehr die eigentliche Bedrohung und Herausforderung für Europa. Bis zum Jahr 2005 werden die Zölle bei Textilien auf durchschnittlich 13 Prozent sinken. Spätestens dann wird die Zukunft für europäische Bekleidungshersteller nicht in immer niedrigeren Preisen, sondern ausschließlich in immer intelligenteren Produkten liegen. Im Zeitalter der Nano-, Gen- und Informationstechnologie steht die Kulturgeschichte der Mode vor einem sensationellen Quantensprung. Der Blick in die Zukunft der Textilindustrie ist so faszinierend wie nie zuvor.

Chancen für Funktionsmode im Handel

Die Revolution liegt in der neuartigen Symbiose von Technik, Medizin und Textil. Hier eröffnen sich für den modernen Einzelhandel ganz neue Chancen, die er wahrnehmen sollte, damit nicht andere Vertriebsformen diese Bereiche übernehmen. Erfreulich ist das Ergebnis einer repräsentativen Umfrage des Bundesverbandes des Deutschen Textileinzelhandels im Vorfeld der Avantex 2002: Mode mit Funktion ist der Hoffnungsträger in einem insgesamt rückläufigen Markt. Zwischen 1988 und 1998 sank der Anteil von Bekleidung und Schuhen am privaten Verbrauch der Haushalte in Deutschland von 8,2 auf 5,7 Prozent. Diese Tendenz bestätigt sich auch in den anderen europäischen Ländern, wie eine weitere Studie zeigt.[1] Im EU-Durchschnitt ist der Anteil der Ausgaben für Textilien am Gesamtbudget seit 1977 von 7,1 auf 5,1 Prozent und in den USA von 5,8 auf 4,4 Prozent gesunken. Interessant bei dieser 2000er Studie war folgende Differenzierung: Bei den „Großen Fünf" – Deutschland, Frankreich, Italien, Großbritannien, Spanien – werden die geringsten Wachstumspotenziale bis 2005 erwartet. Deutsche und

Land/Zone	Ausgaben für Bekleidung 1998 in Mrd. Euro	Veränderung 1985 – 1998 in %*	voraussichtliche Veränderung bis 2005 in %*
Deutschland	58,0	0,8	1,5
Italien	45,7	1,4	1,6
Großbritannien	33,4	3,6	1,9
Frankreich	31,4	-0,4	0,5
Spanien	16,9	1,7	1,5
EU 1 5	232,4	1,4	1,6
USA	235,9	3,0	2,2
* durchschnittliche jährliche Veränderung			
Quelle: SCHLEGEL UND PARTNER GmbH			

Abb. 1: Ausgaben für Bekleidung in ausgewählten Märkten

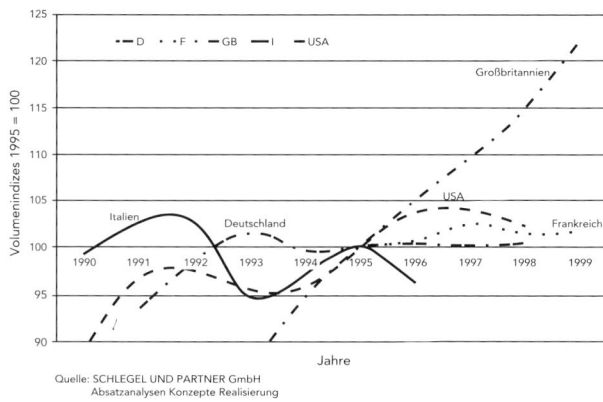

Quelle: SCHLEGEL UND PARTNER GmbH
Absatzanalysen Konzepte Realisierung

Abb. 2: Internationaler Vergleich der Ausgaben für Schuhe und Bekleidung

---

[1] Studie von Schlegel und Partner GmbH im Auftrag von Freudenberg im Vorfeld der Avantex 2000.

Franzosen zeigen keine nennenswerte Konsumfreudigkeit bei Bekleidung, während Großbritannien im Vergleich auffallend hohe Werte aufweist (siehe Grafik im Anhang). Die kleinen europäischen Länder – Niederlande, Irland, Belgien, Schweden, Dänemark und Österreich – werden in der Schlegel-und-Partner-Studie als die wachsenden Absatzmärkte gesehen.

Basis der Umfrage

Vertriebstyp	Anteil in Prozent
Fachgeschäft	49
Bekleidungshaus	34
Vollsortimenter	9
Filialist	6
Warenhaus	2

„Wie beurteilen Sie die Entwicklung hin zu Hochtechnologie-Bekleidung?"
(Mehrfachnennungen)

Meinung	Anteil der Zustimmung in Prozent
Die Entwicklung kommt insbesondere dem Fachhandel zu Gute, da die Produkte in der Regel beratungsintensiv sind.	81
Unseren Mitarbeitern kommt es entgegen, wenn sie im Beratungsgespräch andere Argumente haben als „Diese Farbe steht Ihnen gut".	70
Wir sehen darin eine Chance, dass Bekleidung in der Werteskala der Verbraucher wieder steigt.	60
Oftmals halten Produkte nicht, was sie versprechen.	19
Diese Entwicklungen werden unseren Geschäftsalltag nicht beeinflussen.	15
Wir sehen darin eine Chance, aus dem Teufelskreis der Rotstiftpreise herauszukommen.	13

„Von welchen Produktentwicklungen versprechen Sie sich am meisten?"
(Mehrfachnennungen)

Funktions-Bereich	Zustimmung in Prozent
Pflegeleichtigkeit (bügelfrei, schmutzabweisend usw.)	79
Tragekomfort	79
Klima-Management	57
Antimikrobielle Ausrüstung/Antigeruchs-Ausrüstung (Tabak, Bratfett, Schweiß)	45
Integrierte Elektronik (Mobilfunk, GPS, Notruf-Systeme)	11
Integrierte Pflegestoffe/Arzneimittel	4

Abb. 3: Ergebnisse der BTE-Umfrage im Textileinzelhandel

Wenn überhaupt, so vermögen allein innovative Bekleidungs-
produkte diesen rückläufigen Trend umzukehren. Das glauben
immerhin 60 Prozent der befragten Textileinzelhändler. Die besten Zukunftsaussichten räumen sie den Funktions-Bereichen Pflegeleichtigkeit, Tragekomfort und integriertes Klima-Management
ein. Integrierter Elektronik und eingebauten Pflegestoffen wird
noch mit Zurückhaltung begegnet, nicht zuletzt deshalb, weil die
Erfahrungswerte mit diesen Bekleidungsinnovationen mangels
verfügbarer kommerzieller Ware noch fehlen. Zur Zeit findet der
Verbraucher High-Tech-Funktionskleidung vor allem bei Sport-
Applikationen und bei Berufs- und Schutzkleidung.

Sport „sells" – weltweit

Im Zeitalter der Informations- und Kommunikationstechnik und
der starken Akzentuierung der Freizeit mit vielfältigen sportlichen
In- und Outdoor-Aktivitäten verändern sich die Ansprüche der
Menschen an ihre Bekleidung wie nie zuvor in den vergangenen
Jahrhunderten. Technik und Wissenschaft liefern permanent neue
Ideen, die jedoch nur durch multinationale interdisziplinäre Part-
nerschaften und Netzwerke Marktreife erlangen können und ohne
ein großangelegtes globales Marketing keine Chance beim Verbraucher haben. Die komplexe Technologie muss anwender-
freundlich übersetzt, Handel und Verbraucher leicht verständlich
und überzeugend näher gebracht werden – dann ist der Markterfolg so gut wie sicher.

Der Sportmarkt in der Europäischen Union beläuft sich einer aktuellen Studie von Mintel zufolge auf rd. 37 Mrd. EUR, davon
20 Mrd. EUR Bekleidung und Ausrüstung. Entgegen dem ein-
gangs erwähnten allgemeinen Trend bei Bekleidungsausgaben
wird ein überdurchschnittliches Wachstum vor allem in Frankreich,
Deutschland, Italien, den Niederlanden, Spanien und Großbritannien erwartet. Der Anteil der Aktivsport-Bekleidung macht jedoch
nur 3 Mrd. EUR aus[2]. Sport gehört heute mehr denn je zum Le-
bensstil. Die Fitnessbranche in Deutschland boomt und bewegt
sich auf einem ähnlich hohen Niveau wie in den USA: Knapp sieben Prozent der Deutschen sind Mitglieder in Studios. Mit

---

[2] Quelle: Textiles Intelligence „Performance Apparel Markets. Business and market analysis of worldwide trends in high performance activewear and corporate
apparel", No. 1, 2nd quarter 2002, S. 4.

Extremsportarten versuchen die Menschen ihre Sehnsucht nach Abenteuer und urbanen Erlebnissen zu befriedigen. Seit den neunziger Jahren wird die dazugehörige Funktionskleidung, die bei risikoreichen Outdoor-Aktivitäten das Überleben sichert, auch beim Einkaufen und Flanieren im urbanen Dschungel getragen. Sie fungiert als Lifestyle-Element, dokumentiert Erlebniswert und dient der Selbstdarstellung. Interessant in der Trendentwicklung ist der Wandel von dem Draufgängertum – wie in den Werbeslogans großer Marken mit „just do it" – „there is no limit" assoziiert – zu einer etwas moderateren, bewussteren und gefühls- und körperbetonteren Sichtweise des Sports, die auch dem modischen Aspekt wieder mehr Raum lässt[3]. Mobilität und Sportlichkeit sind globale Leitbilder. Sie sind Synonyme für mentale Beweglichkeit und stilsichere Lässigkeit. Die Grenzen zwischen Sport, Vergnügen, Hobby, Expeditionen und Abenteuer sind fließend. Die wachsende Casualisierung wirkt hier noch unterstützend auf diesen Trend. Im europäischen Vergleich ist die Neigung zu legerer bequemer Kleidung auch im Business-Bereich in Deutschland (mit 78 Prozent) und Italien (mit 64 Prozent) bereits am weitesten fortgeschritten. Frankreich (37 Prozent) und Großbritannien (49 Prozent) halten deutlich stärker an den formalen Dress-Codes fest.

Sportswear, Outdoor und Citywear – die Übergänge sind fließend

Den Trend eines fließenden Übergangs zwischen Outdoor und Citywear spiegeln die multifunktionalen „Softshells" wider, die von Herstellern unterschiedlichster Provenienz vorgestellt werden. Hinter diesem neuen Fachbegriff der Outdoorbranche verbergen sich unterschiedliche Produkte und Konzepte. Softshells sind extrem atmungsaktiv, meistens elastisch, windabweisend oder winddicht, Wasser abweisend, nicht unbedingt wasserdicht, abriebfest, nehmen nur sehr wenig Feuchtigkeit auf, trocknen sehr schnell und bieten ein gutes Feuchtigkeitsmanagement. Vor zwei bis drei Jahren wurde der Begriff eingeführt von technischen Performance-Leadern wie Arc'Teryx, Mammut und Salomon. Die neuen *Schoeller*®-Soft Shells basieren auf weichen, sehr leichten Stretchkonstruktionen und einer neuen ergonomischen Schnittführung. Die Aktivsport-Outfits sehen in der Stadt genauso gut

---

[3] Siehe Benjamin de Diesbach, Promostyl – Winter 2003-2004 – Sport & Street.

aus, wie sie am Berg funktionieren. Höheres Wohlbefinden, mehr Komfort, Pflegeleichtigkeit – das sind die Schlagworte der aktuell auf der letzten Avantex vorgestellten „Well-being"-Gewebe. Zu den Neuheiten gehört die *3xDry®* -Wohlfühltechnologie mit integriertem Geruchsschutz. Hierbei handelt es sich um ein Gewebe, das Feuchtigkeitsmanagement optimiert. Die „freshplus"-Ausrüstung verhindert die Bildung von Geruchsbakterien. Die *3xDry®*-Technologie eignet sich für den Sport-, Business-, Travel-, Outdoor- und Fashionbereich.

Das von der französischen Firma Mont Blanc Technology patentierte Wetterschutz-Bekleidungskonzept für Aktivsport,

Abb. 4: Softshell, Salomon

Citywear und Arbeitsschutz – *Warmtech®* – verspricht aktive Thermoregulierung. Durch Reibung der verschiedenen Textillagen aneinander entsteht ein Mikroklima, das verbunden mit dem geringen Gewicht ein Gefühl von Komfort erzeugt. Dieser Effekt wird durch eine aluminisierte Membran unterstützt, die die Körpertemperatur zurückstrahlt. Diese Membran aus Aluminium und hydrophilem Polymethan – Comfort plusIT[R]-25 alu wurde von der deutschen Firma Polycoating entwickelt.

Dem Verbraucher auf der Spur

In Anbetracht der homogenen Medienkultur verschwimmen die Unterschiede zwischen den Verbrauchern in Europa, in den USA und, soweit wir von den großen Metropolen sprechen, auch in Asien, wenngleich es selbstverständlich nationale und kulturspezifische Differenzen gibt. Der Grad der Urbanisierung sowie die klimatischen Verhältnisse sind wichtige Gradmesser, wenn es um die Akzeptanz von High-Tech-Bekleidung geht. In Großstädten, Mode- und Trendmetropolen wie Paris, London, Madrid, Mailand,

New York, San Francisco, Los Angeles, Chicago, Philadelphia, Hongkong oder Tokio ist die Aufgeschlossenheit gegenüber innovativen Konzepten grundsätzlich höher. Eine wichtige Voraussetzung bei der Zielgruppen-Evaluierung ist zweifellos ein entsprechender Einkommenslevel. In den Großstädten sind die Angebots- und Kommunikationsstrukturen vielschichtiger und vernetzter. Trendgeschäfte, In-Lokale und Verbrauchermagazine haben einen nicht unwesentlichen Einfluss, so dass sich Trends rasch entwickeln können und weitergetragen werden. In Europa und Nordamerika liegt der Anteil der städtischen Bevölkerung mit rd. 75 Prozent etwa gleich hoch, auch die Wachstumsprognosen auf über 80 Prozent bis 2030 sind identisch.

Deutschland, Japan und die USA sind gute Absatzmärkte für Funktionstextilien

Deutschland, die deutschsprachigen Nachbarstaaten, Japan und die USA liegen, was die Akzeptanz von Technik und Funktion betrifft, im Ranking ganz vorn. Im europäischen Vergleich stellen die Deutschen eindeutig höhere Ansprüche an ihre Sportkleidung. Zu ihren Erwartungen an Sporttextilien befragt, sagen europäische Konsumenten: Sportbekleidung solle „kühlen oder wärmen, je nachdem, wie es der Körper verlangt"; „niemals einlaufen oder größer werden"; „sich innen und außen angenehm anfühlen"; „den ganzen Tag frisch riechen"; „ein natürliches Aussehen und einen natürlichen Griff haben". Im Konsum sind die Deutschen im europäischen Durchschnitt jedoch etwas verhaltener. Nur 46 Prozent (gegenüber 48 % im europäischen Durchschnitt) der Befragten gaben an, dass sie in den letzten 12 Monaten Sportkleidung gekauft hätten. Während die Deutschen noch starke Markenfans sind und ein bestimmtes Label bevorzugen, lieben die Briten beispielsweise den Mix aus verschiedenen Marken. In den USA ist das Gefälle zwischen den niedrigpreisigen und den Luxusmarken noch größer. „Easy care/easy wear" ist hier fast ein Must. Das Differenzierungsvermögen des durchschnittlichen Verbrauchers ist bezogen auf die Stoffqualitäten und Funktionskonzepte wesentlich bescheidener als in Europa[4]. Bei den italienischen Verbrauchern spielt der Look und das Image noch eine wichtigere Rolle als die tatsächliche Funktion der

---

[4] Quelle: Studie des Pariser Instituts Risc (Research Institute of Social Changes) Ende 2001

Kleidung. Portugal und Spanien haben keine nennenswerten Brands, die über den Heimatmarkt hinaus europaweite oder internationale Relevanz aufweisen. Hier ist das Bewusstsein und die Akzeptanz von High-Tech und Funktion eher verhalten.

Outdoor-Pioniere aus Skandinavien

Alpinsport in der Schweiz und Österreich unterscheidet sich grundlegend von Outdoor-Aktivitäten in Skandinavien. Während Exkursionen in den Alpen häufig von Hütte zu Hütte gehen und begrenztes Gepäck ausreicht, müssen in den menschenleeren, wilden Regionen Schwedens alle Ausrüstungsutensilien ständig mitgeführt werden. Im Bewusstsein der Bevölkerung ist der Schutz vor den Naturgewalten bereits seit jüngster Kindheit fest verankert. So erklärt sich sicher die skandinavische Stärke im Outdoor-Bereich. *Haglöfs* ist die führende Outdoor-Marke in Skandinavien und erfreut sich auch im restlichen Europa wachsender Beliebtheit. *Fjällräven, Luhta, Rukka, Tenson* und *Peak Performance* sind weitere starke schwedische und finnische Outdoor- und Aktivsport-Anbieter. Finnland und Schweden sind mit nur fünf und knapp neun Mio. Einwohnern in Relation zur Weite des Landes und den teilweise extremen klimatischen Bedingungen prädestinierte Märkte für Funktionskleidung. Hier hat die richtige Kleidung noch Überlebensfunktion. Für den Wildhüter in den finnischen Wäldern sind Kommunikation, Schutz vor Kälte und weitere praktische Features Teil der Überlebensstrategie. Nicht zufällig wurde der Survival-Anzug „Cyberia" von dem finnischen Outdoor-Hersteller *Reima Tutta Oy* in Angriff genommen – bislang jedoch nur ein Prototyp. So erklärt sich auch, dass diverse in die Kleidung integrierte Kommunikationsangebote ebenfalls aus Finnland kommen wie beispielsweise der Blue Tooth Hut (BT Hat) aus wärmendem Polyester-Fleece mit eingebautem Lautsprecher und Mikrophon. Der unangenehme Knopf im Ohr beim Telefonieren entfällt und auch der dazugehörige Kabelsalat. Ein Sensor reagiert beim Aufsetzen des Hutes und ersetzt die Einschalttaste.

Gesundheit und Wellness bestimmen den Bekleidungsmarkt der Zukunft in den Industriestaaten

Das zunehmende Gesundheitsbewusstsein der Menschen und eine immer älter werdende Bevölkerung in den Industriestaaten geben Anlass zu der Prognose, dass in den kommenden Jahren eine

Vielzahl neuer Produkte entstehen werden: Kleidung mit integrierter Elektronik zur Überwachung von Körperfunktionen oder der Dosierung von Medikamenten, in den Stoff oder die Faser eingebaute Wirkstoffdepots, Healthcare-Kleidung für Inkontinente, Diabetiker, Asthmatiker oder andere Patienten-Zielgruppen. In Deutschland ist heute schon jeder Dritte über 50 Jahre alt. Bis zum Jahre 2040 wird es laut Schätzungen des Statistischen Bundesamtes doppelt so viele über 60-Jährige geben wie Jugendliche unter 20 Jahren. Diese euphemistisch von den Marketingprofis als „best agers" oder „junge Alte" bezeichneten Zielgruppen sind dreimal so kaufkräftig wie Jugendliche. Sie sind genuss- und kulturinteressiert und treiben überdurchschnittlich viel Sport. Laut einer Untersuchung der Zeitschrift *Readers Digest* stehen viele „best agers" Produktinnovationen sogar positiver gegenüber als Jugendliche. Sie legen mehr Wert auf Funktion und Form sowie Farbe und Aussehen ihrer Funktionskleidung. Nicht nur in der Touristik-Branche fungieren die „jungen Alten" als Wachstumsmotoren. Auch die Bekleidungsindustrie könnte sie viel stärker ins Visier nehmen. Für die reifere Frau ab 40 hat *DuPont* aktuell eine so genannte *Bodysculptor*™-Kollektion entwickelt, um die kritischen Körperzonen wie Busen, Po mit flexibel einsetzbaren *Eco-Gel Packs*® zu heben und ästhetisch aufzuwerten. In Kalifornien und Florida entstehen ganze Satellitenstädte, riesige Wohngebiete ausschließlich für ältere wohlhabende Nordamerikaner, die ihren Lebensabend im Süden verbringen wollen. Sogar die Golfplätze sind auf die älteren Menschen zugeschnitten und verkürzt.

Im Zuge eines forcierteren Gesundheitsbewusstseins wird auch der Wunsch, sich über Kleidung vor schädlichen Umwelteinflüssen wie UV- und elektromagnetischer Strahlung zu schützen, wachsen. Eine spannende Innovation sind die *Swiss Shield*®-Gewebe des gleichnamigen Schweizer Herstellers, die sowohl Personen, Daten wie auch Geräten einen effektiven Schutz vor elektrischen Feldern und elektromagnetischen Strahlen garantieren. *Swiss Shield*®-Garn besteht aus einem Basismaterial – Baumwolle oder Kunstfasern wie Aramid, Polyester, Polyamid –, das in einem patentierten Verfahren mit einem extrem dünnen endlosen Metall-Monofilament (Kupfer, Messing, Silber, Gold oder andere Legierungen) versponnen wird. Beim Weben der Garne entsteht ein sehr feines Metallgitter, das über 99 Prozent der einfallenden Strahlen (Elektrosmog) wie ein Spiegel reflektiert. Die textilen Qualitäten sind verblüffend – hauchdünne, lichtdurchlässige geschmeidige Stoffe, leicht in der Pflege. Das Anwendungsspektrum ist breit gefächert von der Nacht- und Unterwäsche über Bettwäsche (Betttücher, Decken), Betten-Baldachine für Kinder und Erwachsene bis hin zu verschiedenen Formen der Arbeitsbekleidung. Burlington stellt unter dem Namen „Nano-Fresh" geruchsabsorbierende Stoffe vor. Die Gerüche werden im Stoff gebunden und beim Waschen wieder entfernt. Im Unterwäsche-Segment gehören antibakterielle Ausrüstungen und klimatisierende Funktionalitäten zu den Neuvorstellungen.

Asien holt auf

Mit seinen rund 3,7 Mrd. Einwohnern – davon allein 1,3 Mrd. in China und rd. 1 Mrd. in Indien – ist Asien einer der vielversprechendsten Märkte der kommenden Jahre. Die 25 Staaten und Stadtstaaten verlangen zweifellos eine sehr differenzierte Betrachtung. Japan und Korea sind bezogen auf Produktion und Verbrauch von High-Tech-Textilien führend, dicht gefolgt von Taiwan. Die Japaner öffnen sich neuen Technologien und Funktionen sehr leicht. Die von Infineon Technologies in Kooperation mit der Deutschen Meisterschule für Mode in München entworfene Jacke mit integriertem MP3-Player fände in Japan sicher reißenden Absatz, wenn sie bereits in den Kaufhäusern verfügbar wäre. Hier ist das Technikverständnis beim Verbraucher stark ausgeprägt, während in China Funktionstextilien zur Zeit ausschließlich über das Thema Sport zu verkaufen sind. Mit einem siebenprozentigen Wachstum wirft China seine Nachbarn um Längen zurück. Auf Sport bezogene Kleidung wird im Zuge der Olympischen Sommerspiele in Peking 2008 ein Cross-over zur Mode erleben.

Japan steht bezogen auf die Lebenserwartung nicht nur in Asien, sondern weltweit ganz vorn. Ein Indiz dafür, dass neue Kleidungskonzepte zur Überwachung, Erhaltung und Förderung der Gesundheit und des Wohlbefindens hier auf fruchtbaren Boden fallen.

Avantex-Innovationsschau im Handel

Die Avantex-Veranstaltungen 2000 und 2002 in Frankfurt hatten zweifellos eine Schrittmacher-Funktion bei der Ideenfindung, Entwicklung und Umsetzung von Hochtechnologie-Bekleidungstextilien. Sie boten eine aussagekräftige Mischung aus bereits existierenden und in den kommenden Jahren zu erwartenden international relevanten Funktionstextilien.

Die überwiegende Mehrheit der auf der Avantex vorgestellten Produkte aus dem Multimedia- und Gesundheitsbereich sind derzeit noch Prototypen, wenngleich die Marktkonformität deutlich gewachsen ist. Die Herausforderung wird darin bestehen, den Massenmarkt für diese neuen intelligenten Produkte durch innovatives Marketing zu entwickeln. Eine Kooperationsvereinbarung mit dem größten europäischen Handelskonzern – der *Karstadt Warenhaus AG* – soll Abhilfe schaffen. Sie sieht eine zeitgemäße Präsentation von Hochtechnologie-Kleidung in den führenden Häusern *Karstadts* direkt am Point of Sale vor. Es gilt, neben der modischen Anmutung vor allem die Funktion einschließlich der integrierten Technik und dem Nutzen für den Kunden zur Darstellung zu bringen. Durch diese Avantex-Testmarketing-Plattform kann der Verbraucher brandaktuell über die vielfältigen Möglichkeiten und spannenden Anwendungsfelder von High-Tech-Mode informiert werden.

Das Motto der *Avantex* „Die Zukunft schon heute denken" ist gleichzeitig Programm. Ein chinesisches Sprichwort sagt: „Die eine Generation baut die Straße, auf der die nächste fährt." Es bleibt zu hoffen, dass der Handlungsdruck in Industrie und Handel die kreativen Nischen in den Unternehmen nicht verschüttet, sondern tatsächlich neue Strukturen entstehen lässt. Nur durch einen permanenten Innovationsvorsprung ist mittelfristig neues Wachstum zu generieren.

Beratung & Verkauf

Beratungsgrundlage für den Handel bei Baby-/Kinderwäsche/Kinderbekleidung

Hedda Mikuta

Bei Baby- und Kinderbekleidung ist Funktionalität ein ganz wesentlicher Faktor. Sie wird weitaus mehr strapaziert als die Kleidungsstücke der Erwachsenen. Die für Kinder eingesetzten Textilien sollten auch im Hinblick auf Sicherheits- und gesundheitliche Aspekte einiges bieten. Andererseits ist gerade im Sektor Kindertextilien die Ausgabefreudigkeit der Verbraucher alles andere als hoch. Es gilt also den höheren Preis, den der Zusatznutzen zwangsläufig mit sich bringt, dem Kunden gegenüber wirksam und überzeugend zu erklären.

Baby- und Kinderbekleidung, das ist leider Fakt, wird zurzeit in erster Linie über den Preis verkauft. Vertikale Anbieter wie beispielsweise *Hennes & Mauritz* haben sicherlich einiges zu dem Preisverfall beigetragen, bieten sie doch in der Regel recht ansprechende und modische Artikel für relativ wenig Geld an. Und da gerade Familien mit Kindern nicht unbedingt auf der Sonnenseite der Konjunktur stehen, werden solche Offerten dankbar angenommen. Man muss nur den Kundenansturm beobachten, den günstige Angebote von *Tchibo*, *Aldi* und anderen branchenfremden Unternehmen, die sich heute auf dem Markt der Kinderbekleidung tummeln, immer wieder verursachen.

Andererseits sind Verbraucher, wenn es um ihre Kinder geht, ausgesprochen gesundheits- und sicherheitsbewusst. Jeder Einzelhändler, jede Verkaufskraft hat schon miterlebt, wie Veröffentlichungen von Testergebnissen das Kaufverhalten beeinflussen. Es dürfte folglich nicht allzu schwierig sein, Eltern beim Kauf von Bekleidung für ihre Kinder mit entsprechenden Fakten davon zu überzeugen, dass funktionelle Textilien ihren Preis wert sind. Sie bieten schließlich eine ganze Menge, können unter Umständen sogar lebensrettend sein.

1. Sicherheit – ein starkes Argument

1.1 Reflexmaterialien

Alle zwölf Minuten verunglückt bei uns ein Kind im Straßenverkehr. Oftmals kommt es zu solchen Unfällen, weil die Kleinen von den Autofahrern erst zu spät bemerkt werden. Gerade bei Dunkelheit oder in der Dämmerung sind „normal" gekleidete Kinder sehr schwer zu erkennen. Dabei ist diesem Problem mit reflektierenden Besätzen auf der Bekleidung sehr einfach beizukommen. Zu den führenden Anbietern solcher rückstrahlender Materialien zählt *3M*, mit deutscher Niederlassung in Neuss, dessen *Scotchlite Reflectiv*-Material bereits von etlichen bekannten Herstellern für Kinderbekleidung (u.a. *Hucke/Whoopi*, *Liegelind* oder *Jack Wolfskin*) verarbeitet wird. Es kommt aber auch für Schulranzen (z. B. von *Scout*) und Accessoires (z. B. von *Kubach Rubies*) zum Einsatz.

Abb. 1: Funktionelle Kinderbekleidung, Liegelind

Auf dem *3M Scotchlite Reflectiv*-Material befinden sich unzählige mikroskopisch kleine, verspiegelte Glaskugeln. Trifft beispielsweise das Licht eines Autoscheinwerfers auf die Glaskugeln, wird es gebrochen und durch die Reflektorschicht wieder zur Lichtquelle zurück geleitet. Personen, die solche reflektierenden Kleidungsstücke tragen, sind für Autofahrer bereits auf eine Distanz von bis zu 160 Metern sichtbar, während sie in dunkler Kleidung erst auf eine Entfernung von ca. 30 Metern zu erkennen sind. Durch das frühere Erkennen kann der Autofahrer früher reagieren und so einen Unfall vermeiden.

Kleidung, die mit reflektierenden Materialien ausgestattet ist, kann also Leben retten – ein Argument, das auch den sparsamsten Kunden überzeugen müsste. Und dabei ist die Optik des Kleidungstückes keinesfalls beeinträchtigt. Bei Tageslicht unterscheiden sich die Teile kaum von „normaler" Bekleidung. Ein Faktor, der für größere und modebewusste Kids zweifellos von Bedeutung ist.

Eine weitere Variante von Reflexmaterialien wird von dem auch in Europa und Deutschland präsenten US-Hersteller *Reflexite Corporation* angeboten. Seine Produkte basieren auf der 1968 entwickelten **Mikroprismentechnologie**. Diese reflektiert nach Angaben des Anbieters im Vergleich zu der Glaskugeltechnologie 250-mal mehr Licht. Bislang ist diese Technologie jedoch noch nicht im Bereich der Kinderbekleidung eingesetzt worden, sondern hauptsächlich für professionelle Schutzbekleidung wie beispielsweise bei den Outdoor-Jacken der Ingenieure der *Deutschen Telekom*.

1.2 Gefährliche Kordeln

In den letzten Jahren sind immer wieder Kordeln an Jacken- und Anorakkapuzen in die Schlagzeilen geraten. In einigen Fällen haben sich Kinder damit beim Spielen stranguliert. Nun kann man ganz einfach auf Kordeln bei Kinderbekleidung verzichten und stattdessen funktionelle, leicht zu bedienende Klettverschlüsse einsetzen. Es gibt mittlerweile aber auch eine patentierte Lösung aus Dänemark, die 2001 vom Etikettenspezialisten *Rinke* vorgestellt wurde: das „**Click-Safe**"-System. Hier befindet sich in der Mitte der Kapuzenkordel eine kleine Kunststoffkupplung, die bei einer Zugbelastung von ca. 4 kg aufspringt. Wenn das Kind irgendwo hängen bleibt und die Kordel damit gestrafft wird, löst sich der Sicherheitsverschluss selbsttätig. Kinderjacken mit solchen „Sicherheitskordeln" werden u. a. von der Firma *Sanetta* angeboten.

Abb. 2: *Kinderjacke mit Sicherheitskordeln, Sanetta*

1.3 Kinder brauchen textilen Sonnenschutz

Ein wichtiger Sicherheitsfaktor bei Kindern ist auch der textile Sonnenschutz. Gerade die Kleineren lassen sich nicht gerne ständig von Kopf bis Fuß mit Sonnencreme einschmieren. Einfacher ist es, ihnen Kleidungsstücke anzuziehen, die keine Sonnenstrahlung durchlassen. **UV-Schutz-Kleidung** lautet hier das Zauberwort. Während beispielsweise ein normales Baumwoll-Shirt nur einen Sonnenschutzfaktor von 6 bis 9 im trockenen und lediglich 3 im nassen Zustand aufweist, bieten Materialien, die mit UV-Schutz ausgerüstet sind, einen Schutzfaktor von mindestens 30 Prozent. Ein Beispiel ist hier u. a. *Solumbra*, ein in den USA entwickelter und patentierter Stoff auf Nylon-Basis. Der Schutz bleibt auch nach jahrelangem Waschen und Trocknen erhalten.

Ganz neu auf dem deutschen Markt ist die Kindersonnenschutzkleidung *Hyphen*, die von der *Reinschmidt Operations GmbH*, München, angeboten wird. Sie ist nach dem strengeren *UV Standard 801* zertifiziert, der gegenüber dem auch in Europa noch gängigen australisch-neuseeländischen Standard größere Sicherheit bieten soll. Die 1997 gegründete *Internationale Prüfgemeinschaft für angewandten UV-Schutz* testet Produkte auch in nassem, gedehntem und gebrauchtem Zu-

Abb. 3: UV-Schutzkleidung für Kinder, Hyphen

stand (siehe auch Beitrag Schulte Strathaus, Seite 181). Danach wurde die *Hyphen*-Sonnenschutzkleidung für Kinder und Jugendliche mit einem Sonnenschutzfaktor UPF 20 bis UPF 40 (UPF = Ultraviolet Protection Factor) zertifiziert. Nach dem australischen Teststandard liegen *Hyphen*-Produkte, nach Herstellerangaben, bei UPF 50 +. Gefertigt ist die Bekleidung aus Mikrofaser, der Sonnenschutz wird durch eine besonders dichte Webart erreicht. Das Material ist zudem nach *Öko-Tex Standard 100* zertifiziert, ist also frei von gesundheitsbedenklichen Schadstoffen.

Angeboten werden verschiedene Linien: *Sunprotec* beinhaltet Kurz- und Langarm-Shirts aus elastischer Mikrofaser, die nicht nur vor UV-Strahlung im Wasser und an Land schützen, sondern sich auch für den täglichen Gebrauch eignen. Für kleinere Kinder gibt es praktische Shortys. Diese Linie umfasst Modelle in den Größen 80 bis 164. Eine zweite *Hyphen*-Produktreihe, *Skinwarrior* (ebenfalls nach *UV Standard 801* und *Öko-Tex 100* getestet), wurde speziell für Kinder mit sensitiver Haut, Hautkrankheiten und Allergien entwickelt. Die Langarm-Shirts und Overalls sowie 7/8-Hosen gibt es für das Größenspektrum 80 bis 140. Ergonomische Schnitte sorgen für optimale Bewegungsfreiheit. Die Verarbeitung mit Flachnähten verhindert das Scheuern an besonders empfindlichen Stellen.

1.4 Nie oben ohne

Von ganz besonderer Wichtigkeit ist der Schutz des Kopfes bei kleineren Kindern. Ein Großteil der Hautkrebse tritt, Experten zufolge, nämlich am Kopf bzw. im Gesicht auf. Große Hutschilder und Nackenschutzvarianten, wie sie den Kopfbedeckungen der Legionäre abgeschaut sind, tun hier sicher einiges. Besser ist es jedoch, wenn die Kopfbedeckung komplett aus UV-Schutz-Textilien gefertigt ist. Solche Modelle werden mittlerweile von einer Reihe renommierter Mützenhersteller wie beispielsweise *Sterntaler*, *Kubach*, *Döll* oder *MaxiMo* angeboten. Allein durch das Tragen eines Modells mit entsprechendem UV-Schutz kann ein schmerzlicher Sonnenbrand vermieden werden. Ganz zu schweigen davon, dass auf diese Weise das Krebsrisiko auf einfache Weise reduziert werden kann.

2. Textilien zum Schutz vor Allergien und Hauterkrankungen

2.1 Problemfall Neurodermitis

Allergien und Hauterkrankungen wie z. B. Neurodermitis nehmen bei Babys und Kleinkindern bedenklich zu. Einen Grund dafür sehen viele Mediziner in der übertriebenen Hygiene, welche die Mütter heutzutage ihren Kinder angedeihen lassen. In der Regel wird für Patienten mit atopischem Ekzem, also Neurodermitis, Kleidung aus Baumwolle empfohlen. Allerdings wird die hohe Saugfähigkeit der Baumwolle und das geringe Rücktrocknungsvermögen öfter als nachteilig empfunden. Dadurch, dass sich in feuchter Kleidung Wärme und Feuchtigkeit stauen, wird die kranke Haut zusätzlich gereizt und der Juckreiz verstärkt.

Abb. 4: Neurodermitis-Anzug, Delius

Das Krefelder Unternehmen *Delius* bietet seit einiger Zeit unter dem Namen *DeliMed blue-line* einen Neurodermitis-Anzug aus einem neuen Mikrofasergewebe aus Polyester an. Das Gewebe wurde zunächst bei schweren Hautverbrennungen (mit Erfolg) erprobt und dann für Neurodermitis-Patienten weiter entwickelt (siehe auch Beitrag Schulte Strathaus, Seite 178 f.).

2.2 Silber gegen Bakterien

Eine weitere Möglichkeit im Kampf gegen Neurodermitis liegt im Einsatz von „versilberten" Textilien. Beim Kontakt mit Silber werden sowohl Bakterien als auch Keime abgetötet. Basierend auf dieser Reaktion versieht man Mikrofilamente mit einer Silberschicht, die fest an der Oberfläche der Faser verankert ist, so dass sie sich auch nach vielen Wäschen nicht löst. Diese Fasern werden unter der Marke *Padycare®* für Bekleidung aus Geweben oder Maschenwaren, aber auch für Bettwäsche von der *Tex-a-med GmbH*, Gefrees, angeboten. Die positiv geladenen Silberionen sorgen für eine antibakterielle Reaktion, indem sie Keime mittels einer elektronegativen Ladung absorbieren. Durch diese Art der „Eigensterilisation" lässt der Juckreiz nach, die betroffenen Hautpartien können sich nach und nach auch ohne medikamentöse Behandlung erholen. Das jedenfalls haben Untersuchungen eines neutralen Instituts bestätigt. Übrigens: Die Kosten für Neurodermitis-Spezialtextilien werden von den Krankenkassen übernommen.

2.3 Keine Chance den Pilzen

Unter der Bezeichnung *Medicott* bietet das Unternehmen *Bodet & Horst* eine speziell gereinigte (extrahierte) Baumwolle bzw. Baumwollmischung für Maschenstoffe und Gewebe an, die das Ansiedeln von allergieauslösenden Pilzen verhindert. Das *Medicott*-Verfahren verzichtet im Gegensatz zu Fungizid- oder Microbizidausrüstungen auf umweltbelastende Chemikalien. *Medicott*-Artikel werden selbst bei längerer Feuchtlagerung nicht von Schimmelpilzen befallen. *Medicott*-Artikel sind auch unempfindlich gegen Stockflecken, die normalerweise beim Liegenlassen feucht gewordener Stoffe entstehen können und ebenfalls als gefährlich gelten. Für viele Eltern sicher ein wichtiger Aspekt ist auch, dass *Medicott* in Verbindung mit naturbelassener Baumwolle eingesetzt wird. Zur Verwendung kommen diese Materialien insbesondere im Bereich der Kinderbettwaren und -matratzen (z. B. bei *Alvi* – Alfred Viehhofer).

3. Inspirationen aus dem Sportsektor

Die meisten Funktionsmaterialien stammen aus dem Bereich Sport. Da dieser wiederum die Mode derzeit in besonderem Maße beeinflusst – was vor allem für Kids und Jugendliche gilt –, kommt den multifunktionellen Textilien mehr Bedeutung zu denn je. Bestes Beispiel für diese Entwicklung sind die so genannten Membranen, Materialien, die wind- und wasserdicht sind und dabei atmungsaktiv. Die bekanntesten sind **GoreTex®** von der Firma *Gore* und *Sympatex®* aus dem Hause *Ploucquet*. Diese Membranen lassen sich auf die unterschiedlichsten Stoffe aufbringen (laminieren). Längst haben diese Qualitäten auch in die „normale" (Outdoor-)Bekleidung Einzug gehalten. Die aufwändige Technik schlägt sich natürlich auf den Preis nieder, doch die Vorteile liegen auf der Hand. Kinder, die viel im Freien spielen, sind vor Wind und Wetter bestens geschützt, ohne dabei zu schwitzen. Die Feuchtigkeit dringt durch die Poren des Materials rasch nach außen. Anbieter von Bekleidung aus Membran-Qualitäten für Kinder sind u. a. die Unternehmen *Hucke/Whoopi* und *Liegelind*.

4. Multifunktionelle Neuheiten

Eine Neuentwicklung aus dem Hause *Gore* ist *Windstopper N2S Next to Skin*, die bewährte Eigenschaften von Funktionswäsche mit den Vorteilen von atmungsaktiver, winddichter Außenbekleidung verbindet. Bekleidung aus *Windstopper N2S* wird direkt auf der Haut getragen und vereint dabei perfektes Feuchtigkeitsmanagement, extreme Atmungsaktivität, dauerhafte Winddichte

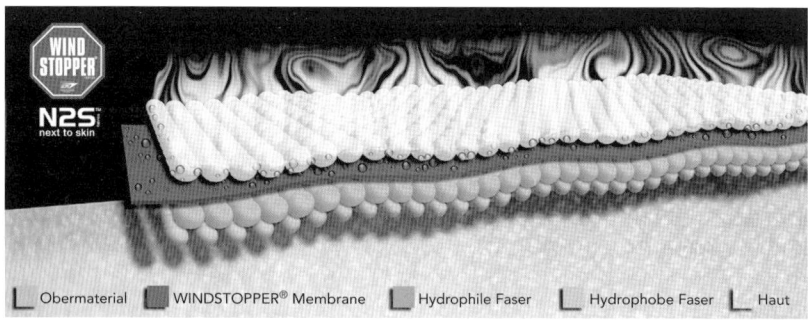

Abb. 5: Windstopper®-Membran, Gore

sowie hohen Tragekomfort und leichte Pflege. Eine Wasser abstoßende Faser direkt auf der Haut leitet Schweiß an die unmittelbar dahinter liegende Wasser aufnehmende Faser weiter. Diese absorbiert die Feuchtigkeit, verteilt sie auf eine größere Fläche und transferiert sie an die Windstopper-Membran. Die wiederum gibt nun die Feuchtigkeit zügig nach außen ab und verhindert gleichzeitig den Rücktransport von Schweiß auf die Haut.

Bislang ist diese Materialinnovation vorwiegend im Bereich der Sportbekleidung zu finden. Da für Kinder der Unterschied zwischen Sport- und Spiel-/Freizeitkleidung meist fließend ist, dürften sich auch hier interessante Einsatzmöglichkeiten ergeben. Dies umso mehr, als diese neue Materialentwicklung besonders leicht zu waschen ist.

Ähnliche Funktionen vereint auch ein weiteres relativ neues Material in sich: *3XDry*, das von dem Oudoor-Ausrüster *Vaude*, Tettnang,

in Zusammenarbeit mit dem Schweizer Stoffhersteller *Schoeller*, Sevelen, entwickelt wurde: Außen ist die Ware Wasser abweisend, innen Schweiß transportierend und zudem schnell trocknend. Mit *3XDry* können ein- und mehrlagige Stoffe, aber auch Fleece entsprechend ausgerüstet werden. Neben Wasser soll die Ware außen auch Schmutz abweisen und dabei sehr atmungsaktiv sein.

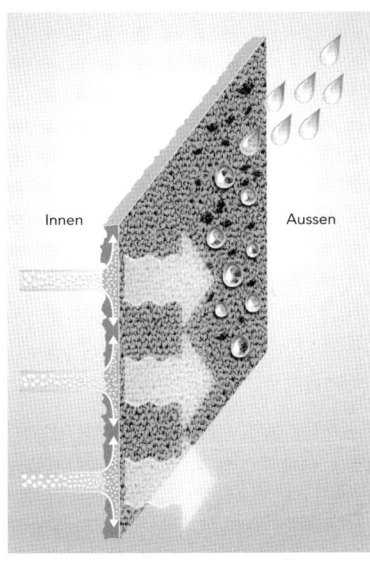

Zu den „Neuzugängen" zählt u. a. auch der von *UCO Sportswear*, Gent/Belgien, entwickelte Denim, der mit *Kevlar* aus dem Hause *DuPont* versetzt ist. Dieser *Kevlar*-Denim ist bedeutend reißfester als herkömmli-

Abb. 6: Funktionsweise Schoeller®-3XDry®

che Jeansstoffe, was ihn wiederum für die KOB besonders geeignet macht.

5. Fazit

Im Bereich von Kinderbekleidung und -wäsche tendiert der Verbraucher zurzeit stark zu natürlichen Materialien. Zum einen weil die Mode es diktiert, zum anderen weil für Kinder Natur noch immer als das Beste gilt. Zwar sind Natur und Funktion längst nicht in jedem Fall unvereinbare Gegensätze, dennoch ist Funktion meist mit Chemie verbunden. Hier gilt es im Verkauf umso mehr, die Produktvorteile richtig hervorzuheben. Sicherheit, Schutz und Gesundheit, Haltbarkeit und gute Trage- sowie Pflegeeigenschaften sind Faktoren, mit denen Verbraucher – vor allem Eltern – überzeugt werden können.

Socken und Strümpfe

Ilona Sauerbier

Socken und Feinstrumpfartikel, die praktischen Zusatznutzen versprechen, holen sich immer mehr Anteile am Umsatzkuchen der Beinbekleidung. Während Mode in den letzten Saisons etwas ins Hintertreffen geraten ist, haben sich perfektionierte Basics und multifunktionelle Strümpfe einen festen Platz in den Sortimenten geschaffen. Produkte dieser Sortimentskategorie wurden in den letzten Jahren auf High-Tech-Standard weiterentwickelt. Die Angebotspalette wächst ständig.

Zugegeben, die Begriffe Stützstrümpfe und Bodytoner sind nicht gerade geeignet, erotische Phantasien zu beflügeln, doch weiß inzwischen jede Frau die unendlich praktischen Nylons zu schätzen. Stützstrumpf, das klingt nach Sanitätsfachhandel, Venenleiden und Gebrechen. In den Ohren einiger Strumpfhersteller ist der Begriff allerdings süße Musik. Nachdem sich die Mode eine Zeit lang von den Feinstrumpfhosen verabschiedet hat, die verkauften Mengen binnen zehn Jahren fast um die Hälfte zurückgingen, waren es in den letzten Saisons neben Stricksocken ausgefeilte Basisartikel und Feinstrumpfhosen mit Zusatznutzen, die das Geschäft am Köcheln hielten.

Mit wachsenen Beinproblemen hat sich der Kreis potenzieller Kundinnen in den letzten Jahren enorm erweitert. Etwa 70 % aller Frauen haben es laut der Dermatologischen Klinik in Tübingen mit leichten bis schweren Beinproblemen zu tun. Das reicht von Durchblutungsstörungen über Besenreiser und Krampfadern bis hin zu Wasser in den Beinen.

1. Angenehmer Vitalisierungs-Effekt

Zu den Frauen mit Beinproblemen, die eine stärkere Stützwirkung nötig haben, gesellen sich mehr und mehr all jene, die den angenehmen und belebenden Massage- und Vitalisierungs-Effekt eines Strumpfes mit lediglich leichtem Kompressionsdruck zu schätzen wissen. Das sind vor allem Frauen, die beruflich viel auf den Beinen sind: Verkäuferinnen, Kranken-

Abb. 1: Wolford

schwestern, Stewardessen. Auch Managerinnen, die viel sitzen müssen und lange Flugrouten absolvieren, zählen zu einer begehrten Zielgruppe. Edel-Strumpfhersteller *Wolford* in Bregenz hat für diese Frauen die Strumpfhose „**Long Distance**" entwickelt, die speziell für sitzende Positionen konzipiert ist. Wenige Monate nach der Neueinführung war der 29 Euro teure Artikel, der mit Venenspezialisten entwickelt wurde, bereits 300.000-mal verkauft. Auch *Elbeo* in Rheine bedient mit der Serie „**Travel Comfort**" für 18,50 Euro die Vielfliegerinnen.

2. Drei Stützklassen

Stützstrümpfe beziehungsweise und -strumpfhosen werden in den drei Stützklassen leicht, mittelstark und stark angeboten: Leichte Ware mit lediglich massierender Wirkung eignet sich für müde Beine, mittelkräftige für Problembeine sowie und die kräftige Wirkung ist für belastete und geschwollene Beine. Die Stützwirkung beruht auf dem Arbeitsvermögen elastischer Fäden oder, genauer gesagt, auf der Rücksprungkraft der umwundenen Elastan-Filamente. Bereits vorhandene ebenso wie drohende Stauungen im Rücktransport der ständig in die Peripherie gepumpten Blutflüssigkeit sollen mit ihrer Hilfe vermieden werden. Die Kompression muss in der unteren Beingegend, also dort, wo die Neigung zu Ödemen am größten ist – im Bereich der Knöchel- und Fesselgegend – am stärksten sein. Zum Körper hin sollte der Druck allmählich nachlassen und erst dort gering werden, wo Venenerweiterungen nicht mehr zu befürchten sind.

Die Qualität eines Stützstrumpfes hängt wesentlich vom Einsatz des Kompressionseffekts an der richtigen Stelle ab. Es gibt billige Ware, die in der Fußpartie sowie im Oberschenkelbereich den gleichen Kompressionsdruck aufweist. Bei Strümpfen mit leichter Stützwirkung mag das nicht besonders auffallen, aber bei stärkeren Qualitäten können Blutstauungen und Abschnürungen entstehen (siehe auch Beitrag Schulte Strathaus, Seite 173).

3. Mode braucht modellierende Strumpfhosen

Doch auch die körperbetonte Mode sowie dünne und seidige Stoffe, die jede Unebenheit des Beines abzeichnen, haben den Bedarf an modellierenden Strumpfhosen erhöht. Sie heißen **„Leg-**

Abb. 2: Wolford

Control" und **„Control-Top"**, **„Beauty-Control"** und **„Vitality"**, **„Repos"** und **„Relax"**. Da gibt es solche, die den Bauch wegdrücken und den Po heraus- und hochheben und solche, die durch spezielle Faser-Konstruktionen für eine vitalisierende Wirkung sorgen und Cellulite vorbeugen. Die **„Ex Cell"** des italienischen Strumpfstrickers *Oroblu* sorgt durch *Lycra 3 D* für dreidimensionale Elastizität und soll Cellulite nicht nur verdecken, sondern auch bekämpfen. *Elbeo* versieht seine **„Anti-Cellulite"**-Strumpfhose mit Mikrokapseln, die eingearbeitetes Koffein enthalten.

Es gibt zudem Fein- und Strickstrümpfe, die über eingeschlossene Kapseln pflegende und harmonisierende Produkte abgeben. *Kunert* in Immenstadt gehört zu den ersten Anbietern, die Aloe Vera und Gingko-Substanzen in ihrer Wellness-Kollektion verarbeiten. Bei Falke in Schmallenberg gehören **„Wonder Po"** und **„Wondershape"** zu den Aufsteigern: Strumpfhosen, die während

Abb. 3: *„Anti-Cellulite"*-Strumpf, *Elbeo*

121

des Tragens Massage-Arbeit leisten. Spezielle Bänderkonstruktionen liften den Po in eine sexy Form.

4. Neue Multifunktionelle

Jüngste Entwicklungen in dem Markt der Multifunktionellen sind **„Non slipping"**-Strümpfe, die sich durch einen Silikondruck auf der Sohle ideal für offene Pantoletten eignen. Also nicht rutschen.

Strumpfhosen, die zwei Drittel Naturfaseranteil haben und dennoch perfekt sitzen. Hinzu kommen Strumpfhosen ohne Bund, bei denen sich keine Markierung an der Oberbekleidung abzeichnet. Mit der bundlosen **„Logic"** brachte Wolford dieses Thema in Gang.

Anfangs waren viele dieser multifunktionellen Maschenbilder dick und derb. Inzwischen werden feinste transparente Gestricke angeboten, Spitzenhöschen sind eingestrickt, und die Produkte verfügen zudem über optimalen Passkomfort. – Alle führenden Strumpfhersteller bieten inzwischen multifunktionelle Strümpfe an.

Abb. 4: „Soft Zone"-Strumpf, Elbeo

Laut Untersuchungen von *Du Pont* verfügen in Deutschland 70% aller verkauften Feinstrumpfartikel über Elastane. 20% davon haben stützende und multifunktionelle Wirkung im Bein- und Bauchbereich. Anfang der 90er Jahre waren es gerade

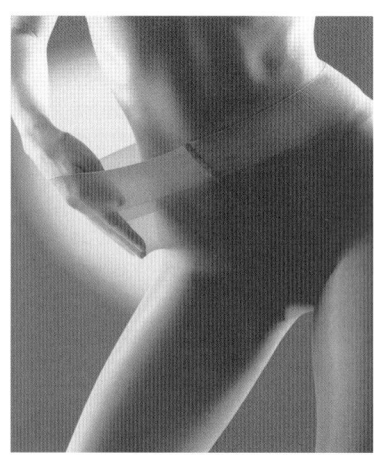

Abb. 5: „Soft Zone"-Strumpf, Elbeo

mal 3% aller Feinstrumpfhosen, die mit Elastanen versehen waren. *Du Pont* erwartet, dass bis zum Jahr 2005 Beimischungen mit Elastan um 2% jährlich wachsen. Im Vergleich dazu haben in Großbritannien, der Nummer eins in Europa, 70% aller Feinstrumpfprodukte Beimischungen mit Elastan. Bei englischen Socken haben 35% aller verkauften Produkte die elastische Passperfektion.

5. Guter Markt für funktionelle Socken

Medizinische Stützprodukte werden unverändert im Sanitätsfachhandel angeboten und sind dort recht teuer. Alle anderen Produkte laufen über Strumpffachgeschäfte und den Lebensmittelhandel sowie Großmärkte. Funktionelle Socken werden zunehmend im Sporthandel verkauft. Stützstrumpf-Spezialist Bahner in Lauingen hat mit seinen Produkten die Klammer zwischen zwei Vertriebsbereichen gefunden: Er bietet sowohl dem Strumpffachhandel als auch den Sanitätsgeschäften medizinische Stützer mit stärkerer modischer Aussage zu einem niedrigeren Preis an. Seine Produkte basieren auf der querelastischen **Micro-Mesh-Technik**.

Ein enorm wachsender und sehr dynamischer Markt für multifunktionelle Fasern bietet sich bei Socken. Hier sind in den letzten drei Jahren die größten Zuwächse gemacht worden. 23 % aller Damen-, Herren- und Kindersocken sind inzwischen allein mit Elastanen ausgestattet. Funktionssocken sind einerseits solche, die die Trageeigenschaften verbessern, die sich genau dem Körper anpassen, die den Feuchtigkeitstransport regulieren, die wärmen und kühlen. Es sind andererseits Socken, die durch Beimischung von Elastanen passgenau, stützend und komfortabel sind. Ein typisches Produkt für die erste Gruppe ist „**Climaxx**" von Ergee, basierend auf einer Strickkonstruktion, die Feuchtigkeit

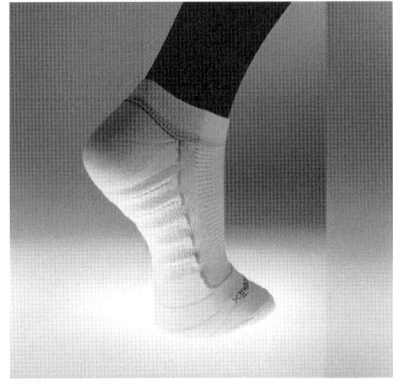

Abb. 6: Runningsocke, Ergee

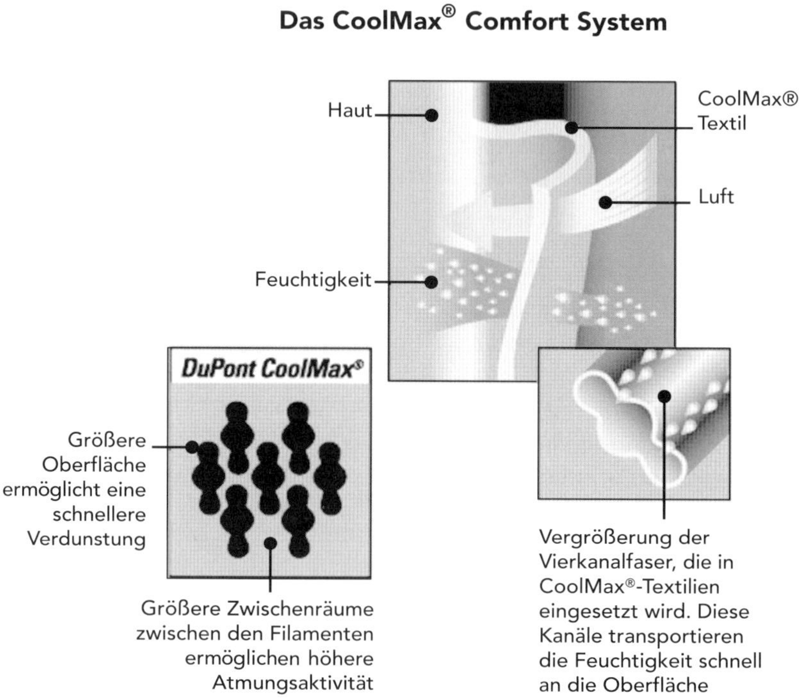

Das CoolMax® Comfort System

Haut

CoolMax®
Textil

Luft

Feuchtigkeit

DuPont CoolMax®

Größere
Oberfläche
ermöglicht eine
schnellere
Verdunstung

Größere Zwischenräume
zwischen den Filamenten
ermöglichen höhere
Atmungsaktivität

Vergrößerung der
Vierkanalfaser, die in
CoolMax®-Textilien
eingesetzt wird. Diese
Kanäle transportieren
die Feuchtigkeit schnell
an die Oberfläche

Abb. 7: Funktionsweise CoolMax®, DuPont

von innen nach außen transportiert. Andere Socken leben von
„CoolMax", einer Faser, die den Strumpf deutlich schneller
trocknen lässt, ihn atmungsaktiv und temperaturausgleichend
macht. Das Pendant zu Coolmax ist „**Thermolite**", eine Hohlfaser, die die Füße wärmt. Besonders bei Sportsocken haben sich
diese Eigenschaften bestens bewährt.

6. Fasern gegen Blasen, Geruch und Stress

Doch es gibt noch mehr Zusatznutzen bei Sport- und Casual-So-
cken: Teflon-Fasern wirken der Blasenbildung entgegen, Silberfa-
sern stoppen den Geruch. Anti-Stress-Socken verhindern durch eine spezielle Ausrüstung die elektrostatische Aufladung.
Weihnachtssocken riechen durch Duftstoffe nach Weihnachts-

plätzchen. Elbeo hat zudem Socken mit desodorierender Wirkung und „Massage-Sohle" im Programm. Bei Kunert haben stützende Socken harmonisiernde Gingko-Beimischung.

Mit den Socken **„Ergonomic Sport System"** hat Falke den Funktionsmarkt der Sportsocken enorm aufgemischt. In den fünf Jahren seit der Einführung hat sich Falke in diesem Segment einen Marktanteil von 50% geschaffen. Hinter Ergonomic Sport System stecken Socken, die anfänglich für den linken und den rechten Fuß konzipiert wurden. Nun sind sie so perfektioniert, dass sie generell dem Körper angepasst und temperaturausgleichend sind und zudem schützen und stützen. Die Anatomie ist besonders interessant bei Damen- und Herrensocken. Damenfüße haben nämlich bei gleicher Größe etwa 30% weniger Volumen. Hinzu kommen spezielle hochstabile Polsterzonen aus Polypropylen, die Druckstellen vermeiden und den Fuß dort

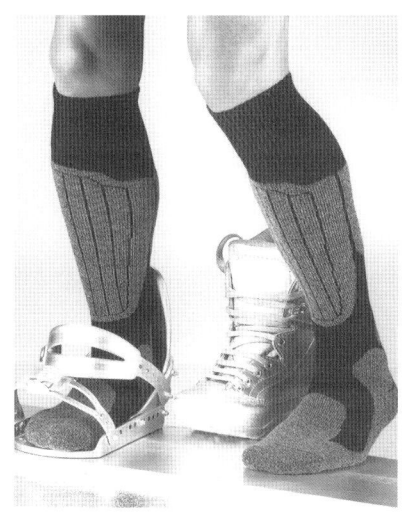

Abb. 8: Strümpfe aus dem Ergonomic Sport System, Falke

schützen, wo Druck entsteht. Das ist beim Sport besonders wichtig. Eine abgeschrägte Fußspitze verhindert störende Faltenbildung. Falke bietet inzwischen für nahezu 30 Sportarten Ergonomic-Sport-System-Strümpfe an: Running, Walking, Tennis, Cross Trainig, Motorbiking bis hin zu Inline, Golf und Ski.

7. Komfort der sanften Socken

Doch der Wellness-Gedanke hat auch Artikeln Bahn gebrochen, die immer im hintersten Winkel der Strumpfabteilung dümpelten, nun aber fester Bestandteil eines Sortiments sind: Socken ohne einengenden Bund. Hier ersetzen Elastane im Gestrick das kneifende Gummibündchen. Da laut Hersteller *DuPont* auch 50% aller Männer unter Beinproblemen leiden und die zunehmende Zahl der Senioren diesen Prozentwert bald erhöhen wird, wächst gerade bei Männern eine große Zielgruppe für bequem sitzende Strümpfe heran. Auch mehr und mehr jüngere Männer sowie Frauen und Kinder schätzen den Komfort dieser sanften Socken. Sie sind zumeist mit der *Lycra Soft Type* ausgestattet, die durch ihre sanfte Sprungkraft besonders komfortabel ist.

Generell gesprochen, wird der Markt multifunktioneller Strümpfe in den nächsten Jahren rapide wachsen. Die Annehmlichkeiten und Vorteile, die durch Zusatznutzen entstanden sind, mag kein Verbraucher mehr missen. Hinzu kommt, dass diese Produkte dem beratungsintensiven Fachhandel sehr entgegenkommen: Viele interessante Trageaspekte geben den Verkäuferinnen griffige Verkaufsargumente an die Hand. Und das ist gerade da wichtig, wo der Strumpf ein paar Cent mehr kostet.

Wäsche für Sport-, Berufsleben und Alltag

Elke Dieterich/Bettina Maurer

Wäsche mit „Funktion", die dem Verbraucher entweder durch den Einsatz moderner Qualitäten oder Verarbeitungstechniken einen besonderen Zusatznutzen garantiert, hat sich vor allem im Sportmarkt erfolgreich etabliert. Sport- und Wäsche-Spezialisten aus Industrie und Handel versprechen sich Chancen durch neue Produktentwicklungen, die auf die Bedürfnisse der Konsumenten und auf unterschiedliche Einsatzbereiche bzw. Sportarten abgestimmt werden.

Sport ist in der Regel eine schweißtreibende Angelegenheit. Viele Sportler legen Wert auf funktionelle Bekleidung, die unangenehme Nebeneffekte beim Schwitzen absorbiert. Die ihnen bei großen körperlichen Belastungen zu einem angenehmen, trockenen Körpergefühl verhilft und den Körper je nach Bedarf kühlt oder wärmt. Doch ohne funktionelles „Darunter" bringen weder das Feuchtigkeit transportierende Fleece-Oberteil noch die atmungsaktive Outdoor-Jacke den gewünschten Nutzen.

Outfits aus funktionellen Qualitäten funktionieren in der Regel nach dem Schichten-Prinzip. Die unverzichtbare Basis, die erste Schicht, ist das, was direkt auf der Haut getragen wird: die Wäsche, von BH und Slips für alle Sportarten bis hin zur Skiunterwäsche. Funktionelle Wäsche für sportliche Einsatzzwecke gehörte in der Herbst/Winter-Saison 2002/03 zu den Verkaufshits im Sport-, aber auch im Wäschehandel. In einer Veröffentlichung der Zeitschrift *TextilWirtschaft* im April 2002 bezifferte ein Hersteller den Jahresumsatz des Einzelhandels mit funktioneller Sportwäsche auf rund 100 Mill. Euro, Tendenz steigend. Das Gros der Hersteller von Wäsche sowie führende Einkäufer aus dem Sport- und Wäschehandel sehen funktionelle Sportwäsche als Markt, dessen Potenzial längst noch nicht ausgereizt ist, weil immer mehr Menschen Sport treiben und die Vorteile funktioneller Textilien für sich entdecken. Aber auch, weil funktionelle Wäscheprodukte aus modernen atmungsaktiven Qualitäten, etwa Hemdchen oder Shirts, die eigentlich für den Sport konzipiert wurden, aufgrund ihres angenehmen Trageverhaltens und ihrer Leistungen zunehmend auch im Alltag zum Einsatz kommen. Auf dieses „Phänomen" gründet

Abb. 1: Sport-BH, Odlo

etwa Odd Roar Lofterod, Verwaltungsrats-Vorsitzender des Marktführers bei funktioneller Sportwäsche *Odlo*, Hoffnungen auf weiteres Wachstum: „Für die Zukunft sehen wir weiteres Potenzial. Die Konsu-

Abb. 2: Sportunterwäsche
Termic-Man, Odlo

menten sind anspruchsvoller geworden und suchen attraktive, funktionelle Bekleidung. „Underwear" soll heute nicht mehr unsichtbar sein, sondern wird im Fitnessbereich solo oder – teilweise sichtbar – sogar im Büro getragen."

Um das Geschäft mit funktioneller Sportwäsche konkurrieren zwei Anbietergruppen: Die Sport-Spezialisten, die überwiegend den Sporthandel bedienen, und die Spezialisten für Damen- und/oder Herrenwäsche, die den größten Anteil ihrer Produkte meist über den Wäschehandel vertreiben.

1. Wäsche als „Basis Layer"

Ihren Ursprung hat funktionelle Sportwäsche im Bergsport. Bergsportler sind nicht selten extremen klimatischen Bedingungen, eisiger Kälte oder glühender Hitze, und hohen Temperaturschwankungen ausgesetzt und haben deshalb besonders großen Bedarf an funktioneller Bekleidung. Anbieter von Outdoor-Bekleidung wie *Jack Wolfskin, Patagonia, Mountain Hardwear, Vaude* oder *Big Pack* liefern zu ihren Bekleidungskonzepten die passende Wäsche als **„Basis Layer"**. Ein jeder Hersteller hat sein Spezialsystem, ein jeder seine Spezialfaser. Das Angebot reicht von Naturprodukten wie Merinowolle über Polyamid-, Polyester- und Polypropylen-Qualitä-

Abb. 3: Seamless-Wäsche, Nina v. C.

ten bis hin zu Mischungen mit Silberanteil für eine antibakterielle Wirkung. Nicht selten werden die angebotenen Hemdchen, Shirts und Slips, um einen möglichst hohen Tragekomfort zu erzielen, **„seamless"** verarbeitet, also auf modernen Rundstrickmaschinen gestrickt und mit sehr flachen Abschlussnähten und Bündchen versehen, die nicht scheuern dürfen und auch unter eng anliegender Bekleidung gut aussehen.

1.1 Geruchshemmende Fasern

Saison Herbst/Winter 2002/03 etwa hat Odlo ein Wäsche-Programm auf der Basis der neuen geruchshemmenden Faser mit Silberanteil **„Effect by Odlo"** entwickelt. Auch Firmen wie *Löffler*, *Medico* (**Wintersport**), *Arena*, *Adidas*, *Champion* (**Fitness**), *Tao*, *Asics* (**Running**), *Gonso* (**Radsport**) und *Helly Hansen* haben sich einen Namen mit funktioneller Sportwäsche für unterschiedliche Einsatzbereiche gemacht.

1.2 Ergonomische Komponenten

Textilhersteller anderer Branchen wagen sich ebenfalls zunehmend in den Markt für funktionelle Wäsche und stellen neue Entwicklungen vor. So hat der Sportstrumpf-Spezialist *Falke* unter seiner Dachmarke **„Ergonomic Sport System"** eine Wäschelinie lanciert, die auf thermodynamischen und biomechanischen Studien der Sporthochschule Köln basiert. Während bestimmte Körperpartien wie Hals oder Schultern beim Sport wärmeisoliert werden müssen, benötigen Sportler stärkeren Feuchtigkeitstransport etwa an Unterarmen oder der Wirbelsäule. Dem trägt das Ergonomic-Sportwäsche-Konzept durch den Einsatz unterschiedlicher Materialien an unterschiedlichen Körperpartien Rechnung. Das

Abb. 4, 5: Ergonomic Sports Underwear, Falke

Programm auf Basis von Chemiefaser-Mischungen mit Elastan beinhaltet vier Segmente für unterschiedliche Wärmeisolation, von Skiwäsche für extrem niedrige Temperaturen über Teile zum Schutz vor Überhitzung bis zur Wäsche für alle Sportarten sowie Teile mit speziellem Support (BHs).

1.3 Zweiflächensysteme

Götzburg, bisher vor allem als Traditionsunternehmen für Tag- und Nachtwäsche bekannt, hat im Frühjahr 2002 ein Wäschepro-gramm namens **„Power Concept"** vorgestellt. Es beruht auf ei-nem Materialmix aus natürlichen und technischen Fasern bzw. auf Zwei-Flächen-Systemen, die den Feuchtigkeitstransport von innen nach außen leisten müssen. Je nach Einsatzbereich werden unter-schiedliche Materialzusammensetzungen angeboten, die Nässe-stau auf der Haut und das Auskühlen der Muskulatur verhindern sollen. Ganzjahresprodukte für Team-, Ausdauer- und Winter-sportarten haben eine Innenseite aus **Tactel** (Polyamid) und eine Außenseite aus **Proviscose** von *Lenzing*. Für Hochleistungssport-ler im Outdoor- und Wintersport gibt es Modelle mit **CoolMax**-(Polyester-)Innenseite und einer Wärme speichernden Baumwol-le/Micromodal-Außenschicht. Speziell für den Wintersport

130

gedacht ist das „**Thermo Bi System"** aus der Micro-Funktionsfaser **Thermolite** von *DuPont* (Polyester), die innen liegt. Die wärmende Außenseite besteht aus einer Polyester/Angora-Mischung.

1.4 Air-Condition-Effekt

Wäsche mit „**Air Condition"-Effekt** will die Marke *X-Underwear* bieten. Ihre Produkte sind mit einem „Luftleitsystem" ausgerüstet, dessen Prinzip von Professor Bodo Lambertz aus dem High Teach Institut in Herdecke entwickelt wurde. Die Idee: Das Luftleitsystem soll den Körper belüften und Wärme sowie Feuchtigkeit gezielt zu den Stellen führen, an denen kein Risiko vor Auskühlung der Muskulatur besteht. Die Isolationswirkung von Pads mit kleinen Klimakanälen von fünf Millimetern Breite, die sich wellenförmig auf die Hautoberfläche legen, in Kombination mit Wärmeaustauschzonen, können den Wärmehaushalt einzelner Muskelpartien individuell unterstützen.

Lästiger Geruchsbildung wird durch den Einsatz von „**SkinNodor",** einem weichen, klimaaktiven Material mit bakteriostatischem Wirkstoff, unter den Achselhöhlen und im Unterbrustbereich entgegengewirkt.

2. Traditionelle Wäschehersteller setzen verstärkt auf Funktion

Auch Hersteller aus der Wäschebranche, die Tagwäsche für Damen oder Herren bzw. Miederwaren produzieren, drängen in den Sportwäsche-Markt. Sie bieten Wäsche aus funktionellen Qualitäten auf Chemiefaser-Basis (Trägerhemdchen, Shirts, Slips und Hosen) an und vermarkten diese mehr oder weniger deutlich gekennzeichnet als Sport- bzw. Freizeit-Produkte. Diese Gruppe von Herstellern ist allerdings überschaubar und so mancher Händler würde sich ein größeres Angebot wünschen, wie Recherchen der *TextilWirtschaft* im Frühjahr 2002 ergeben haben.

Beispiele kommen aus Albstadt: Der Tagwäsche-Spezialist *Mey* offeriert ein umfassendes Wäsche-Programm namens „Mey Sports Body Dry". Basis ist eine Mischung aus Polyester, Baumwolle, Polyamid und Elastan mit Chemiefaser-Innen- und Baumwoll-Außenseite, die die Feuchtigkeit nach außen transportiert und den Kör-

Abb. 6, 7: Sports Body Dry, Mey

per trocken hält bzw. temperiert. Neu in den Markt eingestiegen ist die *Karl Conzelmann GmbH & Co.*, **Albstadt** – bisher mit der Marke **Nina von C.** (feminine Wäsche) und der jungen Wäschelinie **Prima Nina** am Markt. Neu ist eine funktionelle Serie auf Basis einer nach Firmenangaben „Premium-Qualität" aus Thermo-Flausch-Material bzw. aus Baumwolle und Micropolyester mit Hemden, Shirts und langen Hosen. *Karl Conzelmann* will damit den qua-

Abb. 8: Funktionsunterwäsche, Con-ta

litätsbewussten Kundenkreis um aktive, sportliche Markenkäufer erweitern. Auch Tagwäsche-Spezialist *Gebr. Conzelmann GmbH & Co. KG*, Albstadt, der bisher mit seiner Marke **Con-ta** eine eher klassisch ausgerichtete Klientel mit Standard-Produkten bediente, diversifiziert ins Funktions- bzw. Sportsegment. Er hat sein Produkt-Portfolio um Funktionswäsche für Damen und Herren in Feinripp-Qualität aus Polyester-Trevira ergänzt, die nach Unternehmensangaben „in allen Lebenslagen" zum Einsatz kommen kann.

3. Sport-BHs mit Funktion

Speziell auf die Bedürfnisse der weiblichen Konsumentinnen bzw. deren Physis zugeschnitten sind Sport-BHs. Sie werden nicht nur aus modernen, funktionellen Qualitäten gefertigt, sondern auch in ihrer Konstruktion ganz genau auf unterschiedliche Sportarten abgestimmt. Doch im Angebot an Sport-BHs gibt es Recherchen der *TextilWirtschaft* zufolge noch Marktlücken. Junge Frauen, die schlank sind, aber nicht selten viel Busen haben und deshalb Sport-BHs in größeren Cup-größen brauchen, gelten nach Ansicht führender Einkäufer als wachsende Zielgruppe, die noch viel zu wenig Beachtung findet. Aber auch 60- bis 70jäh-rige Frauen treiben Sport und interessieren sich zunehmend für funktionelle Sportbeklei-dung und -wäsche.

Die Marke „Triumph Internatio-nal", München, nimmt im Markt für Sport-BHs eine führende Rolle ein und ist sowohl im Sport- wie auch im Wäschehan-del stark präsent. Unter dem Überbegriff **„Triaction"** bietet Triumph International derzeit sieben Sport-BH-Modelle an, konstruiert für unterschiedliche

Abb. 9: Sport-BH Pulsebeat, Triumph, mit Herzfrequenzmesser

133

Beanspruchungsgrade von Stufe 1 („für leichte Beanspruchung")
über Stufe 2 („mittlere Beanspruchung") bis Stufe 3 („hohe Beanspruchung"). Verarbeitet werden moderne Mischungen aus Baumwolle und Chemiefasern (z.B. Polyester, Polyamid oder *Tactel
Aquator*) plus *Lycra*. Modelle, die für höhere Belastungen ausge-
legt sind, sind logischerweise so geschnitten, dass sie mehr Halt
bieten, etwa durch formende Nähte oder Stoffpartien, eingearbeitete Bügel oder breitere Träger. Als besonders innovativ gilt das
Modell „Pulsebeat", in das ein elektronischer Herzfrequenz-Mes-
ser eingesetzt werden kann.

Ihr Produktprogramm bei Sport-BHs stark ausgeweitet hat die
britische Marke *„Shock Absorber by Berlei"*, die über die *Gossard
GmbH* in Bisingen vertrie-
ben und am Werbe-Testimo-
nial Anna Kournikova (Ten-
nis-Diva) mit dem Slogan
„Nur der Ball soll hüpfen"
vermarktet wird. Die Kollek-
tion umfasst jetzt neun
Modelle für so genannte
„Impact Levels" (Belastungs-
grade) von 1 (Sportarten mit
geringerer Bewegungsinten-
sität und kleinere Cupgrö-
ßen) bis 4 für hohe Beanspruchung und größere Cups.
Waren bisher am Markt nur
Berlei-BHs bis E- oder F-Cup
erhältlich, so bietet die Marke nun ihre Modelle sogar für
sehr weibliche Figuren – also
mit G-Cups – an. Anfang
2002 ging das BH-Modell

*Abb. 10: Sport-BH Shock absorber,
Gossard*

„Silver" in den Verkauf, das
aus einer atmungsaktiven
Qualität mit feinsten Silber-
partikeln besteht. Funktionelles Material und funktioneller Schnitt
sollen gewährleisten, dass die Trägerin auch bei größten sportlichen Anstrengungen ein prima Klima umgibt.

4. Verkaufsargumente

4.1 Sinn und Zweck funktioneller Sportwäsche?

Sportler stellen besondere Ansprüche an ihre Kleidung. „Intelligente Materialien" sind zunehmend gefragt. Die hautnahe Schicht der Bekleidung (also die Wäsche) ist die Basis aller darüber liegenden Bekleidungsschichten und unterstützt bzw. ermöglicht deren Funktionen.

Ein konkreter Nutzen funktioneller Wäsche ist z.B. das Schweißmanagement. Sportliche Leistungen setzen im menschlichen Körper verschiedene Reaktionen in Gang. So erhöht sich z.B. die Körpertemperatur, die durch Transpiration („Schwitzen") wieder normalisiert wird. Die Haut ist das wichtigste Organ für die Temperaturregulierung des Körpers. Eine entscheidende Rolle spielen dabei äußere Einflüsse wie Kälte, Hitze oder Wind. In den körperlichen Ruhephasen kühlt die Haut umso schneller aus, je feuchter sie ist. Nasse, klebende Kleidung verstärkt die Auskühlung des Körpers, oft Ursache für Leistungsabfälle, Sportverletzungen, Erkältungen. Die Aufgabe der untersten Bekleidungsschicht ist es, den Körperschweiß möglichst rasch von der Haut weg nach außen zu transportieren und an die darüber liegenden Schichten weiterzugeben. Moderne High-Tech-Qualitäten – aus Chemiefasern bzw. Mischungen von Natur- und Chemiefasern – können dies leisten.

Ein weiterer Vorteil von funktioneller Sportwäsche: Sie kann bei entsprechender Grundqualität bzw. Ausrüstung über eine geruchshemmende Wirkung verfügen. Durch die Verbindung von Schweiß mit Luft entstehen Bakterien und damit Schweißgeruch. Diese Bakterien vermehren sich mit Vorliebe auf allen Stoffen, die aus Polyester oder Polyamid bestehen. Auf Baumwolle vermehren sie sich deutlich langsamer, sie bleibt jedoch länger feucht als Chemiefasern.

Textilherstellern ist es in den vergangenen Jahren gelungen, Stoffe auf Chemiefaser-Basis so auszurüsten, dass das Bakterienwachstum verlangsamt bzw. eingeschränkt wird. Die „Geruchsbremse" kann durch unterschiedliche Ausrüstungen erzielt werden: So kann z.B. der Spinnmasse, aus der die Faser gewonnen wird, ein bakteriostatisches Mittel beigemischt werden. Einige Hersteller erreichen die gewünschte Wirkung durch Verwendung von Hohlfasern, die eine antibakterielle Flüssigkeit enthalten, oder durch Einsatz von Qualitäten mit feinen Silberpartikeln. Silber lässt die Bakterien absterben, beeinträchtigt aber weder Tragekomfort noch Pflege. Atmungsaktivität und Feuchtigkeitstransport der Wäsche sowie die geruchshemmende Wirkung bleiben auch nach vielen Waschvorgängen erhalten. Der Verzicht auf chemische Zusätze bzw. desodorierende Substanzen minimiert das Risiko von Allergien und Hautreizungen.

4.2. Funktionelle Sportwäsche für den Alltag

Immer mehr Konsumenten tragen Wäsche aus funktionellen Stoffen auch im Alltag bzw. Berufsleben, weil sie deren Vorteile entdeckt haben. Hinzu kommt, dass moderne (Mikrofaser-)Qualitäten auf Chemiefaser-Basis in der Regel sehr weich und daher sehr angenehm direkt auf der Haut zu tragen sind und sich aufgrund ihrer Weichheit und Feinheit kaum unter Oberbekleidung abzeichnen.

4.3. Sport-BHs bringen Entlastung

Wenn Frauen Sport treiben, ist ihre Brust extremen Belastungen ausgesetzt. Bei einer durchschnittlichen Laufgeschwindigkeit von

etwa 12 km pro Stunde bewegt sich die weibliche Brust ohne den Schutz eines BHs circa 8,5 cm von ihrer natürlichen Position weg. Zu diesem Ergebnis kam eine Studie der Universität Heriot Watt im schottischen Edinburgh, bei der Frauen mit unterschiedlichen Brustumfängen und Körbchengrößen beim Training auf dem Laufband gefilmt wurden. Das Tragen eines (passenden) Sport-BHs kann die Bewegung der Brust einschränken und schmerzhaften Überdehnun-

Abb. 11: Sport-BH Cross-Power, Odlo

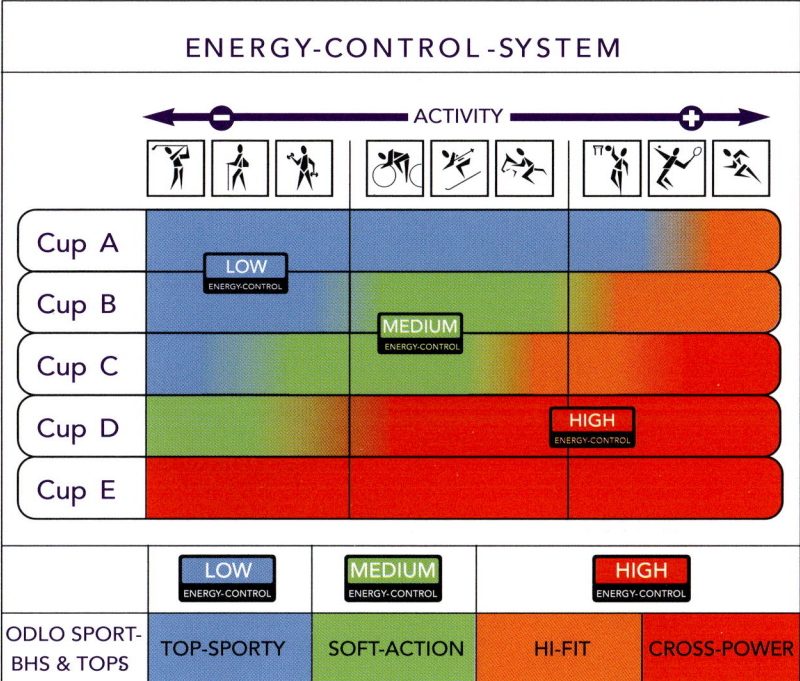

Abb. 12: Energy-Control-System, Odlo

gen des Brustgewebes vorbeugen. Je stärker die Auf- und Ab-Bewegungen beim Sport sind, umso mehr Halt (etwa über festere Qualitäten, Formnähte oder breitere Träger) muss ein BH bieten. Für Sportarten mit relativ geringem Bewegungsaufwand im Oberkörper wie etwa Yoga, Rudern oder Walking empfehlen Hersteller spezielle Modelle für leichtere Beanspruchung.

Beratungsgrundlagen für den Handel bei Sportbekleidung

Elke Dieterich

1. Einleitung

Sport-Großveranstaltungen wie Olympische Spiele, Fußball-WM und Formel Eins – der Sport ist in aller Munde. Immer mehr Menschen treiben Sport, als Wettkampf, in der Freizeit oder für das körperliche Wohlbefinden. Für jede Sportart bieten die Hersteller das richtige Equipment. Längst werden die Sporttextilien nicht mehr nur auf dem Platz oder in der Sporthalle getragen. Aus Gründen der Vielfalt an funktionellen Fasern, Materialien und Sporttextilien sowie deren Hersteller kann in den folgenden Kapiteln nur auf einige wenige Neuentwicklungen eingegangen werden.

1.1. Wachstumsmarkt Sportartikel

2001 wurden in Deutschland knapp 10 Mrd. Euro mit Sportartikeln umgesetzt. Laut *GfK-Textilmarktforschung* gingen im Jahr zuvor rund 105 Millionen Sporttextilien über die Ladentische, wofür die Deutschen knapp 1,43 Mrd. Euro ausgaben (ohne Sportsocken und -schuhe). Der Handel machte mit Sportbekleidung für Frauen und Mädchen 0,75 Mrd. Euro Umsatz, Männer und Jungen gaben 0,68 Mrd. Euro aus. Der deutsche Outdoorsport-Markt beispielsweise macht zirka die Hälfte seines Umsatzes mit Wander-Bekleidung. Dies ist das Ergebnis einer von der Messe Friedrichshafen in Auftrag gegebenen Händlerbefragung. Lag

Abb. 1: Schöffel, Winter 2002/03

dieser Wert 2000 noch bei 660 Mill. Euro, so prognostizieren Experten den funktionellen Outfits bis 2003 ein Wachstum von 6,1 %. Der Bergsport gilt als konstanter Faktor. „Seit einigen Saisons ist Trekking auch ein Lifestyle-Thema. Und da ist ebenso wie bei den Doppeljacken kein Ende abzusehen", sagt Stefan Lörke von *Schöffel*, Anbieter von Bergsport- und Snowsport-Bekleidung in Schwabmünchen. Funktionelle Zipp-off-Hosen, karierte Fleece-Hemden und Outdoor-Westen haben längst Akzeptanz im Straßenbild. „Ebenso wie Skibekleidung verkaufen sich Bergsport-Outfits gut zum Snowboarden, auch über szenige Läden, meint Maximilian Hofbauer vom Outdoorbekleidungs-Spezialisten *The North Face*, München.

1.2. Was können funktionelle Sporttextilien?

Im Sport ist Funktion entscheidend. Was der Modebereich als zusätzliche Verkaufsargumentation entdeckt hat, ist schon lange Selbstverständlichkeit in der Welt der Sporttextilien. Hier geht nichts mehr ohne funktionelle Materialien. Aber was bedeutet Funktion?

Höchste Intelligenz beweisen Sporttextilien, wenn die Funktion in der Faser selbst, der Stoffkonstruktion, der Beschichtung oder in Form von Laminaten daherkommt. Im Sport definiert sich Funktion in erster Linie über Materialien. Profi-Sportler geben ihr Knowhow, testen Prototypen unter extremen Bedingungen, verwerfen oder bestätigen, was die Textilingenieure entwickelt haben. Diese Erkenntnisse kommen der gesamten Sportbekleidung zugute. Die Bekleidung übernimmt Schutzfunktion vor Kälte, Hitze, Wind, Feuchtigkeit oder gar Schmutz. Im Sportbereich wird Funktionelles sozusagen geschichtet. Nur aufeinander abgestimmte Bekleidungsschichten können hinsichtlich Atmungsaktivität und Isolation funktionieren. Wo der aktive Sport anfängt, haben Baumwolle und Co ausgedient, Naturfaserstoffe oder -mischungen verschwinden zu-

Abb. 2: Pro 3000, Schöffel

nehmend aus den Funktionslinien, synthetische (Men made fibres) halten Einzug. Daneben gibt es aber auch die Tendenz, natürliche Materialien mit Chemiefasern zu hochfunktionellen Produkten zu mischen. Sportartikler *Fila*, Darmstadt, bietet beispielsweise Tennis-Polos aus 33 % „SportsWool" (feine Merino-Wolle) und 67 % Polyester (PES).

Absolute Perfektion in Sachen Funktion ist im Extremsport angesagt. High-Tech-Materialien können unter Umständen das Leben von Extremsportlern sichern. Das trifft sowohl bei Antarktis-Expeditionen und Himalaja-Besteigungen als auch bei Wüsten-Ralleys oder Weltumseglungen zu. Im Outdoor-Segment differenzieren immer mehr Hersteller zwischen a) technischer Mountainwear für Extremsportler, b) Bekleidung für Mountaineering (Skitouring, Bergwandern) und c)Trekkingbekleidung für Freizeit oder Reisen (Travelbekleidung) mit funktionellem Zusatznutzen. Viele tragen hochfunktionelle Jacken von Bergsportanbietern wie *Salewa* oder *Schöffel* aber auch zum Spazierengehen im Wald oder bei schlechtem Wetter gar über dem Business-Anzug.

1.2.1 Multifunktionalität ist angesagt

Bei Sporttextilien spielt Multifunktionalität immer eine Rolle. Beispiel Fitnessbekleidung: Der Sportdress soll für die unterschiedlichen Sportarten einsetzbar sein, auf dem Weg zum Studio und auch zu Hause eine gute Figur machen. Weite, schlabbernde Sportklamotten sind out. Dank elastischer Materialien können körpergerechte Schnitte und Stylings auch in großen Größen gut ausschauen. Diesbezüglich auf dem Vormarsch sind Damen-Kollektionen. Ebenfalls out: unisex. Frauen wollen geschlechtsspezifische Schnitte, aber die gleiche Funktion wie Männer. Sportbekleidung definiert sich also auch über die Schnittführung. Das reicht bis zu den Details wie Kapuzen, Wind- oder Schneefängen, Bewegungsfalten oder Stretch-Einsätzen an den Knien, vorgeformten Ellenbogen, Unterarmventilation und Kantenschutz an den Hosenbeinen. Funktionell können auch Taschenlösungen (Handy-Taschen, Tasche für CD-Player mit Kabelführung), unterstützende Nahtführung, Materialeinsatz zur Muskelunterstützung (Bsp. **„Lycra Power"** von *DuPont*), **Softnaht- oder seamless-Verarbeitung** (Bsp. Sportwäsche), Doppel-Zipper und Ventilationssysteme sein.

Von der Materialseite her sorgen moderne, intelligente Hochleistungsbeschichtungen, Ausrüstungen wie Mikrokapselveredelung und Nano-Technologie für Funktion (vgl. Beitrag Gottwald, Abb. 2, Seite 230). Letztere geht zurück auf das gleichnamige Technologiezentrum in Silicon Valley/USA und ermöglicht es, funktionelle Eigenschaften in Stoffe zu integrieren. Dabei wird die einzelne Faser mit einer Molekularstruktur ummantelt, die bestimmte Funktionen erfüllt. Ein Beispiel für Feuchtigkeitsmanagement ist *„Nano-Dry"* von *Burlington*. Die Molekularstruktur verändert hier die Oberflächenspannung, damit die beim Sport vermehrt entstehende Feuchtigkeit schneller aufgesaugt und großflächig auf der Faseroberfläche verteilt wird, wo sie schneller verdunsten kann. Die Nano-Technologien beeinträchtigen jedoch nicht die Atmungsaktivität.

1.2.2 Anforderungen an Sportbekleidung
Wichtig für Sportbekleidung sind Atmungsaktivität, Feuchtigkeitstransport, Wasserdampfdurchlässigkeit, Wärmeisolation, Elastizität, Pflegeleichtigkeit, UV-Schutz, Waschbarkeit, Tragekomfort,

Reiß- und Abriebfestigkeit. Sie muss möglichst knitterfrei sein, wasserdicht, Schmutz abweisend, temperaturausgleichend, schnell trocknend (Quick Dry), geruchsabsorbierend oder antibakteriell ausgerüstet (wichtig für Sitzpolster in Bike-Hosen) sein.

Ein absolutes Thema ist Leichtigkeit. Leichte, hochfunktionelle Bergjacken wiegen nur noch 500 Gramm. Gefragt sind federleichte Innenausstattungen wie Netz-Futterstoffe, aber auch Hemden aus super-leichten Mikro-Fleece-Qualitäten, Shirts aus schnell trocknendem *„Tactel* Aquator"* (*DuPont*)

Abb. 3: Badeanzug, Speedo   oder elastischem *„Tactel* Ispira"* (*DuPont*).

Im Schwimmsport kommen die Anzüge wie eine zweite Haut daher. Swimwear-Spezialist *Speedo*, Metzingen, hat sich bei der Entwicklung seines *„Fastskin"*-Materials an der Beschaffenheit von Haifischhaut orientiert. Im Mittelpunkt steht die Gleitfähigkeit im

Wasser. Schwimmanzüge müssen außerdem hyper-elastisch sein, eng anliegen und hohe chlorresistente Eigenschaften besitzen.

Zahlreiche Entwicklungen gab es in den letzten Jahren auf dem Gebiet der wasserdichten, aber atmungsaktiven Membran- und Laminatsysteme. Diese kommen überall dort zum Einsatz, wo sich Sportler lange im Freien aufhalten und damit den Wetterumschwüngen ausgesetzt sind. Das gilt sowohl für textile Oberbekleidung als auch für Trekking-, Wander- oder Golfschuhe.

Der Schweizer Spezialist für Ski- und Sportunterwäsche *Odlo*, Hünenberg/CH, hat einen Skilanglauf-Anzug entwickelt, der Erkenntnisse aus der Biomechanik mit Materialtechnologie vereint. Bi-elastische Stoffe unterstützen die Bewegung der Langläufer. Während im Achselbereich und am oberen Rücken besonders atmungsaktives Material verarbeitet wurde, setzte *Odlo* wärmenden Stoff an Armoberseite, Unterarm, Kragen, Knie, Nieren- und Blasenbereich ein. Nach einem ähnlichen Prinzip, nämlich mit unterschiedlichem Materialeinsatz, hat auch Strumpf-Experte *Falke*, Schmallenberg, seine Sportwäsche „Ergonomic Sport System" konstruiert. Unter der gleichen Dachmarke kommen auch Socken mit sportartspezifischen Polsterungen im Zehen-, Fersen- oder Schienbeinbereich u. a. für Running, Ski-Langlauf, Ski-Alpin, Golf, Trekking.

Abb. 4: Rennanzug BodyTec II, Odlo

2. Chemiefasern – der Funktion zuliebe

Am deutlichsten wird es im Segelsport. Die Schlechtwetter-Bekleidung der Segel-Pioniere bestand aus schweren geölten oder gewachsten Stoffen. Ein kurzzeitiger Schutz vor Wind und Wasser. Und der spätere „Friesennerz" bot keinerlei Lösung in Sachen Feuchtigkeitsmanagement. Ein Segel-Rennen rund um den Erdball könnte ohne High-Tech-Fasern in dieser Form nicht stattfinden. **Nylon** wurde bereits 1934 von *DuPont* erfunden. Nylon-Fasern sind leicht, sehr reiß- und scheuerfest und nehmen wenig Wasser auf und sind entsprechend schnell trocknend. Die synthetischen Fasern setzten sich Ende der 50er Jahre durch. Die Vorbehalte gegen Chemiefasern, wie sie Ende der 60er Jahre aufkamen, wo die „Men made fibres" noch erhebliche Defizite wie fehlende Atmungsaktivität aufwiesen, sind heute weitgehend bereinigt. Laut einer Befragung des Kundenmonitors der GfK/*TextilWirtschaft* in der ersten Novemberwoche 2001 sagen 88 % aller Kunden, dass die heute angebotenen Chemiefasern deutlich besser seien als früher. Allerdings sind die Vorteile von Chemiefasern und Funktionsmaterialien aufgrund ihrer Vielfalt und unterschiedlichsten Einsatzgebiete stärker erklärungsbedürftig denn je.

2.1. Feuchtigkeitsmanagement

Das A und O bei Sporttextilien ist, dass der Schweiß rasch vom Körper weg transportiert werden muss. Geschieht dies nicht, so kann es zur Unterkühlung kommen. Dafür gibt es die unterschiedlichsten Systeme. Beispiel *„Tactel"* von *DuPont*: Aus dem ursprünglichen Nylon entwickelt, gibt es zirka 500 Typen der Markenfaser. *„Tactel* **Aquator"** beispielsweise bietet ein Zwei-Schichten-Feuchtigkeitsmanagement. *„CoolMax"*, ebenfalls von *DuPont*, wird sowohl für Sommer- als auch bei Winter- und Ganzjahresbekleidung eingesetzt (vgl. Beitrag Sauerbier, Seite 124). Es reguliert die Körpertemperatur durch raschen Feuchtigkeitstransport. *Tomen*, Deutschland-Sitz in Düsseldorf, beispielsweise hat die Faser **„eks"** aus modifiziertem Modacryl entwickelt, die viermal so viel Feuchtigkeit wie Baumwolle aufnehmen und sie rasch nach außen weiterleiten kann. Das Besondere: „eks" entwickelt Wärme, die das Gewebe schneller trocknen lässt.

2.2. Das Deo im Shirt

Eine recht junge Entwicklung ist die antimikrobielle Ausrüstung. Sie kann Kleidung länger frisch halten, vor Bakterienbildung und Verfärbung schützen und die Qualität der Fasern über einen längeren Zeitraum hinweg halten. Hauptprodukte für antimikrobielle Ausrüstungen sind Sportsocken, Laufschuheinlagen, Sitzpolster in Bike-Hosen oder Sportwäsche.

„Amicor" von *Acordis* weist zum Beispiel innen liegende Faserkanäle mit bakterien- und pilzhemmenden Substanzen mit „Aprilduft" auf, der 200 Wäschen überleben soll. *Ploucquet* lagert mit Aromastoffen gefüllte Mikrokapseln in eine dünne rückseitige Beschichtung des Oberstoffes. Diese brechen bei Bewegung auf und hüllen den Träger in eine Duftwolke. Die Dosierung ist je nach Einsatzgebiet variabel, allerdings verbraucht sich die Duftessenz nach sechs Wäschen. *Fourline* zeigt ein atmungsaktives Innenfutter (z. B. für Hosen), das unangenehme Gerüche absorbiert und bis 60° C waschbar ist. Einsatzgebiet ist hier weniger der Activesport-Bereich, vielmehr Sports- und Leisurewear. Hauchdünn um Fasern geschichtet oder als mikrofeiner, mitlaufender Faden in Geweben, bei Fleece oder Maschenware hat auch Silber antibakterielle, antistatische, den Feuchtigkeitstransport steigernde und wärmeleitende bzw. kühlende Eigenschaften. Die Silberfaser **„X-Static"** von Nobel Fibres (vermarktet von *DuPont*) verarbeitet Eschler, Bühler/CH, zu einem leichten, einflächigen Maschenstoff. Dem Schweißgeruch in Sportwäsche rückt *Odlo*, mit mikroskopisch kleinen Silberionen, die in die Faser (**„Effect"**) eingearbei-

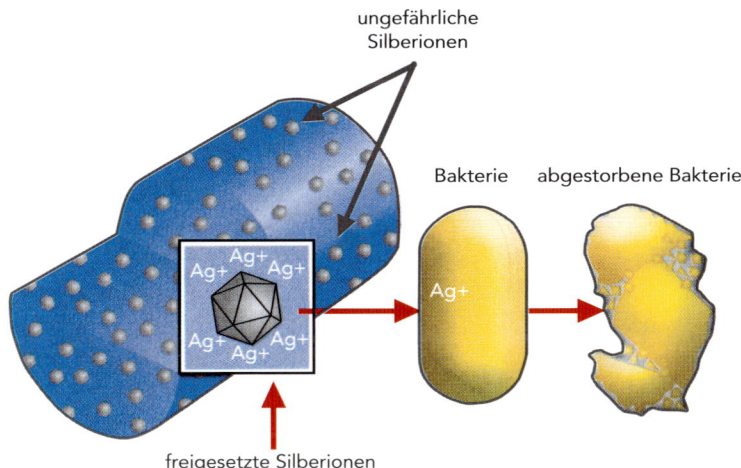

Abb. 5: Effect by Odlo, Verhinderung von Bakterienbildung

145

tet werden, zu Leibe. Das Silber greift in den Organismus der Bakterien ein und schädigt ihre Zellphysiologie. Die Bakterien sterben ab und können somit keine Ausscheidungsprodukte mehr abgeben, die für den unangenehmen Geruch verantwortlich sind.

Hydrophile (Wasser anziehende) und hydrophobe (Wasser abstoßende) Eigenschaften mit einer antibakteriellen Ausrüstung kom-

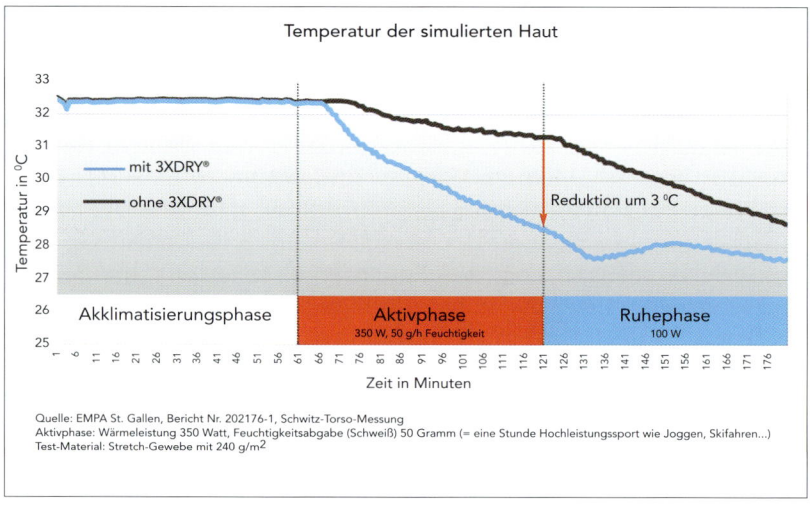

Abb. 6: Schoeller® 3XDry® im Test

biniert **„3XDry"** von *Schoeller*, Sevelen/CH, das auf verschiedene Stretch- und Jersey-Qualitäten aufgetragen werden kann, ohne Atmungsaktivität und Elastizität zu beeinflussen. Der beim Schwitzen entstehende Wasserdampf wird dabei an die Gewebefläche geleitet, wo sich die Feuchtigkeit großflächig verteilt und deshalb schnell verdunstet. Parallel dazu perlt Witterungsfeuchtigkeit außen ab, während die antibakterielle Ausrüstung das Vermehren der Geruchsbakterien reduziert. Ebenfalls der Vermehrung von Bakterien entgegen wirkt **„Trevira bioactiv"**, indem die antibakteriellen Zusätze direkt in die Faser eingebaut sind. „Trevira bioactive" unterscheidet sich nicht von anderen PES-Fasern.

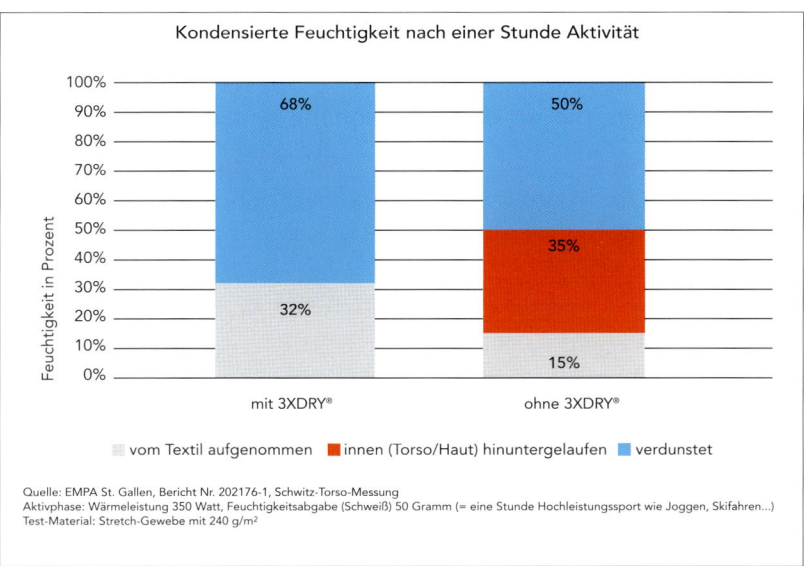

Abb. 7: Schoeller® 3XDry® im Test

2.3. Membran- und Laminatsysteme

Durch Schwitzen schützt sich der menschliche Körper vor Überhitzung. Verbleibt ein Großteil dieser Flüssigkeit körpernah in der Bekleidung, erhöht sich das Auskühlrisiko. Auskühlen beim Sport kann Leistungsabfall bedeuten und sich sogar gesundheitsbeeinträchtigend auswirken. Membransysteme (z.B. in Outdoorjacken) übernehmen gleichzeitig Wetterschutz und Klimaausgleich. Sie haben die Aufgabe, die innen entstandene Körperfeuchtigkeit rasch nach außen zu transportieren und gleichzeitig Wetterschutz zu sein. Funktionieren kann das natürlich nur, wenn auch die darunter getragenen Schichten mitspielen und den Schweiß von der Haut weg weiterleiten. Denn Feuchtigkeit ist unangenehm auf der Haut und lässt den Körper auskühlen.

Vorreiterrolle in der Membrantechnologie haben das amerikanische Unternehmen *W. L. Gore & Associates*, D-Sitz Feldkirchen-Westerham, und *Sympatex Technologies* in Wuppertal übernommen. Beide bieten je nach Einsatzgebiet 2- und 3-Lagen-Laminate an, die sich hinsichtlich Atmungsaktivität und Feuchtigkeitstransport steigern.

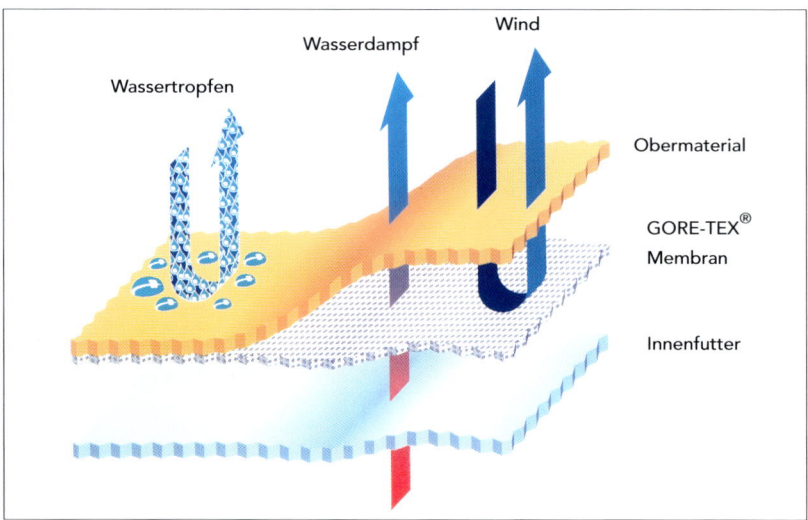

Abb. 8: Ein Wassertropfen ist rund 20.000-mal größer als eine Pore der hauchdünnen Gore-Tex®-Membran

Was heißt Atmungsaktivität? Das Forschungsinstitut Hohenstein[1] hat eine Methode für die Messung von **Atmungsaktivität** entwickelt, die sich mit dem so genannten Ret-Wert beziffern lässt. Gemessen wird der Wasserdampf-Durchgangswiderstand von Bekleidung. Je geringer der Widerstand, desto besser atmet das Material. Ret-Werte unter 6 gelten als sehr gut, unter 13 als gut. Werte über 20 können nicht als atmungsaktiv bezeichnet werden (vgl. Beitrag Umbach, S. 43 ff.).

Die neueste Entwicklung von Sympatex nennt sich **„High2Out"**, eine Membran, bei der Schweiß sowohl in Form von Wasserdampf als auch in flüssiger Form nach außen gelangt. Mit **„X-Pand"**, einem bi-elastischen Laminat, überwanden die Wuppertaler die Problematik, Laminate elastisch zu bekommen, ohne an Strapazierfähigkeit, Reiß- und Abriebfestigkeit zu verlieren. Um ein Vielfaches atmungsaktiver als herkömmliche Gore-Tex-Produkte ist **„Gore XCR"**, das von zahlreichen Bergsport-, Outdoor- und Snowsportbekleidungs-Herstellern verarbeitet wird.

---

[1] Bekleidungsphysiologisches Institut Hohenstein e.V., Schloß Hohenstein, 74357 Bönnigheim

Abb. 9: Bikerjacke, TransActive

„TransActive" heißt ein Membransystem des Outdoorbekleidungs-Anbieters *Vaude*, Tettnang, das Schweiß nicht nur als Dampf, sondern auch in flüssiger Form vom Körper weg transportiert. Es besteht aus drei Schichten: Die der Haut zugewandte hydrophile (Wasser anziehende) Schicht saugt die Feuchtigkeit auf, verteilt sie großflächig und gibt sie an die mittlere Lage weiter. Diese besteht aus Wasser abweisenden sowie Wasser anziehenden Elementen, vergleichbar mit einer Ziegelmauer, deren Wasser abweisende (hydrophobe) Ziegel das Wasser wegdrücken, während der Mörtel dazwischen hydrophil agiert und an die oberste Schicht weiterleitet. Diese lässt die Feuchtigkeit verdunsten, gibt aber weder Wind noch Wasser die Chance von außen hereinzukommen. Vaude setzt „TransActive" gezielt an den Stellen ein, wo der Mensch am stärksten schwitzt, wie zum Beispiel im Rumpf- und Ärmelbereich bei Jacken.

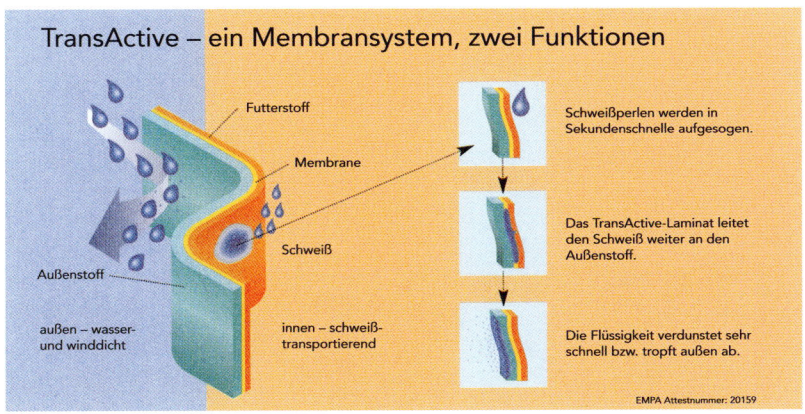

Abb. 10: TransActive-Membransystem

149

2.4. Windstopper

Schutz vor Wind, beim Laufen, Biken, Langlaufen o. a., das können so genannte **Windstopper** oder Windblocker, die es in Kombination mit Stretch-Materialien, als Sandwich-Konstruktion mit leichtem Fleece oder auch in Wolle plus Windstopper (Bsp. *Salewa*) gibt.

Den Markt revolutionierte Gore mit dem Windstopper-Laminat **„Next to Skin"**, das direkt auf der Haut getragen werden kann, was bislang bei Laminaten nicht möglich war. Speziell im Bike-Bereich besteht Bedarf nach solchen Produkten, die ein ständiges An- und Ausziehen in Übergangsjahreszeiten und bei wechselnden Wettersituationen vermeiden können. Trikots aus dem Material bieten beispielsweise *Salewa*, *Jack Wolfskin*, *The North Face*, Funktionshosen gibt es von *Haglöfs*.

Abb. 11: Performance-Modelle, North Face

2.5. Isolation

„Airvantage" heißt ein Thermo-Isolations-System von *Gore*, das der Träger selbst durch Aufblasen oder Luftablassen regu-

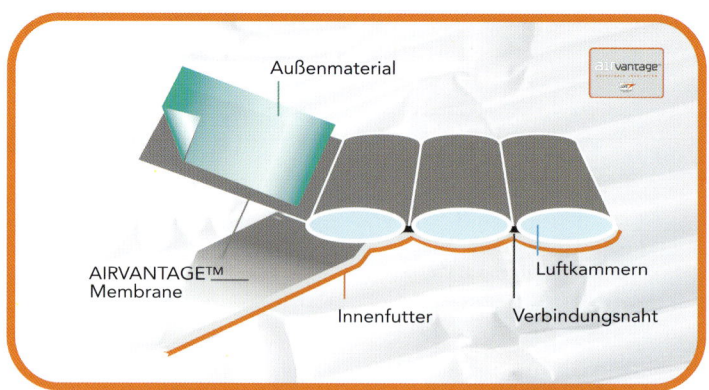

Abb. 12: Gore-Tex®-Airvantage™-Membran, Gore

lieren kann. Es handelt sich dabei um ein zwischen zwei luftdichten, atmungsaktiven Laminaten liegendes Luftkammer-System in Westenform, zu bedienen über ein am Kragen angebrachtes Ventil. Selbst bei komplett gefüllten Kammern ist eine mit „Airvantage" ausgestattete Jacke nicht voluminöser als eine herkömmliche Daunenjacke. Als Weste oder Jackenfutter wird das System von *Escada Sport*, *Schöffel* und *Peak Performance* u. a. verarbeitet.

Abb. 13: AIRVANTAGE™-Jacke von Gore mit individuell einstellbarer Thermoisolation durch aufblasbare Luftkammern

Isolationsstoffe mit daunenähnlicher Funktion stellt das amerikanische Unternehmen *Albany International Corporation* her. Die Mikrofaserstruktur des Polyester-Isolierungsfleece „PrimaLoft" behält auch in nassem Zustand ihre wärmende Funktion. **„PrimaDown"** ist die Mischung aus PrimaLoft und echten Daunen.

Die temperaturregulierende Technologie **„Outlast"** kann in viele Materialien integriert werden, vom Handschuh bis zur Hose. Das Geheimnis sind Mikrokapseln, die ihren Zustand von fest in flüssig und umgekehrt verändern können. Dadurch nehmen sie überschüssige Körperwärme auf und geben diese bei Bedarf wieder ab, wenn der Körper auskühlt.

2.6. UV-Schutz

UV-Schutz ist für alle Sportarten, die im Freien stattfinden, eine vernünftige Sache, die jedoch leider noch zu wenig realisiert wird. UV-Schutz in Sporttextilien erzielen die Stoffhersteller mit speziellen Webarten, zum Beispiel durch Faserverwirbelung wie bei **Evolon** von *Freudenberg* in Weinheim, oder durch Ausrüstungen. Dabei gibt es die Möglichkeit, spezielle Partikel bereits in der Vorstufe oder beim Spinnprozess in die Faser zu integrieren oder das Material nachträglich mit speziellen Ausrüstungen, die UV-Strahlen blocken, auszustatten (siehe Seite 181).

2.7. Imprägnierung

„NanoSphere" heißt ein Schmutz und Wasser abweisendes Ausrüstungsverfahren, das sich *Schoeller*, Sevelen/CH, von der Natur abgeschaut hat: Manche Pflanzenblätter und Insektenflügel bleiben sauber, weil Schmutzteilchen auf ihrer strukturierten Oberfläche so schlecht haften, dass schon leichter Regen sie fortspült. Übertragen wurde das Prinzip (Lotus-Effekt – siehe Seite 31) auf Textilien, indem eine dreidimensionale Oberflächenstruktur angelegt wurde, auf der Schmutzpartikel keine Haftung mehr finden. Der japanische Stoffhersteller *Toray* mit Deutschland-Sitz in Neu-Isenburg kombiniert Beschichtung und Laminat. **Entrant HB** verfügt über hohe Wasserdichtigkeit bei guten Atmungswerten. Neu sind mikroporöse Keramik-Beschichtungen mit textilem Griff.

2.8. Abriebfestigkeit

Seit über 20 Jahren hat *Schoeller*, Sevelen/CH, **Keyprotec** im Programm. Ursprünglich für den Motorradsport entwickelt, hat es inzwischen einen festen Platz als Schutzgewebe im Extrem- und Aktivsport. Neu sind längselastische Keyprotec-Gewebe für mehr Bewegungsfreiheit und Formbeständigkeit durch gute Rücksprungkraft, die das reiß- und abriebfeste Material (kein Panzer mehr!) auch für die Designer von Sportfashion interessant machen.

Als Verstärkungen für Snowboard-, Ski- oder Bergsportbekleidung wird das strapazierfähige **Cordura** von *DuPont* eingesetzt, dessen Abriebfestigkeit zweimal besser ist als die von Standard-Nylon, dreimal besser als die von Polyester und bis zu 14-mal besser als die von Baumwoll-Geweben. 1964 auf den Markt gekommen hatte sich

Cordura zunächst einen Namen als Verstärkungsmaterial für Auto-reifen, Schläuche und Treibriemen gemacht. Später kamen techni-sche Gewebe hinzu. Mit der Garnfärbung wird es seit den späten 70er Jahren für Soft-Reisegepäck, Schuhe, Rucksäcke und Schutz-bekleidung verarbeitet. Heute umfasst die *Cordura*-Palette auch leichte, weiche Stoffe mit Naturgarn-Optik. Die robusten Eigen-schaften blieben erhalten. Im Mix mit Lycra wird es leicht und elas-tisch auch in Bergsport-Pants eingesetzt.

3. Der textile Mehrwert

Tragekomfort, Elastizität, Pflegeleichtigkeit, Atmungsaktivität und Klimaausgleich liegen bei den Verkaufsargumenten ganz vorne. Was bei Sporttextilien bereits serienmäßig ist, überträgt sich auch auf die anderen Textilbereiche. Das Fachmagazin *TextilWirtschaft* führte schon im Jahr 2001 eine Umfrage bei 417 Händlern aller Genre- und Größenklassen zum Thema „Fashion and Function" durch. Ergebnis: 77 % behaupten, dass sich Sportbekleidung ohne Funktion bald gar nicht mehr verkaufen lässt. Für 58 % der Befragten aus Sport-Fach-geschäften und Outdoor-Abteilungen ist die Funktion ein stärkeres

Verkaufsargument als die Mode (weitere Details siehe Beitrag Gottbrath, S. 155 ff.). Für den Handel ist der Bekanntheitsgrad funktioneller Fasern und Stoffe entscheidend. Ein wichtiges Ver-kaufsargument sind nach wie vor die Labels und Hangtags der Funktions-Stoff- oder Faser-Her-steller. Aber Vorsicht! Bei allem Erkennungswert der Labels blei-ben funktionelle Materialien im-mer beratungsintensiv. So gut die geschriebenen und veran-schaulichten Erklärungen auch sind, so muss sie nicht jeder Kunde verstehen. Beispiel Lycra: Viele Konsumenten wissen, dass es sich bei Lycra um ein Marken-produkt handelt, nicht jeder Kunde jedoch weiß, dass Lycra

Abb. 14: Bike sportiv Regen-schutz, Gonso

nur als elastische Faser-Beimischung mit unterschiedlichem Anteil verarbeitet wird. Nicht selten hört man den Satz: „Das ist ja ein Teil aus Lycra", was so natürlich nicht zutreffend ist.

4. Cross Dressing

Funktionelle Textilien werden vermehrt mit modischen Teilen gemischt getragen, multifunktionell einsetzbare Sportbekleidung gewinnt und funktionelle Materialien halten immer mehr Einzug in die

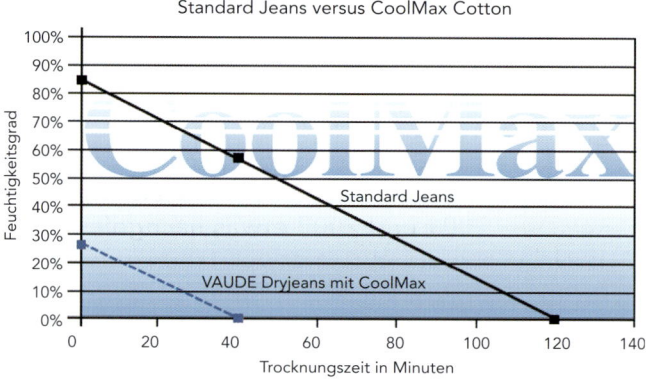

Abb.15: Trocknungszeit Vaude-Dryjeans

Welt der Sportmode. *Vaude* beispielsweise bietet Funktions-Denim und -Cord-Qualitäten auf CoolMax-Basis. Im Sport sind auch weiterhin Marken und generationsübergreifende Brands mit Sport-Know-how gefragt, die eine Historie aufweisen können. Neben den großen Sportartikel-Anbietern, die sowohl im Competition- als auch Sportmode-Bereich mit funktionellen Materialien arbeiten, haben die reinen Funktionsanbieter hinsichtlich ihres Bekanntheitsgrades aufgeholt.

Abb. 16: Dryjeans, Vaude

Outdoorbekleidung

Till Gottbrath

Sich in der Natur zu bewegen macht einfach mehr Spaß, wenn man dabei die richtige Kleidung trägt. Outdoorbekleidung ist ein Wachstumsmarkt, nicht zuletzt deshalb, weil unter „Outdoor" ein weites Spektrum an Aktivitäten fällt. Es reicht vom klassischen Wandern über Travel bis hin zu Trekking, Bergsteigen und Expeditionen. Gerade Wandern ist wieder in. Laut einer Untersuchung der Uni Marburg wandern über 45 Prozent der Deutschen regelmäßig und die Tendenz ist steigend. Nur die wenigsten sind echte Sportwanderer (15 %). Die Mehrzahl sind „Naturgenießer" (75 %) oder „Entdecker (25 %). Alles potenzielle Kunden für modische Outdoorbekleidung. Und auch wenn die Reiselust 2001 und 2002 etwas nachgelassen hat, so befindet sie sich doch auf einem hohen Niveau. Hinzu kommt die lifestyle-orientierte Outdoorkleidung für die Freizeit – eigentlich ohne echte Notwendigkeit für „Funktion", aber durch den potenziellen Zusatznutzen „Funktion" sehr erfolgreich. Leicht, luftig, atmungsaktiv, schnell trocknend, reiß- und scheuerfest, antibakteriell, wind- und wasserdicht sind Eigenschaften, die mittlerweile bei der Outdoorbekleidung Standard geworden sind. Relativ neue Technologien sind hingegen aktive Wärmeregulierung, UV-Schutz, der Einsatz von Silber, die Nanotechnologie sowie die verbesserten Permanenzen diverser Ausrüstungen. Durch neue Komponenten entstehen außerdem Innovationen wie die Softshells, denen viele Branchen-Insider ein großes Zukunftspotenzial attestieren.

Doch Wunderdinge sind von Funktionskleidung nicht zu erwarten. Sie kann jedenfalls nicht verhindern, dass der Mensch schwitzt. Aber die Kleidung sorgt dafür, dass der Schweiß durch ein optimales Feuchtemanagement schnell von der Haut weg transportiert wird, durch das Textil diffundiert und sich so ein angenehmes Tragegefühl einstellt, auch bei wechselnden Temperaturen und Wetterverhältnissen. Damit bleibt man leistungsfähiger und auch extreme Touren werden nicht zur Tortur. Wesentlichen Anteil daran hat die Entwicklung des Zwiebelprinzips, das – richtig angewendet – optimalen Tragekomfort gewährleistet.

Das Zwiebelprinzip – Die textile Klimaanlage und ihre Bauteile

Mit Zwiebelprinzip (Layering System, Mehrschichtenprinzip, Lagen-System, Body Climate Control System) ist immer ein Bekleidungssystem ge-meint, das aus mehreren Bekleidungsschichten be-steht, die zusammen ein Funktionssystem darstel-len. Motto: Mehrere ein-zelne Lagen bedeuten mehr Flexibilität. Wichtig: Man muss das Zwiebel-system als Kette von fein aufeinander abgestimm-ten Komponenten be-trachten. Fällt ein Glied in der Kette aus, nützen die anderen auch nichts mehr. Beispiel: Ein Baumwoll-T-Shirt unter eine Gore-Tex-Jacke.

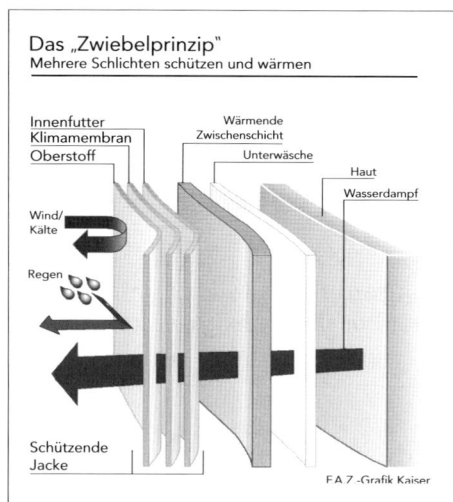

Abb.1: Zwiebelprinzip, Grafik F.A.Z.

Das Zwiebelprinzip hat das Ziel, seinen Benutzer optimal vor Wind und Wetter, sei es gut oder schlecht, zu schützen und die maximale Leistungsfähigkeit des Organismus sicherzustellen. Man könnte also sagen, es ist der Versuch, Bekleidung zu produ-zieren, die etwa so funktioniert wie eine Klimaanlage: wärmend, wenn es kalt ist, kühlend, wenn es warm ist. Es wäre ein wahrlich Wunderding, wenn es tatsächlich funktionierte – und es klappt erfreulich gut.

Das Zwiebelprinzip umfasst grundsätzlich drei Schichten:

1. **Schicht: Unterwäsche (Base Layer)**
2. **Schicht: Wärmeschicht (Warmth Layer)**
3. **Schicht: Schutz vor Wind und Wetter (Outer Shell)**

Diese Unterscheidung besagt aber nicht, dass man auch immer diese drei Lagen benutzen müsste bzw. dass es immer genau

drei Lagen sein müssen. Ist es warm genug, kann ein Funktions-T-Shirt auch die einzige Lage sein, die man trägt. Oder die Wärmeschicht kann auch aus zwei Lagen Fleece bestehen. Denn genau diese Flexibilität macht das System so vielseitig.

Abb. 2: Bekleidungssystem, Gore-Tex

1 Erste Lage: Funktionswäsche

Die unterste Lage soll für ein **angenehmes Mikroklima** auf der Haut sorgen, d.h., sie soll Schweiß und Feuchtigkeit kontrolliert von der Hautoberfläche abtransportieren, damit das Schwitzen zwar für eine Kühlung des Körpers sorgt, die Feuchtigkeit sich aber nicht nass und klamm in der Unterwäsche aufstaut. Man benutzt hier folglich Fasern, die einen guten Feuchtetransport haben ("Wicking") und selbst nur wenig Feuchtigkeit aufnehmen. Sie trocknen deshalb sehr schnell. Baumwolle eignet sich dafür absolut nicht. Man verwendet Kunstfasern wie Polyester (PES), Polyamid (PA), Polypropylen (PP) oder seltener Polyacryl (PAC).

Damit der Feuchtetransport gut funktioniert, gibt es drei Technologien, die auch in der Kombination verwendet werden können:

a) Die Fasern bekommen einen bestimmten **Querschnitt** (z.B. wie bei *DuPont Coolmax*), um durch die große Oberfläche für einen guten Kapillareffekt zu sorgen.

b) Die Fasern werden **hydrophil ausgerüstet** (Wasser anziehend). Problem: Das Finish wäscht sich mit der Zeit heraus.

c) Bei zweiflächigen Maschenwaren sorgen feinere Fasern auf der Außenseite und etwas dickere auf der Innenseite für ein **Kapillargefälle**. Hier funktioniert der Feuchtetransport dauerhaft und kann sich nicht herauswaschen.

Ob Unterwäsche wirklich funktioniert, entscheidet neben Material und Konstruktion auch der **Schnitt**. Nur wenn Hose und Oberteil wirklich auf der Haut anliegen, ist der optimale Feuchtigkeitstransport gewährleistet. Viele Hersteller von Funktionsunterwäsche schneidern die dröge Unterwäsche etwas weiter, geben ihr noch so etwas wie Design – und haben so Funktions-T-Shirts kreiert. Keine Frage, diese sind funktioneller als normale Baumwoll-Shirts. Doch sie transportieren den Schweiß nicht so gut ab wie eng anliegende Teile. Er kullert als Tropfen am Körper entlang. Man kann eben nicht beides haben: Lässiger Look und volle Funktion schließen einander aus.

Abb. 4: Wäsche Termic-Seamless, Odlo

Abb. 3: Feinripp-Funktionswäsche, Con-ta

Egal ob Polyester, Polyamid, Polyacryl, Polyethylen oder eine andere synthetische Faser für Funktionswäsche verwendet werden – alle Materialien haben den Nachteil, dass durch Schwitzen früher oder später eine Geruchsentwicklung entsteht. Um dies zu verhindern, werden neuerdings antibakterielle und antimikrobielle Ausrüstungen eingesetzt. Einige davon sind gesundheitlich nicht völlig unbedenklich (Wirkstoff Trichlosan) – die Experten streiten.

Absolut unbedenklich und haltbar sind hingegen Stoffe, die mit Silber veredelt werden. Schon die Römer warfen Silbermünzen in ihre Amphoren, damit das Wasser nicht schlecht wurde. Und auch wir, die „Outdoorer", entkeimen und konservieren Wasser schon seit langem mit Silber. In Stoffen wird es entweder in die Faser „eingebaut" oder als superdünner Faden mit versponnen. Das erste Produkt dieser Art war *X-Static* von *Noble Fibers*. Unterwäschestoffe mit X-Static bieten z.B. *Eschler, Malden Mills* mit *Polartec Power Dry* oder *Cloverbrook* an. Mittlerweile gibt es noch eine Reihe weiterer Hersteller mit „Silber-Stoffen", z.B. *Nylstar* mit *Meryl Skinlife*. Die Wirkung ist in allen Fällen dieselbe: Silber stoppt die Vermehrung von Bakterien. Viele Outdoor-Profis berichten von sehr positiven Erfahrungen und zahlen die Mehrkosten für silberhaltige Wäsche gerne.

Auf eine Eigenschaft der Funktionsunterwäschen muss man den Verbraucher auch noch hinweisen: Fast alle Waren neigen früher oder später zu einem gewissen Pilling (einzelne Fasern lösen sich aus dem Material und bilden auf der Materialoberfläche kleine Knötchen). Das sieht zwar nicht so schön aus, hat allerdings auf die Funktionalität glücklicherweise nur wenig Einfluss.

Fünf Tipps für die erste Schicht

1. Eng anliegende Teile sorgen für beste Funktion.
2. Elastische Materialien schränken die Beweglichkeit nicht ein.
3. Flachnähte verhindern Druckstellen. Noch besser sind nahtlose Konstruktionen.
4. Auf praxistauglichen Schnitt achten: Ärmel und Hosenbeine sollten nicht zu kurz, die Rückenpartie länger geschnitten sein.
5. Oft waschen! Gut für die Funktion.

2 Zweite Lage: Wärmeschicht/Fleece

Die zweite Schicht ist hauptsächlich für die Isolation verantwortlich, den Schutz gegen Kälte. Früher erledigte diese Aufgabe der Wollpulli. Heute besteht die mittlere Lage fast immer aus Fleece. Fleece ist ein Gewirk aus Polyester-Fasern. Gegenüber einem Wollpullover hat es viele Vorteile: Es ist leichter, absolut formbeständig (auch bei Nässe), trocknet viel schneller, kann

Abb. 5: Fleece mit 3XDry, Vaude

159

problemlos gewaschen und geschleudert werden, kratzt so gut wie niemanden und bietet ein unheimlich angenehmes und kuscheliges Tragegefühl. Fleece hat eigentlich nur zwei kleine Nachteile. Das Material lädt sich statisch auf und erhält bei Funkenflug (z.B. am Lagerfeuer) schnell mal ein Brandloch.

Abb. 6: Outdoor Fleece, Odlo

Vor rund zehn Jahren boomte der Fleece-Markt in deutsch sprechenden Landen. Nicht mehr nur die Outdoor-Fachgeschäfte, sondern jedes Sporthaus, jeder Modeladen, ja sogar viele Lebensmittel-Discounter und Baumärkte lockten plötzlich mit der warmen Ware und mit noch heißeren Preisen. Was beim Spezialisten für damals 200 Mark auf dem Ständer hing, lag plötzlich zum halben Preis oder noch weniger auf dem Grabbeltisch – bei identischer Optik. Wie das?

Der Unterschied lag und liegt in der Qualität. Bei der Produktion von Fleece werden zunächst kleine Schlingen „eingebaut", die anschließend mechanisch „geöffnet" werden. Es entsteht ein Flor wie bei einem Teppich. Wer sich das mal praktisch vorstellt, kann zu dem Schluss kommen, dass dadurch die einzelne Faser leicht aus dem Stoff „herausgehen" könnte. Genau das geschieht tatsächlich – bei Billig-Fleece. Es kommt zu Pilling (s.o.) und sieht sehr hässlich aus. Bei der nächsten Stufe verschwindet der Flor gänzlich.

Bei Markenware von Qualitätsherstellern kommt das nicht vor. Das haben mittlerweile auch die Verbraucher gemerkt, und die Nachfrage nach Qualitäts-Fleece von Markenherstellern wie *Malden Mills (Polartec), Eschler (Husky)* oder *Pontetorto (Tecnopile)* steigt. Es behält über lange Zeit seine Gebrauchseigenschaften und seine Optik. Es kommt allenfalls zu so genannter „Verlammung". Die Fleece-Oberfläche erinnert an ein Schaffell. Das kann gut aussehen und durchaus wünschenswert sein.

Bei der Herstellung kann man Fleece sehr unterschiedlich gestalten und es so für unterschiedliche Anwendungszwecke optimieren. Man kann es verschieden dick machen, nur einen einseitigen Flor „einbauen", den Flor innen und außen verschieden lang scheren, es dichter stricken (winddichter, aber auch weniger elastisch) oder auch ein wenig Elastan beimischen und dadurch elastischer machen. Auch Fleece trägt man – wie schon die erste Schicht – bei entsprechenden Wetterverhältnissen als Außenschicht.

Ein Sonderfall sind *Malden Mills Polartec Windbloc*- sowie *Gore Windstopper*-Fleeceteile. Bei diesen Produkten wird Fleece mit einer winddichten Schicht (bei Gore aus PTFE, bei Malden Mills aus PU) kombiniert. Von außen sieht ein solches Teil wie eine ganze normale Fleecejacke aus, von innen besteht es je nach Version auch aus Fleece oder aus einem dünnen Futter-Mesh und dazwischen versteckt befindet sich der Windbreaker. Alle drei Lagen sind fest miteinander verbunden. Dafür sind sie jedoch immer noch sehr weich und kuschelig und in ihren leichtesten Versionen tatsächlich sehr leicht. Beide Produkte funktionieren gut (sie sind wirklich absolut winddicht). Malden bietet außerdem noch *Windbloc ACT* an, das etwa 3 % des Windes durchlässt.

Polartec WindPro ist ein Material, das nicht 100 % winddicht ist, aber einen recht guten Schutz bietet, obwohl es ohne Membran auskommt. Bei normalen Verhältnissen kann das eine herausragende Alternative sein.

Neun Tipps für die zweite Schicht

1. Enge Schnitte (die jedoch die Bewegungsfreiheit nicht einengen) sind funktioneller.
2. Elastisches Fleece („Stretch") ermöglicht besonders große Bewegungsfreiheit.
3. Es sollte darauf geachtet werden, dass Fleece möglichst „pur" verarbeitet ist, vor allem ohne Baumwollapplikationen oder Bündchen (wegen langer Trocknungszeit).
4. Praxistauglicher Schnitt: Oberteil: Ärmel und Hosenbeine nicht zu kurz, am Rücken etwas länger.
5. „Links herum" waschen.
6. Gut geschnittene Kragen liegen eng an, fühlen sich jedoch nie einengend an.
7. Bei winddichten Fleece-Teilen besonders darauf achten, dass man Ärmelbündchen, Kragen und Bund eng zuziehen, aber

auch ausreichend weit öffnen kann; Windschutzleiste unter dem Reißverschluss darf nicht fehlen; Unterarmbelüftung ist wünschenswert.

8. Einfacher Qualitätstest: Zwei Fleece-Oberflächen gegeneinander reiben. Bei guter Qualität sollte sich die Oberfläche optisch kaum verändern.

9. Billigware ist ihr Geld nur selten wert.

3 Dritte Lage: Wind- und Wetterschutz

Die äußerste Schicht schützt vor Wind und Wetter. Zum Glück sind die Zeiten von Friesennerz und dem gummierten Klepper-Mantel seit einer Weile vorbei. Und damit auch das Garen im eigenen

Abb. 7: Parka-Varianten, Columbia Sportwear

Saft. Denn all die modernen „XY-Texe" vollbringen – mehr oder weniger erfolgreich – das Wunderding, gleichzeitig absolut wind- und wasserdicht zu sein und dabei aber auch noch atmungsaktiv, also wasserdampfdurchlässig. Diese Materialien werden deshalb auch einfach WWAs genannt.

Man unterscheidet zwei Funktionsprinzipien:

1. In mikroporösen Materialien befinden sich mikroskopisch große Öffnungen (Poren). Sie sind groß genug, damit Wasser in

Form von Wasserdampf passieren kann, jedoch klein genug, um Wasser in flüssiger Form draußen zu halten.

2. Kompakte („solide") Materialien sind Beschichtungen oder Membranen ohne „Löcher". Sie transportieren die Wasserdampfmoleküle auf elektrochemischem Weg weiter. Die Moleküle hangeln sich sozusagen durch das wasserdichte Material. Das Material selbst nimmt Feuchtigkeit auf.

Egal, um welches System es sich handelt, es muss eine treibende Kraft geben, damit sich die Wasserdampfmoleküle (sie entstehen beim Schwitzen) in Bewegung setzen. Das hat etwas mit Physik zu tun: Die Kraft entsteht durch ein Temperaturgefälle und einen unterschiedlichen Dampfdruck zwischen den beiden Seiten des Materials. Besteht dies nicht, gibt es auch keinen Wasserdampfdurchgang mehr (z.B. Beispiel im tropischen Regenwald: es ist innen wie außen feucht und warm).

Abb. 8: Seglerkleidung aus Polartec®Wind Pro®, Henri Lloyd

3.1 Membranen und Beschichtungen

Grundsätzlich gibt es zwei unterschiedliche Techniken für die Herstellung der „Wundermaterialien": Membranen (manchmal auch Filme genannt) und Beschichtungen. **Membranen** werden zunächst „solo" hergestellt und dann flächig auf ein Gewebe geklebt („laminiert"). **Beschichtungen** bringt man direkt auf den Oberstoff auf (= das, was man von einer Jacke tatsächlich außen sieht) . Beide Wege führen, so zeigt die Praxis, zum Ziel, wenn man es nur richtig macht.

Die beiden wichtigsten Vertreter der Membranen sind *Gore-Tex* (eine mikroporöse ePTFE-Membran von W.L. Gore) und *Sympatex* (eine kompakte Polyester-Membran von *Sympatex Technologies*). Beide Hersteller bieten ihr Produkt in einer Vielzahl unterschiedlicher Varianten an. Weitere Hersteller und Namen: *Burlington (Xalt), Tomen (Gelanots), Unitika (Exceltech)*.

Bei den Beschichtungen gibt es eine Unzahl verschiedener Produkte und Hersteller, die dann auch noch unter verschiedenen Markennamen erhältlich sind. Beispiel: *Entrant* (eine mikroporöse PU-Beschichtung von der japanischen Firma *Toray*) gibt es auch unter den Namen *MPC*, *H2No*, *Texapore* oder *Micropor*.

3.2 Die Verarbeitungsweisen

Neben der ausgeklügelten Konstruktion des „Tex" selbst entscheiden noch zwei weitere Kriterien über die Tauglichkeit eines WWA: die Art der Verarbeitung und die Beschaffenheit des Oberstoffs.

Bei der Verarbeitung unterscheidet man

- **Z-Liner**: Das WWA wird auf ein dünnes Trägervlies laminiert und hängt lose zwischen Ober- und Futterstoff. Vorteile: große Freiheit für den Designer, je nach Oberstoff weich im Griff, billig in der Produktion. Nachteile: schlechte Haltbarkeit, funktioniert eher mäßig.
- **Futterstoff- oder LTD-Liner**: Das WWA ist auf den Futterstoff laminiert, der lose unter dem Oberstoff hängt. Vorteile: große Freiheit für den Designer, je nach Oberstoff weich im Griff, billig in der Produktion. Nachteile: mäßige Haltbarkeit und Funktion.
- **Zweilagen-Laminat**: Das WWA ist auf den Oberstoff laminiert, Futter hängt lose drin. Vorteile: sehr guter Wasserdampfdurchgang, noch nicht zu steif. Nachteile: aufwändig in der Produktion und deshalb teuer.
- **Dreilagen-Laminat**: Das WWA ist zwischen Ober- und Futterstoff laminiert. Vorteile: robust und dauerhaft. Nachteile: relativ steif, geringfügig schlechterer Wasserdampfdurchgang.

Welche Art der Verarbeitung man vorzieht, hängt immer vom Anwendungszweck ab. Wer aber häufiger mit dem Rucksack oder bei schlechtem Wetter unterwegs ist, sollte die beiden Liner auf jeden Fall vergessen.

3.3 Verwendete Obermaterialien

Für die Oberstoffe verwendet man heute hauptsächlich Gewebe aus den synthetischen Fasern Polyamid (PA) und Polyester (PES). In wenigen Ausnahmen auch Baumwolle oder PES-Baumwoll-Mischgewebe, die aber im funktionellen Bereich nur Nachteile bringen. Zum Glück sind die Zeiten des Nyltest-Hemds vorbei, und durch spezielle Behandlung (Fachausdruck „texturieren") bekommen auch Kunstfasern einen angenehmen Griff. Der wesentliche Unterschied zwischen Polyamid und Polyester: PA ist reiß- und abriebfester (Anwendungsgebiet vor allem Rucksacktouren und überall, wo das Material mechanisch belastet wird). PES ist etwas preisgünstiger, besser recycelbar, lässt sich leichter färben und bleicht so gut wie nicht aus (Anwendungsgebiet: alle „sten" ESoft"-Einsätze). Im Übrigen gilt das schlichte Motto: je fester das Gewebe, desto robuster, aber auch schwerer. Ausgeklügelte Teile kombinieren deshalb leichte Oberstoffe (dort, wo kein Stress für das Material besteht) mit festen (an Schultern, Ellenbogen, Knie, Gesäß, Innenseite der Hosenbeine).

Noch ein Tipp für alle, die Wert auf Funktionalität legen: Stoffige Gewebe verkaufen sich immer besser als glatte, eher plastikartige Materialien. Sie sind beim Anfassen einfach sympathischer, stoffig und weich. Deshalb verwenden die Hersteller sie besonders gern. Es ist aber kein Zufall, dass Segel- oder Paddelbekleidung fast immer aus eher glatten Geweben hergestellt werden: Solche Oberflächen weisen Wasser von sich aus besser ab, vor allem langfristig.

3.4 Wasser abweisende Eigenschaften

Zwar werden alle Oberstoffe in der Produktion mit einer sog. Wasser abweisenden Ausrüstung versehen (d.h., der Stoff wird mit stark Wasser abstoßenden Fluorcarbonharzen versehen), doch kann man diese Ausrüstungen leider nicht wirklich dauerhaft nennen. Nach spätestens drei Wäschen oder zwei Wochen mit dem Rucksack auf dem Buckel haben sie sich scheinbar in Luft aufgelöst, und bei Regen sieht es so aus, als wäre die teure „XY-Tex-Jacke" klatschnass. Es ist jedoch nur der Oberstoff, der da nass ist, das WWA-Material ist immer noch wasserdicht. Für Konsumenten besteht also auch kein Grund, beim Händler oder Hersteller zu reklamieren. Mit Sprays oder Tauchbädern kann man den Abperleffekt wieder auffrischen, richtig gut funktioniert das aber – noch – nicht.

Worüber man sich klar sein sollte: WWA-Materialien funktionieren mittlerweile sehr gut. Aber sie haben auch ihre Grenzen, vor allem beim Wasserdampfdurchgang. Wenn man sich körperlich anstrengt, produziert man leicht 1000 gr Schweiß oder noch mehr pro Stunde! Das schafft noch keines der bekannten Materialien.

Neun Tipps für die dritte Schicht

1. Auf sauber verschweißte Tapes achten (Bänder, die von innen auf die Naht geschweißt sind).
2. Unbedingt und ganz genau an die Pflegeanleitungen halten. Falsche Behandlung kann all die Wundereigenschaften zerstören (und das fällt nicht unter die Garantie).
3. Die richtige Kategorie für den entsprechenden Anwendungszweck wählen:
   a) klein zu packende, leichte Teile, die zum Schutz vor Regen im Rucksack mitgeführt werden;
   b) solide und robuste Dreilagen-Modelle, wenn man häufig und mit Rucksack auch bei schlechtem Wetter unterwegs ist.
4. Auf funktionelle Schnitte achten (hinten länger, nicht zu weit, Beweglichkeit darf nicht eingeschränkt sein, die Ärmel sollten nicht hochrutschen, wenn man nach oben greift).
5. Ganz wichtig ist die Kapuze: Schützt sie gut, ohne das Sichtfeld einzuengen? Kann man sie ausreichend verstellen? Hat sie einen Schild?
6. Gut geschnittene Kragen liegen eng an, engen aber nie ein. Außerdem sollte der Zip am Kinn abgedeckt sein.
7. Ausstattungsdetails auf Einsatzzweck überprüfen (z.B. Anzahl und Größe der Innen- und Außentaschen, Unterarm-Reißverschlüsse, Schneefang am Bund usw.). All dieser Schnickschnack bedeutet nur Mehrgewicht.
8. Wenn Haltbarkeit wichtig ist, sollte unbedingt ein Produkt aus einem Dreilagen-Laminat mit Polyamid-Oberstoff (Nylon) empfohlen werden.
9. Für Verbraucher, die viel mit Rucksack unterwegs sind, sollte ein Modell empfohlen werden, bei dem die Außentaschen auch mit geschlossenem Hüftgurt gut zugänglich sind.

4 Systemjacken – Fleece zum Einzippen

Wir nennen es hier „Systemjacke" und meinen damit alle „XY-Tex"-Jacken, in die man eine passende Fleecejacke einzippen kann. Die verschiedenen Hersteller der Outdoor-Branche haben sich dafür natürlich werbewirksame Eigennamen ausgedacht (z.B. Interactive System, Thermalink usw.).

Noch vor einigen Jahren verwendeten die meisten Hersteller dieselben Reißverschlüsse. Das hatte den Vorteil, dass z.B. das *Patagonia*-Fleece mit der *Berghaus-Gore-Tex*-Jacke kompatibel war (höchstens mit der Reißverschlusslänge gab es keine perfekte Übereinstimmung). Heute setzen viele Hersteller auf unterschiedliche Zips. Und es gibt auch solche mit „versetzten" Zähnen. Schluss ist's mit der Kompatibilität.

Argumente contra Systemjacken

— Wenn es richtig kalt ist, hat man einen kalten Streifen auf dem Bauch.
— Die Jackenfront wird durch drei (!) parallel liegende Zips steif und unbequem.
— Dasselbe gilt für den Kragen: Er stört leicht am Kinn.

Argumente pro Systemjacken

— XY-Tex und Fleece passen vom Schnitt her gut zusammen. Bei leger geschnittenen Fleece-Teilen bilden sich sonst unter der äußeren Hülle schon mal „Würste", die an den Michelin-Mann erinnern.
— Die Preise für komplette Kombis sind oftmals sehr attraktiv.
— Eine Systemjacke ist im Alltag im Winter praktisch: Man macht nur einen Zip auf und hängt die komplette Jacke inklusive Futter-Fleece auf den Kleiderständer.

5 Softshells

Softshells gehören eigentlich nicht direkt zum Zwiebelprinzip, denn sie kombinieren in sich die zweite und dritte Schicht. Wegen ihrer Artverwandtheit führen wir sie deshalb hier auf.

Man könnte Softshells als „zweite Lage" mit einer stark erhöhten Wetterschutzfunktion bezeichnen. Sie machen, da die meisten Outdoorer bei gutem Wetter draußen aktiv sind, zum weitaus größten Teil der Zeit die dritte Lage überflüssig. Ihr Vorteil: der große Tragekomfort über ein sehr breites Anwendungsgebiet hinweg.

5.1 Eigenschaften von Softshells

Derzeit gibt es große Uneinigkeit unter den Textilherstellern, was man unter Softshells eigentlich versteht. Unterschiedliche Firmen reklamieren den Begriff für sich – für zum Teil höchst unterschiedliche Konzepte.

Je nach Einschätzung der Unternehmen sind Softshells extrem atmungsaktiv,

elastisch (nicht immer),

Wind abweisend oder winddicht,

Wasser abweisend, aber nicht (unbedingt) 100prozentig wasserdicht,

(sehr) abriebfest,

nehmen nur sehr wenig Feuchtigkeit auf,

trocknen sehr schnell,

bieten gutes Feuchtigkeits-Management.

5. 2 Unterschiedliche Softshell-Konzepte

5.2.1 Softshells aus Stretch Wovens

Das legendäre „Berghosen-Material" von *Schoeller* hatte sicher wesentlichen Einfluss auf die gesamte Softshell-Entwicklung. *Schoeller „dynamic extreme"* und *„dryskin extreme"* sind elastische Gewebe aus Polyamid mit *Cordura*®, *CoolMax*® (nur dryskin) und *Lycra*®. Sie bieten daher große Abriebfestigkeit, kombiniert mit gutem Feuchtetransport und perfekter Bewegungsfreiheit. Für viele Alpinisten sind Berghosen aus diesem Material die Standard-Hosen schlechthin – während des ganzen Jahres. Und dabei merkten viele, dass diese Beinkleider auch bei Ski- und Hochtouren prima funktionieren und im Sommer bei einem plötzlichen Regenguss blitzschnell wieder trocken sind. Also machte man daraus auch Jacken. Und siehe da: Die funktionierten ebenfalls.

Eine Weiterentwicklung gelang *Schoeller* mit der Einführung von *3XDry*. Bei dieser Ausrüstung bekommt die Innenseite eine hydrophile Ausrüstung. Sie soll Feuchtigkeit von innen nach außen transportieren. Die Außenseite dagegen weist Wasser ab – als Wetterschutz. Nach dem gleichen Prinzip funktioniert eine Neuentwicklung von *Burlington*, die *2-sides Nano-Technology*.

Bei *Helly Hansen* und *Vaude* („*Windproof 80*") gibt es Stoffe aus zwei gebondeten (= flächenverklebten) Geweben. Deshalb sollten sie eigentlich zu den Laminaten gehören. Da ihr Funktionsprinzip jedoch dasselbe wie bei *3XDry* ist , seien sie hier genannt: Die beiden Lagen werden zuerst hydrophil bzw. hydrophob ausgerüstet und anschließend gebondet.

5.2.2 Softshells aus Laminaten
Bei den meisten Softshell-Laminaten handelt es sich um dreilagige Systeme: Außen bestehen sie aus einem (bi-)elastischen Polyamid-Gewebe mit einer – je nach Qualität – mehr oder weniger dauerhaften Wasser abweisenden Ausrüstung. Das Polyamid gewährt Abriebfestigkeit, der Stretch Bewegungsfreiheit und die Ausrüstung Wetterschutz. Auch bleibt nur wenig Schnee daran haften. In der Mitte findet sich eine Membran oder Spezialbeschichtung aus – je nach Hersteller – unterschiedlichen Materialien: Acrylat, PTFE oder Polyurethan. Je nach Hersteller ist der Wasserdampfdurchgang gut bis ausgezeichnet. Auch bei der Luftdurchlässigkeit ist die Bandbreite groß: Während die *Gore Windstopper* mit Stretch-

Abb. 9: Softshell-Jacke Stringer-hybrid, Arcteryx

Gewebe außen (auch sie gehören in diese Kategorie und sollen ab dem nächsten Jahr auch „Windstopper Softshell" heißen) absolut dicht sind, lassen *WB-400* von *Schoeller* sowie *Polartec Power Shield* als die beiden prominentesten Vertreter dieser Kategorie ein definiertes Maß an Wind zur Belüftung durch. Auf der Innenseite aller genannten Stoffe gibt es meist eine kurzflorige Fleece-Lage oder auch eine leichte Trikotware. Sie sorgt für den Feuchtetransport nach außen.

Die großen Vorteile dieses Konzepts sind bei den Top-Materialien die Performance, das sehr weite Einsatzspektrum, die fast schon unglaubliche Robustheit und die Elastizität. Der Nachteil liegt, wie nicht anders zu erwarten, beim Preis, und meistens sind die Laminate keine Leichtgewichte. Ein heikles Thema bei der Verarbeitung sind außerdem die Nähte, denn sie sollen zugleich haltbar und elastisch sein.

Neben den oben genannten Herstellern gibt es ähnliche Waren noch von *Eschler* (*E-Star 2000* und *Isofilm* bzw. *Isowind*), *Pontetorto* (in der *Tecnoknit*-Serie) oder *Toray* (als laminierte Varianten von *Stunner Stretch*, *Replex* oder *H2Off* mit der Dermizax-Membran und *Fieldsensor* als Futter-Laminat).

5.2.3 Softshells aus Windproofs mit Fleece- oder Wirk-Futter

Das Konzept: Ein superleichtes, unbeschichtetes Mikrofaser-Gewebe als äußere Hülle wird mit einem einseitigen Fleece-Futter kombiniert. Die Außenschicht soll Wind und ein wenig Wetter abhalten, das Fleece Feuchtigkeit von der Haut abtransportieren. Die im deutschsprachigen Raum nur wenig bekannte englische Firma *Buffalo* verfolgt diese Idee am radikalsten. Ebenfalls schon lange dabei ist *Marmot* mit seiner „*Dri-Clime*"-Serie. *Buffalo* (und seine britischen Nachahmer wie *Montane*, *Rab Carrington* oder *Traxx*) schneidert körperbetonte Teile mit je nach dem geplanten Temperaturbereich unterschiedlich dickem Fleece und aufwändiger Belüftung. Viele Schotten ziehen diese Teile auch bei dem ärgsten Regen an: Man nimmt einfach ein etwas feuchtes Gefühl auf der Haut in Kauf. Dafür trocknet man blitzschnell ab und bei Minusgraden funktioniert das System sowieso bestens.

Für die Außengewebe muss man vor allem zwei Hersteller nennen: *Pertex* und *Nextec*. *Pertex* ist bereits bekannt mit seinen Standard-Waren, diversen leichten Ripstops und *Equilibrium*, einem Gewebe, das durch seine Konstruktion mit seinem Kapillargefälle zwischen innen und außen für einen dauerhaft guten Feuchtetransport sorgt. Als neuestes Softshell-Material führen die Briten ab 2003 *Pertex Quantum*: Sein Einsatzbereich ist die Superleichtgewichtsklasse. *Nextec* stellt mit *Epic* eine Serie von leichten Geweben her, bei denen die einzelne Faser mit Silikon ummantelt wird und so eine besonders lang anhaltende Wasser abweisende Wirkung bekommen soll. Auch die Reißfestigkeit steigt.

Der Vorteil dieses Systems ist vor allem der günstige Preis. Abstriche gibt es bei der Reiß- und Abriebfestigkeit des Obermaterials sowie der fehlenden Elastizität.

5.2.4 Softshells aus Windproofs mit Füllfaservlies

Im Prinzip gibt es keine großen Unterschiede zu den Windproofs mit Fleece, nur verwendet man an Stelle der Fleece-Ware als Futter eine Lage synthetisches Füllfaservlies, das innen mit einer weiteren Lage Mikrofaser-Gewebe gefüttert wird. Bei den Füllfaservliesen setzen viele Konfektionäre auf die Markenwaren *ThermoLite*® und vor allem *Primaloft*®. Letzteres trägt nur wenig auf, funktioniert in feuchtem Zustand noch sehr gut und bietet zudem eine große mechanische Stabilität.

Auch hier sind Pertex und Nextec bewährte Hersteller für die Außenschale. Die Vorteile dieses Systems sind neben dem relativ günstigen Preis das niedrige Gewicht, das kleine Packmaß und die hohe Wärmeleistung. Die Nachteile liegen wiederum bei der nicht berauschenden Reiß- und Abriebfestigkeit des Obermaterials sowie der fehlenden Elastizität.

5.2.5 Zukunftspotenzial von Softshells

Viele Branchen-Insider glauben, dass man zur Zeit erst die Spitze des Eisberges sieht. Sie glauben, dass speziell die laminierten Materialien einen ganz neuen Markt kreieren können. Schon die „körpernahe Optik" erlaubt eine deutliche Unterscheidung von den klassischen Hardshells.

Salomon führte vor ein paar Jahren den Begriff des „90%-Garments". Von der Annahme ausgehend, dass man die meisten Outdoor-Aktivitäten ohnehin bei gutem Wetter ausübt, meinen die Franzosen damit Bekleidungsstücke, die zu 90% der Outdoor-Zeit einen Komfort von 100% bieten. Noch sind es nur Insider, die das Konzept verstehen und aus ihrer positiven Praxiserfahrung heraus auch einsetzen. Aber Insider sind Opinion Leader, und immer mehr von ihnen säen das Korn, das irgendwann keimen wird.

Softshells haben jedoch nicht nur physisch zwei Seiten, sondern auch bei Marketing und Performance. Das ganz Entscheidende ist die Performance: Gute Softshells funktionieren sehr gut. Die andere ist die Marketing-Seite: Endlich wieder etwas Neues (auch wenn man sich nicht einigen kann, was es genau ist)! Die Botschaft: „Leute, wir haben was Neues, und das heißt Softshell. Die Profis finden es super, also kauft!" ist eine simple. Und genau darin liegt auch ihre Gefahr. Hans-Jürgen Hübner, Geschäftsführer

Abb. 10: Jacke, Salomon

von *Schoeller*, drückt das so aus: „Ich habe Angst, dass jetzt jeder auf den Zug aufspringt, weil er nun mal rollt. Aber dann geht wie immer der Preisdruck los, irgendjemand bastelt in Fernost einen untauglichen Stoff zusammen, nennt das auch Softshell – und schon ist der Ruf ruiniert. Auch die Konfektionäre sind gefordert: Softshells brauchen einen unverkennbaren Look und unverkennbare Schnittführungen. Beim Anziehen muss der Verbraucher sofort den typischen Softshell-Tragekomfort spüren und sich wohlfühlen. Denn allem voran bedeutet Softshell für uns ganz klar Wellness. Wir müssen unser Versprechen halten und die echte Funktion bieten."

In diesem Sinne: Es liegt an der Branche, diese Chance zu nutzen. Auf Herstellerseite durch hochwertige Produkte, die das Versprechen wirklich halten, und auf Handelsseite durch die entsprechende Beratung. Das Potenzial ist nicht nur zweifelsohne vorhanden, sondern riesig!

Gesundheitstextilien

Regine Schulte Strathaus

1. Einleitung

Der Markt der Gesundheitstextilien wächst. Darunter sind nicht nur schadstoffarme Textilien und Bekleidung zu verstehen, die mit einem Öko-Label ausgezeichnet oder nach Öko-Tex Standard 100 qualifiziert sind und die nur von einer gesundheitsbewussten Minderheit geschätzt werden. Vielmehr steigen Angebot und Nachfrage für Textilien, die Erleichterung bei bestimmten gesundheitlichen Beschwerden bieten.

Gesundheitstextilien werden zunehmend auch mit Wellness und Komfort in Zusammenhang gebracht. Sie gehen dabei oft Verbindungen mit Bereichen der pflegenden Kosmetik ein. Davon zeugen mit Creme beschichtete Strumpfhosen und Leibwäsche, in deren Fasern Pflegekapseln eingearbeitet sind, die über einen gewissen Zeitraum hinweg feuchtigkeitsspendende Substanzen an die Haut abgeben und etliche Waschvorgänge überstehen.

2. Kompressions- und Stützstrümpfe

Stütz- und Kompressionsstrümpfe können zum Segen für die Beine werden. Das wissen alle, die in ihrem Beruf vorwiegend stehen oder sitzen oder die ständig Schweres heben müssen. Das wissen Schwangere zu schätzen, deren Beine schnell anschwellen. Ebenso Menschen mit Lymphstau oder Ödemen und alle, die sich mit **Krampfadern** oder **Venenentzündungen**, dem neuen Volksleiden der Deutschen, plagen müssen. Sie alle fühlen sich in ihrer Lebensqualität häufig stark eingeschränkt. Längeres Stehen, Sitzen oder Gehen verursacht Schmerzen und Schwellungen, „müde" Beine machen jeden Schritt zur Qual. Die Ursache dieser Beschwerden: ein gestörtes Gleichgewicht in der Blutzirkulation vom Herz in die Beine und zurück. Denn die **Venen** haben die Aufgabe, verbrauchtes, sauerstoffarmes Blut von der tiefsten Stelle des Körpers, den Beinen, zurück zum Herz zu pumpen. Werden die kleinen roten Äderchen (= Besenreißer), die erste Hinweise auf tiefer liegende

Krampfadern (= Varizen) oder Venenentzündungen (= Phlebitis) geben können, oftmals nur als kosmetisches Problem gesehen, liegen bei Krampfadern und Venenentzündungen schon ein erheblicher Leidensdruck vor. Werden diese Beschwerden nicht rechtzeitig durch eine Verödung oder Operation (Venenstripping) beseitigt, kann es zu dem gefürchteten Blutgerinnsel (Thrombose) oder einem „offenen Bein" (Ulcus Cruris) kommen.

2.1 Kompressionsstrümpfe

Wer dabei nach wie vor an Großmutters altbackene „Gummistrümpfe" denkt, hinkt dem Fortschritt hinterher. Mit den braunen Strümpfen aus den 50er Jahren haben moderne Kompressionsstrümpfe nichts mehr gemein. Wurden früher nur Naturgummi und später Latex verarbeitet, so sind die Gummifäden in den 60er Jahren nach und nach durch synthetisch elastische Polyurethane

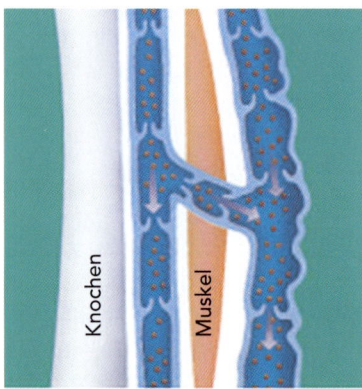

(Elastan) verdrängt worden. Deren elastische Eigenschaften wurden zunehmend verbessert. Für Strümpfe sehr hoher Kompressionsklassen wird jedoch auch heute noch Naturgummi (Elastodien) verarbeitet. Als Umspinnung der elastischen Fäden kommen in erster Linie Garne aus Polyamid (Nylon, Perlon) sowie aus Baumwolle oder Wolle (bei Kniestrümpfen) zum Einsatz. Um die Funktion der Venen vor und nach einer ärztlichen Behandlung zu unterstützen und zu entlasten, werden **medizinische**

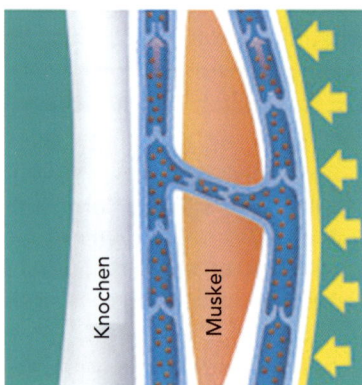

Abb. 1: Kompressionstherapie, Julius Zorn GmbH. Durch Druck von außen wird bei der Kompressionstherapie der Venendurchmesser verkleinert und die Venenklappen einander angenähert. So kann das verbrauchte Blut wieder zum Herzen zurück transportiert werden.

Kompressionsstrümpfe verordnet. Sie werden über Apotheken oder Sanitätshäuser vertrieben und unterliegen strengen Qualitätsvorschriften (RAL GZ 387). Diese werden von der „Gütegemeinschaft Medizinische Kompressionsstrümpfe e.V. (GZG)" überwacht. Die funktionellen Spezialstrümpfe, Strumpfhosen oder Kniestrümpfe (z.B. *Venotrain*®, *Bauerfeind*; **Gilofa**®/**Lastofa**®, *ofa*; *mediven*®, *medi*; **Comfort**®, *Otto Bock*), **Juzo**®, *Julius Zorn*) haben die Aufgabe, den Blutstrom in den Venen zu beschleunigen, den Druck auf die Venen zu senken und den Stoffwechselaustausch im Gewebe zu verbessern. Die Kompression wird durch den eingewebten, „nachlassenden Druck" (vom Knöchel hinauf zum Oberschenkel) erzielt. Durch das Tragen solcher Strümpfe verengt sich der Venendurchmesser auf ein Fünftel bis zu einem Drittel, die Venenklappen können sich wieder besser schließen, die Fließgeschwindigkeit des Blutes erhöht sich, und die Muskel-Venen-Pumpe wird unterstützt. Stauungen und Ödemen wird vorgebeugt, die Venen werden vor Überdehnung geschützt.

2.2 Material und Fertigung

Je nach Schwere der Erkrankung werden unterschiedliche **Varianten** gewählt. Sie werden nach Stärke der Kompression **Klasse I bis IV**, von leicht über mittel, bis hin zu stark und sehr stark, gelistet. Sie unterscheiden sich durch die Festigkeit des Materials, durch das unterschiedlicher Druck auf die Venen ausgeübt wird. Es handelt sich dabei also um Zweizugstrümpfe, die sich durch ihre Dehnbarkeit in Längs- und Querrichtung auszeichnen und dadurch einen verbesserten Tragekomfort bieten. Die Dehnbarkeit in Längsrichtung (für optimale Passform) muss mindestens 30 Prozent und darf in Querrichtung (erleichtert das Anziehen) höchstens 120 Prozent betragen.

Medizinische Kompressionsstrümpfe werden entweder nach Maß (für Patienten mit unterschiedlichem Beinumfang oder extremen Maßen) oder in Serie (Konfektionsstrümpfe) gefertigt. Dabei dient der Fesselumfang als zentraler Parameter für die Ermittlung der Kompressions-Klasse. Auch die Beinlänge ist dafür ein wichtiges Ausgangsmaß. Konfektions- und Schuhgröße sowie das Körpergewicht werden für Größeneinteilungen ebenfalls angegeben. Als Größenorientierung dient die Beinmaßtabelle der GZG. Die Strümpfe werden zehenoffen oder mit geschlossener und verstärkter Spitze gefertigt. Wichtig ist außerdem ein breites, weiches Bündchen als Abschluss, das nicht einschnürt und die Blutzirkulation nicht erschwert.

Die Hersteller von Kompressionsstrümpfen verbessern ständig den Tragekomfort ihrer Modelle. Moderne Materialien (z.B. *Lycra* und *Tactel* mit Mikrofaser) verbessern den Klimaaustausch. Antibakterielle Beschichtungen erhöhen die Hygieneeigenschaften im Fußteil und beugen Fußpilz vor. Auch Innovationen, wie Reise-Kompressionsstrümpfe zur Vorbeugung des Economy-Class-Syndroms (Reisethrombose), an dem in den vergangenen Jahren zahlreiche Menschen auf Flügen in der Touristenklasse verstarben, zählen zu den Neuentwicklungen. Die moderne, breite Farbauswahl macht es möglich, fast zu jedem Outfit den

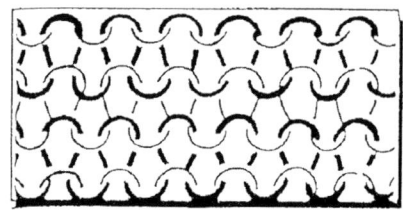

Masche verstrickt, wie in Stützstrumpfhosen der sog. Stützklasse 2. (Elbeo)

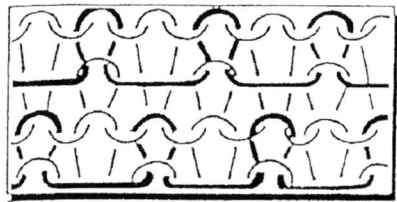

Hinterlegt, wie in Stützstrumpfhosen der Stützklasse 3. (Elbeo)

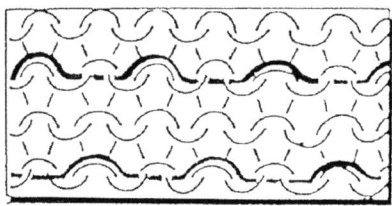

Eingelegt, wie bei schweren medizinischen Kompressionsartikeln.

Abb. 2: Maschenbilder Stützstrümpfe, Klasse 2 (oben), Klasse 3 (Mitte), medizinische Artikel (unten)

farblich passenden Kompressionsstrumpf zu finden. Außerdem werden die Maschen der Strümpfe immer feiner und unterscheiden sich in niedrigen Kompressionsklassen kaum noch von normalen Strümpfen mit Stützeffekt.

2.3 Stützstrümpfe

Zu diesen **Stützstrümpfen**, die die Beine entlasten, greifen heute immer mehr Menschen, um Beinleiden und Venenbeschwerden vorzubeugen (siehe dazu auch Beitrag Sauerbier, Seite 120ff.). Der eingewebte Stützeffekt unterscheidet sich allerdings deutlich von dem der Kompressionsstrümpfe. Stützstrümpfe liegen in ihrer Kompression unter der Klasse I und unterliegen nicht den Gütezeichenbestimmungen. Sie werden in drei unterschiedlichen Stärken angeboten und zeichnen sich allerdings auch durch ein breiteres, weiches Bündchen als Abschluss an Strumpf oder Kniestrumpf aus. Strümpfe mit Stützeffekt führen nicht nur Hersteller von Kompressionsstrümpfen, sondern auch fast jeder große Markenhersteller in unterschiedlichen DEN-Stärken und Farben im Sortiment. Zusatznutzen bieten stärker stützende Höschenteile, die Bauch und Po leicht korrigierend formen.

3. Allergiker-Textilien

Allergien zählen zu den großen Volksleiden: 25 Millionen Deutsche, das ist bereits jeder Dritte, plagen sich mit Heuschnupfen, allergischem Bronchial-Asthma oder dem Atopischen Ekzem (=Neurodermitis), können wegen einer Hausstaubmilben-Allergie nicht mehr gut schlafen oder reagieren mit allergischen Reaktionen auf bestimmte Nahrungsmittel.

Mit funktionellen Spezial-Textilien kann vor allem das Leben der rund fünf Millionen **Neurodermitiker** (darunter überwiegend Kinder) und der **Hausstaubmilben-Allergiker** erheblich erleichtert werden. Allergiker-Anzüge, Leibwäsche oder milbendichte Schutzbezüge (Encasings) für Matratzen und Bettwaren können vom Arzt verordnet werden. Die Krankenkassen erstatten oder bezuschussen diese Kosten allerdings meist nur, wenn die Produkte Gütesiegel von Prüfinstituten tragen.

Abb. 3: Hausstaubmilbe, Deutscher Allergie- und Asthmabund

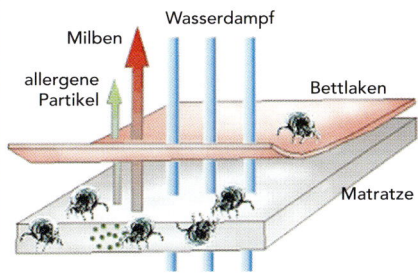

Abb. 4: Bettbezug mit Milbenschutz

177

3.1 Sanfte Kleidung für kranke Haut

Spezielle **Neurodermitis-Overalls** (s. dazu auch Beitrag Mikuta Seite 114) mit integrierten bzw. abknöpfbaren Füßlingen und Fäustlingen aus Baumwolle oder atmungsaktiven Mikrofaser-Synthetics verhindern, dass sich (Klein-)Kinder, Jugendliche und Erwachsene ihre entzündete Haut aufkratzen. Diese Anzüge, bei denen die Nähte außen liegen oder als flache Kappnähte innen sitzen, eignen sich auch für Menschen mit Psoriasis (= Schuppenflechte). Neurodermitikern wurde bislang empfohlen, eher naturbelassene Baumwoll-Wäsche und weite Kleidung zu tragen, die die strapazierte kranke Haut nicht zum Schwitzen und Jucken reizt, sowie Kleidung aus glatten Fasern (Seide, Viskose, Tactel, Mikrofaser u.a.) zu bevorzugen. Da aber Baumwollgewebe die Haut durch eingelagerte Feuchtigkeit irritieren kann, wurde nach neuen Materialien gesucht, die besonders sanft zur kranken Haut sind. Zu den neuen Entwicklungen aus dem High-Tech-Bereich zählen Anzüge aus Polyester-Mikrofaser mit eingewebter Carbonfaser (**DeliMed**®**blue-line** von *Delius*), die dauerhaft antistatisch bleiben und mit 60 Grad waschbar sind. Selbst hartnäckige Salbenreste lassen sich aus diesem glatten Gewebe mit „Kühleffekt" für die Haut problemlos entfernen. Ursprünglich wurde dieses Material für Patienten mit Hautverbrennungen entwickelt. An vier Universitäts-Hautkliniken wurden die Anzüge bei Neurodermitis-Patienten erprobt und mit dem Prädikat „klinisch getestet" ausgezeichnet. Auch nach vielen Wäschen bleibt das Material durch die Carbonfäden antistatisch. Für Kinder stehen einteilige Overalls, für Jugendliche und Erwachsene zweiteilige Kasack-Anzüge zur Verfügung. Entsprechende Encasing-Bezüge für Hausstauballergiker ergänzen die Produktpalette.

Die neueste Innovation sind versilberte Textilien (**Padycare**® von *Tex-A-Medi*), die als Leibwäsche, Schlafanzüge und Handschuhe für Babys, Ju-

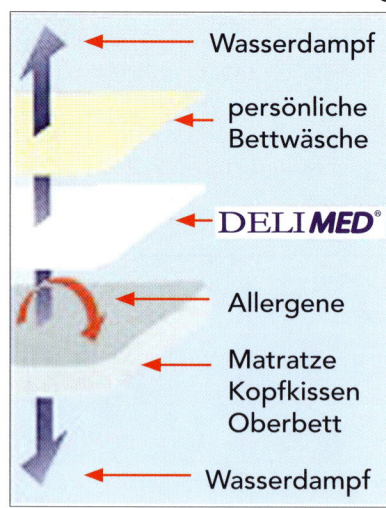

Abb. 5: Zwischenbezug, DeliMed®

gendliche und Erwachsene angeboten werden. Der Jersey aus Mikrofaser mit Elastan ist längs- und querelastisch und wird als komplette Stoffbahn durch ein Silberbad gezogen. So beschichtet hält er 150 Wäschen und mehr aus. Ein weiterer Vorteil: Durch die Silberionen in diesen Textilien mit „Schutzbarriere" werden auch Bakterien und Pilze abgetötet. Ihre antibakterielle und **antimyko-tische (=pilzhemmende) Wirkung** bleibt erhalten. Dies wurde an zwei Universitäts-Hautkliniken nachgewiesen. Ein weiterer bedeutender Effekt: Der Verbrauch von cortisonhaltigen Salben, die zur Behandlung bei entzündlichen Schüben der Neurodermitis notwendig sind, konnte erheblich reduziert werden. Die Haut der Neurodermitiker entzündet sich nicht ständig neu und kann schneller abheilen. Ergänzt wird das Sortiment durch Anti-Allergiker-Bettwaren für ein gesundes Schlafklima.

3.2 Schutz-Barriere gegen Milben

Bettwaren für Allergiker erleichtern den Betroffenen das Leben schon erheblich, wenn sie mit 60 Grad waschbar sind. Zusätzlich bilden **Encasing-Bezüge** (am besten mit Prüfsiegeln) eine wirksame Barriere gegen Hausstaubmilben. Diese für das bloße Auge unsichtbaren Spinnentierchen ernähren sich vorzugsweise von menschlichen Hautschuppen. Sie siedeln sich hauptsächlich in Bettwaren aus Daunenfedern, in Matratzen, in Wollteppichen und Polstermöbeln an – und das in großer Anzahl. So kann ein Gramm Matratzenstaub zwischen 1500 und 15.000 Milben enthalten. Auslöser für allergische Reaktionen ist der Kot dieser Tiere. Milbendichte Schutzbezüge für Matratze, Kopfkissen und Bettdecken sind daher für Allergiker wichtige Schutzbarrieren, um eine ungestörte Nachtruhe zu haben. Diese Encasings (z.B. *Padycare*®, *Tex-A-Medi*; *DeliMed*® von *Delius*, *Allergocover*®, *Dr. Beckmann*; *ACb*®, **Allergopharma** und *Dureta*®) werden zwischen Matratze, Decke oder Kopfkissen gezogen, darüber kommt die normale Bettwäsche.

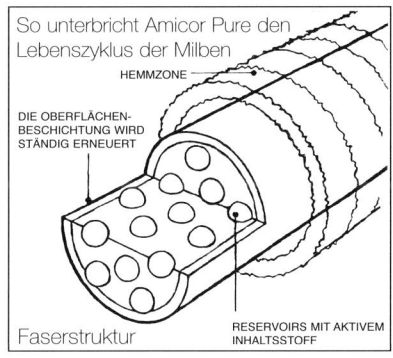

Abb. 6: Faserstruktur Amicor™

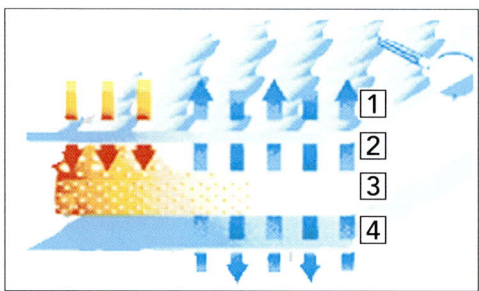

Abb. 7: Funktionsweise der Padycare®-Produkte

Abb. 8: Allergiebettwäsche Padycare®, Tex-A-Medi

Auch hier spielt ein Qualitätssiegel eine wichtige Rolle (auch für die Erstattung oder Bezuschussung durch die Krankenkassen). Das TÜV-Zertifikat wird vom Rheinisch-Westfälischen TÜV (RWTÜV) verliehen. Die wichtigsten Prüfkriterien betreffen folgende Parameter:

- Hohe Wasserdampfdurchlässigkeit (DIN 53122), weil der Mensch über die Haut auch während der Nacht 200 bis 400 Gramm Schweiß verdampft.
- Hohe Luftdurchlässigkeit (DIN EN ISO 9237), die den Schlafkomfort positiv beeinträchtigt.
- Hohe Dichtigkeit gegen allergenhaltige Milbenkotpartikel, die auch nach mehreren Waschvorgängen (ein- bis zweimal pro Jahr) erhalten bleiben müssen. Sie verhindern, dass diese Partikel in die Atemluft gelangen.

Erst wenn durch eine aufwändige Prüf-Prozedur, die nach jeweils fünf Wäschen wiederholt wird, die wirksame Barrierefunktion dieser Encasings festgestellt wurde, wird das TÜV-Siegel verliehen. Alle Hersteller von Encasings müssen sich verpflichten, ihre Produkte jedes Jahr einer erneuten Prüfung zu unterziehen. Als Materialien werden Mikrofaser-Gewebe, beschichtete oder laminierte Baumwolle, sehr dicht gewebte Stoffe mit sehr geringer Maschenweite sowie silberbeschichtete Jerseys verarbeitet.

4. UV-Schutz-Textilien

UV-Schutz-Textilien sind zwar bereits am Markt, werden aber von den Verbrauchern bisher weniger nachgefragt. Aus medizinischer Sicht sind sie eine ideale Ergänzung zum kosmetischen Sonnenschutz und werden deshalb auch insbesondere für Klein- und Schulkinder empfohlen.

Bisher haben weltweit rund 20 Unternehmen ihre Produkte von der Prüfgemeinschaft für angewandten UV-Schutz zertifizieren lassen. Angesichts der stetigen Zunahme von Hautkrebserkrankungen bietet der Markt für spezielle Textilien mit funktionellem UV-Schutz ein großes Wachstumspotenzial. So hat u.a. *Geckoline Sportswear* für Kinder und Erwachsene seine UV-Schutz-Kleidung mit dem Faktor 50 ausgerüstet, der rund 98 Prozent der UV-Strahlen abblockt. Und *Reinschmidt Operations* bietet für Kinder und Jugendliche Kleidung mit Faktor 20 bis 40 in sehr dicht gewebter Mikrofaser, nach UV Standard 801 an (s. dazu Beitrag Mikuta, Seite 112).

Der „UV Standard 801" weist einen großen Vorteil und eine entscheidende Neuerung gegenüber bisherigen Prüfverfahren (z.B. nach australischem Standard) auf: Die Bestimmung des Sonnenschutzfaktors der jeweiligen Textilien berücksichtigt nicht nur die Empfindlichkeit der menschlichen Haut, sondern auch den Umstand, dass der UV-Schutz eines Kleidungsstücks unter alltäglichen Gebrauchsbedingungen deutlich nachlässt. Innerhalb des Prüfprogramms werden deshalb typische Belas-

Abb. 9: UV-Schutz-Kleidung, Hyphen

tungskriterien simuliert. Dazu zählen: Dehnung und Durchnässung des Stoffes oder die Abnutzung der Textilien durch mechanische Belastungen und durch Pflegemaßnahmen. Berechnungsgrundlage der ermittelten Messwerte bilden zudem stets die ungünstigsten Bedingungen, also die Annahme der höchsten UV-Strahlenbelastung und des empfindlichsten menschlichen Hauttyps. Der endgültige Schutzfaktor, den der Kunde im Laden auf dem Label des Kleidungsstücks findet, ergibt sich schließlich aus dem niedrigsten, während der Gebrauchsprüfung gemessenen Wert.

Den Angaben auf kosmetischen Sonnenschutzmitteln vergleichbar, wird ein Sonnenschutzfaktor (Sun Protect Factor) ermittelt, der angibt, wie viel länger sich der Verbraucher mit Sonnenschutzbekleidung mit unterschiedlichem Schutzfaktor, dem Ultraviolett Protection Factor (UVP), in der Sonne aufhalten kann, ohne gesundheitliche Schäden davonzutragen. Zu beachten ist, dass dieser Zeitraum je nach individuellem Hauttyp stark variieren kann. Mit einem Kleidungsstück, das nach dem UV Standard 801 einen ermittelten Schutzfaktor von 20 aufweist, könnte die Person ihre Verweildauer in der Sonne auf 1,5 bis zu maximal 3 Stunden ausdehnen, ohne Hautschädigungen in Kauf nehmen zu müssen.

5. Bandagen, Verbände & Co.

Im weitesten Sinne sind zu Gesundheitstextilien auch Pflaster, Saugkompressen, (Stütz-)Verbände und Binden zu zählen. Die Wundversorgung wäre ohne diese kleinen Not- und Versorgungshelfer heute undenkbar. Hygienische, luftdurchlässige Materialien, mit und ohne Salbenauflage, polstern Druckstellen, lindern den Druck bei Blasen, saugen Wundflüssigkeit und Blut auf, desinfizieren und entstauen.

Bandagen für Handgelenke, Schulter, Nacken, Knöchel, Fuß, Ellenbogen und Rücken geben Halt und Stütze, wenn es die eingeschränkte Beweglichkeit erfordert, beispielsweise nach Unfällen und Verletzungen. Sie werden aber auch prophylaktisch eingesetzt. So helfen sie Sportlern, ihre Aktivitäten frei zu entfalten.

Eine diskrete Anwendung ist bei Höschen gefragt, in denen sich selbsthaftende Inkontinenz-Einlagen für Menschen mit Blasenschwäche nicht abzeichnen. Ein Problem, unter dem Millionen Frauen in Deutschland leiden und das erst langsam aus der Tabu-zone herauskommt. So bietet beispielsweise *Hartmann* mit den **Molipants**® **2000** Fixierhöschen an, die besonders anschmiegsam, dünn und elastisch sind. Das hautfreundliche Material aus strumpfhosenähnlichem Gewebe in feinmaschiger Struktur ist ohne Naht gearbeitet und hat eingearbeitete Querelasticfäden.

Berufsbekleidung: Funktion verknüpft mit Corporate Fashion

Stefan Roller-Aßfalg

Funktionalität hat im Sektor Berufsbekleidung traditionell und ungebrochen einen hohen Stellenwert. Allein mit „einfachen Blaumännern" aus Baumwolle ist heute jedoch kein Geld mehr zu verdienen, und so setzen die Hersteller zunehmend auf textile Innovationen. Parallel dazu rücken verstärkt auch modische und imagebildende Aspekte in den Vordergrund. Berufsbekleidung muss nicht mehr nur vor Infektionen, Wetter oder Unfällen schützen, mögliche chemische, thermische und mechanische Einwirkungen abwehren und dem Träger genügend Platz bieten für Kugelschreiber, Handy oder Hammer. Moderne Berufsbekleidung soll neben den Vorzügen an Funktionalität verstärkt einen hohen Tragekomfort bieten und häufig auch gleichzeitig als textile Visitenkarte die Corporate Identity eines Unternehmens nach außen hin visualisieren.

So hat sich in den letzten zehn Jahren Corporate Fashion als eigenständiges Segment im Markt der Arbeits-, Berufs- und Schutzkleidung entwickelt. Selbst Unternehmen, in denen Berufsbekleidung von jeher Standard für den Einsatz am Arbeitsplatz war, folgen verstärkt dem Trend der Individualität und wünschen sich Imagekleidung (Corporate Fashion), die allen Anforderungen an Funktionalität gerecht wird, jedoch als weiterer Aspekt auch ihre eigene Unternehmensidentität darstellt. Selbst kleinere und mittelständische Unternehmen fordern neuerdings Kleidung mit Corporate Identity – Effekt: Das passende Angebot sind Basiskollektionen in mehreren Farben, veredelt mit Firmenlogo.

Folglich unterliegt die Berufsbekleidungsbranche seit Jahren einem Veränderungsprozess und ist der Markt für klassische Arbeits- und Berufsbekleidung unaufhaltsam rückläufig. Dies nicht zuletzt auch als Folge auf die kontinuierliche Abnahme der Unternehmen im produzierenden Gewerbe und dem wachsenden Anteil von Unternehmen im Dienstleistungssektor. Im Zuge dieser Entwicklungen hat gleichzeitig die Bedeutung der Fachgeschäfte für Berufsbekleidung verloren. Erfolgreicher, da serviceorientierter, agieren heute Großhandel und Miettextil-Dienstleister. Deren Angebot beinhaltet nicht nur die Bereitstellung der Berufskleidung (ein Service, den auch der Fachhandel leisten kann), sondern zusätzlich Reinigung, Instandhaltung, Austausch bei Abnutzung sowie die Lieferung und Abholung der Bekleidung. Zu den bundesweit führenden Dienstleistern in diesem Bereich zählen *Larosé Hygiene-Service*, *MEWA Textilservice*, *Boco*, *Bardusch*, *Alsco*, *Eurodress* und *DBL Deutsche Berufskleider- und Textil-Leasing*. Einige Miettextil-Dienstleister gehen sogar noch einen Schritt weiter und entwickeln gemeinsam mit ihren Kunden individuell auf dessen Corporate Identity zugeschnittene Kleidung, die so genannte Corporate Fashion. Dabei wird Mode mit Funktion verknüpft. Heraus kommt eine Kleidung mit optimalem Tragekomfort und Design.

1. Trendthema Corporate Fashion

Längst haben auch die klassischen Hersteller von Berufsbekleidung die Trendwende hin zu Corporate Fashion erkannt und bieten neben ihren Arbeits- und Schutzkleidungen heute komplette Corporate-Fashion-Kollektionen an. Unübersehbar sind die zahlreichen topmodischen Outfits im CI der Unternehmen für deren Mitarbeiter in den Bereichen Gastronomie, Hotellerie, bei Fluggesellschaften, in Banken, bei der Post bis hin zu Autowerkstätten und Tankstellen. Selbst kleine Handwerksunternehmen setzen auf

Abb. 1: Corporate Fashion, Boco

einen stimmigen optischen Auftritt. Mit dem Schritt weg vom unpersönlichen Blaumann und grauen Kittel hin zu modischer Kleidung mit trendigen Accessoires wuchs auch die Begeisterung der Träger für diese neue Art der „Uniformierung". Da Serviceberufe im Trend liegen, rechnen Branchenkenner damit, dass dieser Markt der Imagekleidung kontinuierlich weiter wächst. Corporate Fashion zeigt indessen viele Facetten. Etabliert haben sich mittlerweile neue Begriffe wie Corporate Wear, Business Wear, Work Wear, Professional Wear, Job Wear bis hin zu Promotion Wear.

Dennoch richtet sich das Augenmerk in Forschung und Entwicklung auf den immer noch bedeutendsten Aspekt: auf den schützenden und praktischen Charakter moderner (funktioneller) Berufsbekleidung sowie auf das „Sich-Wohlfühlen" dank pflegeleichter und angenehm zu tragender Textilien.

2. Funktionalität bei der Berufsbekleidung

Grundsätzlich erfordert Berufsbekleidung immer eine sehr hohe Qualität, die Langlebigkeit, beste Wascheigenschaften, hohe Abrieb- und Reißfestigkeit, Funktionalität und Flexibilität garantiert. Je nach Beruf müssen die Textilien Anforderungen hinsichtlich Hitze, Kälte, Feuchtigkeit, Elektrostatik, Schnittverletzungen, Hygiene, Feuer etc. erfüllen.

Jede Berufsgruppe in Deutschland hat ihre eigene spezifische Berufskleidung, bei der sich die Hersteller immer an den Tätigkeiten derjenigen, die die Kleidung tragen sollen, orientieren. Die Anforderungen sind folglich sehr unterschiedlich: Der Feuerwehrmann benötigt in erster Linie einen Schutz vor Feuer und somit eine ganz andere Arbeitskleidung als der Waldarbeiter, dessen Kleidung vor Wind, Regen und natürlich auch vor Verletzungen schützen muss. Der Mann vom Gepäckservice wiederum trägt ein anderes Outfit als der Arzt usw.

Hersteller, die nicht auf „Masse" setzen, sondern ihr Angebot auf die sehr unterschiedlichen Anforderungen von Beruf zu Beruf und als weiterer Aspekt auf Individualität ausrichten, bieten heute die Kombination von Corporate Fashion und Funktion. Ein Trend, der den Unternehmen in den nächsten Jahren, so Branchenexperten, noch Wachstumschancen bietet. Dies in einem Markt, der aufgrund der bisherigen Abhängigkeit von der Wirtschaftskonjunktur

Abb. 2: Arbeitskleidung, Mewa

im produzierenden Gewerbe eher schwierig geworden ist. Generell gilt für die Hersteller: Bequemlichkeit ist Trumpf und dies sowohl beim Tragen sowie Pflegen bis hin zur Nützlichkeit – folglich genießen textile Innovationen einen immer höheren Stellenwert. Entsprechend zugenommen haben bei der Berufsbekleidung elastische Materialien. Hinzu kommen optimale Atmungsaktivität und Feuchtigkeitsausgleich sowie zunehmend auch eine antibakterielle Ausstattung oder antistatische Materialien.

3. Chemiefasern haben den Berufsbekleidungsmarkt erobert

Ob nun individuell auf Kundenwunsch hin realisierte Kleidung oder klassische Berufsbekleidung – in erster Linie müssen das verwendete textile Material und dessen Eigenschaften überzeugen. Bei Berufsbekleidung kommen viele unterschiedliche Materialien und Fasern zum Einsatz, oftmals auch in Form von Gewebemischungen. So werden hautsympathische und auch sehr strapazierfähige Naturfasern wie die Baumwolle beispielsweise mit synthetischen Fasern gemischt, um den Nutzungswert von Bekleidung hinsichtlich der Pflegeleichtigkeit und Festigkeit zu erhöhen. Zwar hat Baumwolle den Nachteil, dass die Fasern Feuchtigkeit speichern, wodurch letztlich der Feuchtigkeitstransport unterbrochen wird und sich die Kleidung nass und klamm anfühlt. In Pflegeberufen oder im Gastronomiegewerbe ist Baumwolle jedoch nach wie vor von großer Bedeutung. Der entscheidende Vorteil für diese Branchen ist, dass Baumwollteile einfach gereinigt werden können (reiben, bürsten, kochen) und sehr hygienisch sind, da sie sich nicht elektrostatisch aufladen. Auch Seide wird für hochwertigste und edle Corporate Fashion verarbeitet, allerdings lassen sich Flecken nur schwer beseitigen – wohl der kritischste Punkt für Berufsbekleidung.

Bei funktioneller Berufsbekleidung nehmen Textilien aus Chemiefasern dank ihrer Universalität und hohen Stabilität den größten Anteil ein. Die vielseitigste und bedeutendste Chemiefasergruppe sind die *Polyesterfasern*. Sie zeichnen sich besonders durch Reißfestigkeit, Formbeständigkeit und Scheuerfestigkeit aus und sind zudem besonders leicht. Textilien aus Polyesterfasern sind bügelbeständig, knitterarm und beständig gegen Sonneneinwirkung. Die bedeutendsten Polyesterfasermarken, die auf dem Berufsbekleidungssektor eingesetzt werden sind *Dacron*, *Gore-Tex*®, *Sympatex*® und *Trevira*®.

Dacron ist eine aus 100 Prozent Polyester bestehende Faser von *DuPont*, die z.B. als Ausgangsmaterial für *Polartec*® und die Vierkanalfaser *CoolMax*® dient. Beide Faserarten werden weltweit zur Herstellung von Sport- und Freizeitbekleidung verarbeitet und sind zunehmend auch in Berufsbekleidung zu finden.

Berufsbekleidung aus der *Gore-Tex*®-Membran ist winddicht, wasserdicht und zugleich atmungsaktiv. Das hauchdünne Material wird zwischen Ober- und Futterstoff eingearbeitet. Zu den Vorteilen dieser Membran gehört unter

Abb. 3: Gastronomiekleidung, Boco

189

Abb. 5: Höhenrettungsoverall, Gore

Abb. 4: HiLite Warnschutz-
jacke, Gore

anderem ihre Fähigkeit, Schweiß in Form von Wasserdampf durch die Membran entweichen zu lassen, sich aber gegenüber Wassertropfen als undurchlässig zeigt. Der dreidimensionale, heckenähnliche Aufbau der Membran verhindert außerdem, dass Zugluft durch die Bekleidung dringt. Sie wird eingesetzt sowohl für klassische Unternehmenskleidung als auch im Bereich Corporate Fashion bis hin zur Schutzkleidung. Weiterentwicklungen sind das *Gore-Tex®Antistatic Funktionstextil* für flammfeste, antistatische Schutzkleidung und das *Gore-Tex®Airlock Funktionstextil*, das Hitzeschutz mit Flüssigkeitssperre in einem Produkt vereint und das bisher notwendige Luftpolster zur Thermoisolation entbehrlich macht. Jüngste Entwicklung ist die *GoreTex® HiLite* Warn- und Wetterschutzkleidung mit ihrer speziellen Versiegelungstechnologie, die die Oberware vor Verschmutzung schützt. *GoreTex®*-Laminate werden von zahlreichen Konfektionären erfolgreich für Schutzkleidung eingesetzt, unter anderem auch von dem dänischen Hersteller *Kansas Workwear*, einem der führenden Anbieter von Berufsbekleidung. Auch im Bereich des Textilleasings wird industriewäschetaugliche *GoreTex®*-Bekleidung angeboten, wie z.B. die von *Boco* speziell für Dachdecker, die stets Wind und Wetter ausgesetzt sind.

Die *Sympatex Membran* bietet ebenfalls Wetterschutz. Membranen sind hauchdünne Folien, die – einzeln hergestellt – auf ein Textil aufgebracht (d.h. laminiert) werden. Die Sympatex-Kleidung ist ebenfalls wind- und wasserdicht, atmungsaktiv und bis zu 300 Prozent dehnbar. Dabei sind die Textilien dünn und leicht

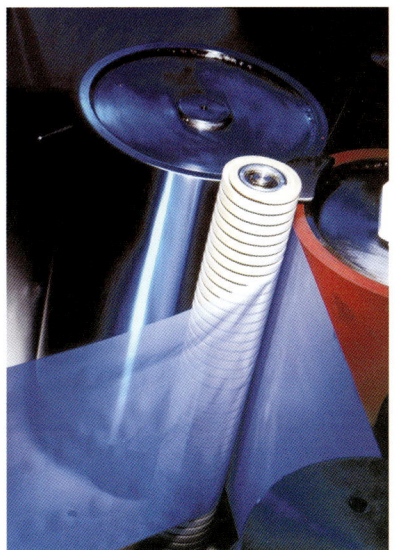

Abb. 6: Laminierungsvorgang, Sympatex®

Abb. 7: Arbeitsanzug zur Flugzeugwartung, Trevira®

und schränken den Träger nicht in seiner Bewegungsfreiheit ein. Die porenlose Membran ist superleicht, 1/100 mm dünn und sehr strapazierfähig. *Sympatex*-Schutzbekleidung findet man heute zum Beispiel bei öffentlichen Auftraggebern wie Post, Bahn, Polizei, Zoll, Militär, Feuerwehr etc. Die Vorteile der *Sympatex*-Gewebe nutzt z.B. die *Watex Schutz-Bekleidungs GmbH* für ihre Kollektionen funktioneller Berufsbekleidung.

Die Multifunktionalität der *Trevira®*-Stoffe kommt den Trägern hinsichtlich der Standfestigkeit des Gewebes, der Pflegeleichtigkeit und des Tragekomforts zugute. Die Stoffe sind knitterarm, pflegeleicht, pillarm, hautverträglich, klimaregulierend und atmungsaktiv. Die Mitarbeiter zahlreicher europäischer Airlines tragen Uniformen aus *Trevira®Perform* in Mischungen mit Schurwolle. Bakterien keine Chance gibt *Trevira® Bioactive*, eine Faser, die sich für Funktionswäsche bewährt hat und neuerdings auch bei Arbeitsmänteln und Hemden verarbeitet wird. *Trevira®Xpand* bietet dank seiner Elastizität Bewegungsfreiheit. Die Faser findet, nachdem sie sich bei Oberbekleidung, Body- und Active Wear durchgesetzt hat, durch ihre formbeständigen und feuchtigkeitsregulierenden Eigenschaften auch immer mehr Verwendung bei der

Wärmerückhaltung
Feinste Filamente schaffen einen flauschigen
Stoff mit Milliarden von Luftkammern, ideal für
den Temperaturausgleich.

Atmungsaktivität
Der feinporige Flausch sorgt für kontrollierten
Austausch von Körperwärme und Außenluft –
Schwitzen wie Frösteln werden vermieden.

*Abb. 8: Gewebestruktur, Trevira®
Polair*

Corporate Fashion. Ein Beispiel: Der Textil-Mietdienstleister *Bardusch* verwendet *Trevira®* in Mischgeweben mit reiner Baumwolle und erfüllt damit z.B. die europäischen Normen hinsichtlich der Lebensmittelhygiene.

Unter dem Gesichtspunkt des Brandschutzes wurde die permanent flammhemmende Polyesterfaser *Trevira® CS* entwickelt, die in Berufsbekleidung für hitze- und brandexponierte Arbeiten zum Einsatz kommt.

4. Berufsbekleidung, die auch schützt

Der Übergang von Berufsbekleidung zur Schutzkleidung ist fließend und die meisten Anbieter von Work Wear haben auch Kleidung im Programm, die die europäischen Sicherheitsnormen für Schutzkleidung aller Art (z.B. hinsichtlich Kälteschutz, Schutzkleidung für Schweißen und hitzeexponierte Industriearbeiter, Chemikalien- und Elektrikerschutz, Warnkleidung) erfüllt. Die *Alwit GmbH* verarbeitet z.B. Basofil-Gewebe für Feuerwehr- und Hitzeschutzkleidung. *Basofil®* ist eine noch sehr junge Synthesefaser aus Melaminharz. Das feuerfeste Material wurde von *BASF* entwickelt und widersteht auch extremsten Temperaturen. Es lässt sich zu Garnen, Geweben und Vliesen verarbeiten, auch in Abmischung mit anderen Fasern. Stoffe aus *Basofil* schützen optimal vor Hitze und werden für Hitze-, Flamm-, Schweißerei-, Gießerei- und Störlichtbogen-Schutzkleidung eingesetzt.

Gegen die unsichtbare Gefahr der elektromagnetischen Strahlung hat *Klopman International* das so genannte *Radar-Gewebe* als jüngste Ergänzung der speziellen antistatischen *Coverstat*-Produktreihe entwickelt. *Radar* wird aus 75 Prozent Baumwolle hergestellt, die mit Polyester und antistatischen Stahlfasern ver-

Abb. 9: Arbeitskleidung mit Lichtschutzfaktor 80, Uvex

stärkt ist. Die Stahlfaser verbindet sich gut mit dem Gewebe, es ergibt sich ein weicher Fall und angenehmer Griff.

Zum Schutz vor elektromagnetischer Strahlung bietet *MH Rayline* elektronisch ableitfähige Schutzkleidung, bestehend aus einem High-Tech-Gewebe mit abschirmendem Kern aus Metallgitter oder Drahtgeflecht, das dem Prinzip des Faradayschen Käfigs folgt. Mit diesen Geweben lassen sich Produkte realisieren, die als metallisches Gitter wirken und dabei sehr fein sind.

Die Pflege ist so problemlos wie bei Baumwolle und anderen Geweben.

5. Zwei Trends bestimmen die zukünftige Arbeitskleidung

Bereits jetzt zeichnet sich ab, dass sich Berufsbekleidung in den kommenden Jahren sehr stark verändern wird. Hierbei sind zwei Trends bestimmend: Berufsbekleidung wird zunehmend als

Marketinginstrument im Sinne einer Corporate Identity eingesetzt. Und: Die Berufsbekleidung von morgen wird intelligent, sie wird sprechen, sich erinnern, sich orientieren, alarmieren, telefonieren und vieles mehr. Das Stichwort lautet Wearable Computer. Die Arbeitswelt wird immer flexibler und vernetzter. High-Tech wird selbstverständlich und übernimmt in Zukunft Sicherheitsaufgaben. Mit intergrierten Minirechnern, Handy und GPS in der Kleidung kann jederzeit und an jedem Ort kommuniziert werden. Die intelligente Arbeitskleidung informiert den Elektriker über elektromagnetische Strahlung, der Bauarbeiter weiß sofort, wie viel Dezibel sein Presslufthammer abgibt, in der chemischen Industrie geben in die Schutzanzüge integrierte Messsysteme Auskunft über chemische Verunreinigungen in der Luft. Informationen, die per SMS direkt in alle Welt verschickt werden können. Erste Modelle mit integriertem Wearable Computer von *Xybernaut* zeigen mögliche Einsatzgebiete von intelligenter High-Tech-Kleidung, deren Stromversorgung über eine Solarjacke sichergestellt wird, die beispielsweise mit mobilen Solarzellen von *Solarc Innovative Solarprodukte* in Berlin ausgestattet ist.

Abb. 10: Erste Smart Clothes für den Arbeitsplatz mit integriertem Computer von Xybernaut

Letztlich wird High-Tech-Fashion dabei helfen, den Trägern das größtmögliche Gefühl an Sicherheit zu geben, verbunden mit einem von den Herstellern versprochenen höchsten Tragekomfort. Die High-Tech-Textilien sind (noch nicht) für den Massenmarkt geeignet, jedoch für spezielle Anwendungen gerade im Berufsbekleidungsmarkt realisierbar.

Haustextilien und Bettwaren

Dietram Neuper

Die deutsche Heim- und Haustextilien-Industrie hat mit einem Anteil von über 30 Prozent am Umsatz der deutschen Textilindustrie einen sehr hohen Stellenwert. Deutsche Wohntextilien genießen Weltruf, der Exportanteil ist beträchtlich. Kreativität und Innovationen geben der Branche neue Impulse. Das Tempo der Veränderungen nimmt permanent zu. Neue Entwicklungen und Herausforderungen lassen sich mit hergebrachten Rezepten und Verhaltensweisen immer weniger meistern. Rückbesinnung auf Qualität und Kreativität, weg vom Preisdenken und hin zu Produktphilosophien könnten Impulse setzende Maßnahmen sein. Hier wird gerade die Funktionalität in Zukunft eine immer wichtigere Rolle übernehmen.

1. Bettwäsche

Wer gepflegte Ware verkaufen will, braucht qualifizierte Beratung, neue Dekorationen und stimmige Themen – Lifestylewelten und Erlebnischarakter spielen dabei eine wichtige Rolle. Zur Präsentation von Bettwäsche im Fachhandel sind geschmackvolle und in sich geschlossene Dekorationen anzustreben, d.h. Schlafwelten, die bei den Kunden Emotionen wecken. Dazu bedarf es einer fachkompetenten Beratung, um dem Verbraucher aufzuzeigen,

Abb. 1: Bettdecken, Centa-Star

dass Bettwäsche nicht gleich Bettwäsche ist und man nicht nur auf das Farbdesign und den Griff achten sollte, sondern auch auf den Mehrwert, den dieses Produkt bieten kann. Bettwäsche aus 100 Prozent Baumwolle hat nach wie vor eine überragende Bedeutung, jedoch werden bügelfreie und pflegeleichte Qualitäten weitere Umsatzanteile gewinnen.

Auf großes Interesse stoßen mit entsprechendem Produktzusatznutzen ausgestattete Entwicklungen, wie beispielsweise eine von *Malitex* angebotene, mit Rosenduft ausgerüstete Bettwäsche, die auch noch nach mehreren Wäschen ihr verführerisches Aroma behält. Von der gleichen Firma kommt eine innovative Gewebequalität, die aufgrund einer speziellen Ausrüstung die regenerierbare Fähigkeit besitzt, unangenehme Gerüche zu binden. Die Liebhaber von globalen Luxus-Labels aus den Bereichen DOB/Haka/Parfüm sowie von konsumigen Lifestyle-Marken kommen auch auf ihre Kosten. Zahlreiche Anbieter, darunter beispielsweise *Ibena (bugatti, s.Oliver)*, *Schmänk (Tom Tailor)*, *Kitan (Mexx, Esprit)* oder *Süllwold & Resch (Jette Joop)* haben sich mit entsprechenden Programmen für individuelle Wohnkultur rund um Bett und Bad auf diese Zielgruppe eingestellt.

Selbst im Bereich der Spannbetttücher bieten sich durchaus funktionelle Varianten an, wie etwa jene der *Wäschefabrik Rupp*, die ihre Artikel nach der Färbung nicht mit einem herkömmlichen chemischen Weichmacher versieht, sondern mit einem Aloe-Vera-Pflegeadditiv. Durch Aloe Vera wird die Ware noch weicher und glatter und weist alle positiven Eigenschaften dieses pflanzlichen Stoffes auf. Aufgrund der Körperwärme des Schläfers werden kleine Mengen des Extraktes freigesetzt, wodurch sich eine pflegende Wirkung auf die Haut entfalten kann. Auf der Messe Heimtextil 2002 in Frankfurt wurde von dem österreichischen Hersteller *Hefel Textil* das erste Spannleintuch aus 100 Prozent Lyocell vorgestellt. Diese Novität bietet hohen Feuchtigkeitstransport, sie ist seidig im Griff, pflegeleicht und strapazierfähig.

2. Bettwaren

Im Hinblick auf gesunde und angenehme Nachtruhe und das daraus resultierende Wohlfühlklima spielt die Qualität und Zusammensetzung der dabei verwendeten Bettwaren eine dominieren-

de Rolle. Das Thema „Sommerbetten" ist längst zu einer festen Institution geworden, ebenso wärmende Duo-Decken. Forschung,
Entwicklung und neue Technologien bestimmen auch heute den
Alltag in der Bettwarenbranche. Um am Markt bestehen zu bleiben, sind Kreativität, Experimentierfreude und Aktivität gefragt.
Der Handel sollte konsequent auf starke und bekannte Marken
setzen und seine Sortimente straffen. Der immer anspruchsvollere
Kunde sucht auch im Schlafbereich vermehrt Luxus in Verbindung
mit einem Mehrwert wie z.B. optimaler Atmungsaktivität, Temperaturausgleich, Geruchsminderung, antimikrobieller Ausrüstung,
Anti-Schimmelpilzausrüstung, Antistatik sowie Abschirmung gegen elektromagnetische Strahlung usw. ...

Mit einer neu entwickelten Produktpalette, die sich aus Matrat-
zenunterlage, Nackenstützkissen und Zudecken zusammensetzt,
wartet die Firma *Sanders* auf. Mittels einer metallisierten, hoch
leitfähigen und von einem Baumwollgewebe umhüllten Einlage
wird der Schlafende wirksam gegen elektromagnetische Strahlung abgeschirmt. Diese Innovation kann Schlafstörungen verhindern und eine entspannte Nachruhe fördern. Im Bereich In-
lett/Einschütte hat *Anton Cramer* ein daunendichtes Gewebe
entwickelt, welches sich durch permanente Geruch absorbierende
und antibakterielle Wirkung auszeichnet. Starke und störende Gerüche werden dabei in speziellen Molekülen aufgefangen und bei
der nächsten Wäsche wieder abgegeben; gleichzeitig wird das
Bakterienwachstum wirkungsvoll unterbunden. Durch den Waschvorgang erfolgt eine Neu-Aktivierung des Frischesystems.

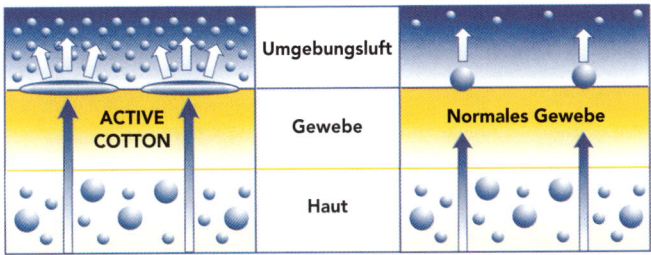

Active Cotton wirkt regulierend. Die Feuchtigkeit wird sehr schnell aufgenommen und
bei geringem Wärmeverlust auf breiter
Fläche nach außen transportiert.

Ein normales Gewebe hat eine wesentlich
geringere und langsamere Feuchtigkeitsaufnahme und -abgabe. Dadurch können
„Kältebrücken" entstehen.

Abb. 2: Active Cotton wirkt regulierend

Die Firma *Centa-Star* hat in ihrem Sortiment gleich mehrere Produkte mit funktioneller Ausrichtung. Aktive Temperaturregelung bietet eine neue Kissengeneration, deren Füllung aus *Trevira®Supersoft-3D*-Hohlfaserkugeln aus 100 Prozent Polyester besteht; die Hülle ist mit Outlast versteppt. Diese Kissen speichern und absorbieren die Körperwärme des Schläfers und geben sie bei Bedarf wieder an den Körper ab, wodurch bei Wärme ein kühlender, bei Kälte ein wärmender Effekt entsteht. *Trevira®Superloft* ist auch das Füllmaterial für die Bettdecke „Vital", die zusätzlich im Bezugsstoff Aloe Vera enthält. Dank einer Füllung mit der *Lysoft*™-Mikrofaser (50/50 Prozent Lyocell/Polyester) weist die Bettdecke „Vision" eine eingebaute Klima-Automatik auf. Die patentierte Füllung reguliert die Feuchtigkeit und Wärme im Raum zwischen Steppdecke und Schlafendem. Bei der Bettdecke „Royal" verarbeitet *Centa-Star Thinsulate*™ von *3M*. Diese Bettdecke arbeitet nach dem gleichen Prinzip wie Funktionskleidung. Sie ist extrem leicht, leitet Feuchtigkeit ab und wärmt dennoch. Für Allergiker wurde das Produkt *„Allergofit"* entwickelt, dessen Füllmaterial die

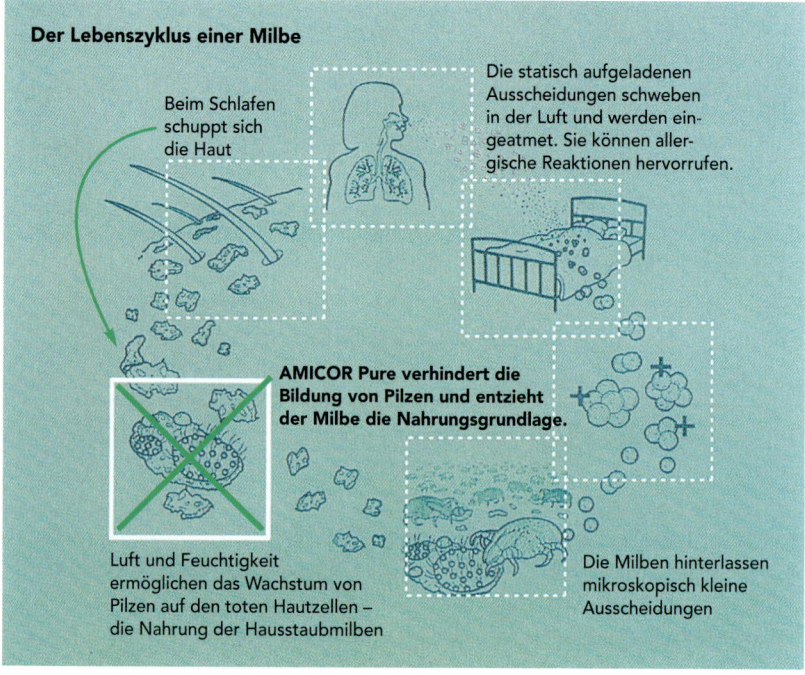

Abb. 3: Funktionsweise von Amicor Pure®

antimikrobielle Faser *Amicor Pure*® enthält. *Centa-Star* hat zusammen mit dem Forschungsinstitut Hohenstein ein Bewertungssystem für Bettdecken mit Komfortnoten entwickelt. Unter Einbeziehung von Schlafraumtemperatur und Körpergewicht kann der Kunde seinen ganz individuellen Wärmebereich ermitteln.

Eine antibakterielle Bettausstattung findet sich im Programm von Badenia: Mit der *Bioactive-Faser* von *Trevira*® wird dem Kunden eine neue High-Tech-Faser für besonders hohe hygienische Anforderungen geboten, die der Ausbreitung von Bakterien entgegenwirkt.

Mit *Thermolite*® vermarktet *DuPont* eine spiral-gekräuselte Hohlfaser, die eine besonders hohe Luftzirkulation im Steppbett bewirkt. Durch hohes Luftvolumen und Bauschelastizität entsteht ein angenehmes Mikroklima, das Feuchtigkeitsbildung reduziert und dadurch Wärme und Behaglichkeit vermittelt. Eine zusätzliche Komponente hemmt das Wachstum gängiger Bakterien und wirkt der Entwicklung von Hausstaubmilben entgegen. *DuPont* hat dieses *Thermolite*®-Konzept weiterentwickelt und bietet seit Frühjahr 2002 ein Steppbett gleich mit praktischer Transportverpackung im Rucksack, Matchbeutel oder Kissen. Für Allergiker geeignet ist die Faserfüllung *Quallofil*® mit zusätzlicher antibakterieller *Allerban*®-Ausstattung, die sich z.B. bei *Dunlopillo* im Sortimentsprogramm findet. Ebenfalls von *DuPont* kommt das bereits in der Sportbekleidung bewährte *CoolMax*®-Gewebe, das jetzt auch für Betten und Kissen erhältlich ist.

Polartech®, das sich ebenfalls schon in der Sportbekleidung bewährt hat, wird von *Dante Decken & Plaids* zu einer 650 Gramm leichten Decke verarbeitet, die ideal ist als Sommerbett sowie für Freizeitaktivitäten wie Wandern, Picknick und Camping.

Auch Matratzenhersteller setzen auf das Thema Funktion. So bietet beispielsweise *Tempur*® für Allergiker eine viskoselastische Polyester-Schaumstoff-Matratze, die bakterien- und schimmelpilzresistent ist.

Bei den Matratzen-Bezugsstoffen hat beispielsweise *Mattes & Ammann* mit einer hautpflegenden Aloe-Vera- und Feng-Shui-Schiene eine Novität entwickelt, die das angesagte Thema „Wellness" erfolgreich aufgreift. Ein mit einem speziellen Silberfaden ausgerüsteter Bezugsstoff entfaltet eine antibakterielle bzw. antistatische Wirkung.

Funktionelle Innovationen bietet ebenfalls *Bodet & Horst* mit Matratzenstoffen mit Anti-Schimmelpilz-Ausrüstung oder einem Anti-Statik-Stoff, der ohne Verwendung von Kohlenstoff- bzw. Metallfäden auskommt.

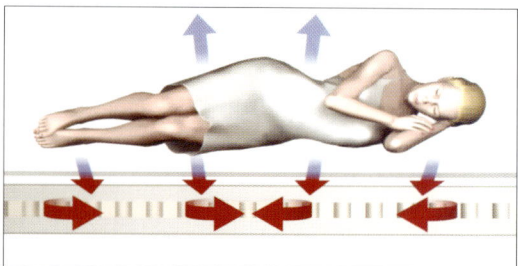

Abb. 4: Matratze mit herkömmlichem Bezug, Bodet & Horst

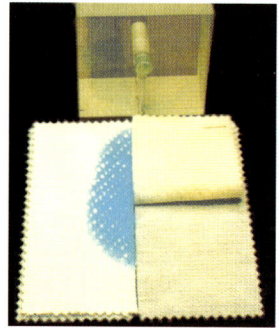

Abb. 5: Matratze mit Sleep-fresh-Bezug, Bodet & Horst

3. Tischwäsche

Tischwäsche mit Mehrwert ist eigentlich nichts Neues, bereits seit Jahren wird die Pflegeleichtigkeit als ein wichtiges Kaufkriterium vorausgesetzt. Heute gibt es fast keinen Tischwäsche-Hersteller, der sein Produktprogramm nicht auf diesen Kundenwunsch eingestellt hat – es sei denn, es handelt sich um einen Anbieter wertvoller Damastware aus Baumwolle.

Dank Acryl-Beschichtungen lässt sich heute Tischwäsche aus Baumwolle und Polyester so Schmutz abweisend ausrüsten, dass sie sich leicht feucht abwischen lässt. Mit Teflon auf Baumwolle werden ähnliche Ergebnisse erzielt. *Hornschuch*, Weissbach, bietet beispielsweise mit der Linie „Elegance" edle Jacquards mit diesem Zusatznutzen an. Aus demselben Unternehmen kommt auch ein Tischtuch mit rutschhemmender Rückseite. Auch *Kock*, Steinfurt, bietet Tischwäsche mit langlebiger Teflonbeschichtung für die Bereiche Haus und Garten an. Ähnliche Angebote funktioneller Tischwäsche finden sich auch in den Produktprogrammen von *Alkor, Zollner, Wäschekrone, Pichler* oder *Koppermann*.

4. Frottier

Kreativität in Design, Ausrüstung und Technik sowie Hochwertigkeit in der Qualität sind nach wie vor die erfolgreichen Wegbegleiter im Frottierbereich. Kein textiles Produkt – mit Ausnahme der Körperwäsche – hat eine derart hohe Berührungsfrequenz. Die Orientierung auf Zielgruppen und die Umsetzung des Set- und Kombinationsgedankens stehen bei nahezu allen namhaften Herstellern im Mittelpunkt. Materialmischungen aus 70 Prozent Baumwolle und 30 Prozent Lyocell (*Vossen*) oder Baumwolle mit Micro-Modal (*Friesen Frottier*) gewährleisten deutlich verbesserte Pflege-Eigenschaften, eine noch bessere Wasseraufnahme sowie eine ansehnlichere Optik. Die Sortimente für Bad, Sauna und Strand präsentieren sich äußerst vielfältig.

Beratungsgrundlagen für den Handel bei Heimtextilien

Hans-Jürgen Hömske

1. Die Funktionalität ist eine selbstverständliche Voraussetzung

Die Auswahl an Heimtextilien ist heute im Handel für den Verbraucher ebenso unüberschaubar wie das Angebot der Hersteller für die Einkäufer des Einzelhandels selbst. Es fehlen klare Modetrends sowohl bei Gardinen und Dekos als auch bei Möbelbezugsstoffen und besonders auch bei textilen Bodenbelägen. Höchstens einzelne modische Tendenzen rücken von Zeit zu Zeit in den Vordergrund und geben einen Hauch von Sicherheit für die Sortimentsgestaltung. Im Normalfall aber ordern die Heimtextilien-Einkäufer „aus dem Bauch heraus", lassen ihr eigenes modisches Gespür zu Wort kommen oder verlassen sich auf ihre meist recht ungenauen Kenntnisse über den Geschmack ihrer Kunden. Die allerdings haben ihrerseits meist selbst keine genauen Geschmacksvorstellungen und würden eine fundierte Modeberatung durch den Einzelhandel dem Kampf durch das Überangebot an Coupons und Musterstücken vorziehen. Insbesondere dann, wenn sie auf innovative Materialien aufmerksam gemacht werden, die einen Zusatznutzen bieten.

2. Niedrige Preise – keine Lösung auf Dauer

Bei diesem Dilemma, einerseits die Kundenwünsche erfüllen zu wollen und andererseits keine klaren Modevorgaben vor Augen zu haben, flüchtet sich der Einzelhandel vielfach in das Preismarketing als immer noch überzeugendstes Verkaufsargument. Damit aber tut speziell der Heimtextilien-Fachhandel weder sich selbst noch dem Verbraucher einen Gefallen. Das Fachhandelsgeschäft wird über den Preis niemals mit dem Großflächenanbieter konkurrieren können, der ihm sowohl in der Auswahl als auch in den Möglichkeiten der Preisgestaltung immer überlegen sein wird.

3. Funktion „pflegeleicht" ist Standard

Mit einer funktionalen Verkaufsargumentation über die Schönheit und über die Optik der Stoffe hinaus tut sich der Einzelhandel schwer. Dass Gardinen und Dekos heute pflegeleicht sind, setzt die Verbraucherin voraus. Die synthetischen Stoffe müssen in der Waschmaschine gewaschen und knitterfrei wieder aufgehängt werden können. Diese Attribute sind eine Selbstverständlichkeit und kein Gesprächsthema zwischen dem Einzelhandel und seinen Kundinnen. Es sei denn, der Kunde bevorzugt hochwertige Dekos aus Seide, Brokat oder Samt- und Veloursqualitäten. Diese Materialien bedürfen meist einer besonderen Pflege und werden besser der Textilreinigung überlassen.

Problematischer wird es da schon bei Kunden, die preisgünstige Qualitäten suchen, aber aus ökologischen Gründen synthetische Stoffe ablehnen. Für diesen Kundenkreis bieten Industrie und Handel Gardinen und Dekos aus reiner Baumwolle oder auch aus Leinen an, beides Materialien, die momentan nicht in der Hitliste der Modetendenzen vertreten sind. Sehr schnell stellte sich heraus, dass Naturmaterialien ohne jede weitere Ausrüstung beim Waschen eingehen und normalerweise vor dem Aufhängen auch noch gebügelt werden müssen. Die Mehrzahl der Heimtextilien-Einzelhändler verabschiedete sich deshalb wieder vom Öko-Trip, zumal sich auch herausstellte, dass das Gros der deutschen Hausfrauen die Pflegeleichtigkeit ihrer Gardinen und Dekos eindeutig der Naturbelassenheit der Stoffe vorzieht.

4. Spezielle Zusatznutzen deutlich machen

Über weitaus weniger Erfahrungen verfügt normalerweise das Verkaufspersonal, wenn es beispielsweise um die akustischen Auswirkungen einer textilen Fensterdekoration geht. Vor allem jüngere Verbraucherschichten, vielfach Kaufverweigerer bei herkömmlichen Gardinen und Dekos, werden im Einzelhandel kaum darauf aufmerksam gemacht, dass sie ihre Klangerlebnisse von der heimischen Stereoanlage durch den gezielten Einsatz von Stoffen im Raum optimieren können. Es gibt heute, zum Beispiel von *Girmes Deco*, Nettetal, Materialien, die die Tonfülle je nach Bedarf reflektieren oder absorbieren. Für den heimischen Bedarf bieten sich textile Wandbekleidungen, Fensterdekorationen und textile Bodenbeläge an, um den eigenen Hörgenuss zu vervollständigen und die Nachbarn vor Lärmbelästigungen zu bewahren.

Dass Gardinen und Dekos auf der einen Seite einen Sichtschutz bieten sollen, auf der anderen Seite aber so lichtdurchlässig sein müssen, dass sich das Tageslicht im Raum entfalten kann, ist heute ebenso eine Selbstverständlichkeit. Die Übergänge von der traditionellen Fensterdekoration zum Angebot an Verdunkelungsstoffen mit Rollos oder Sonnenschutzanlagen mit Lamellen ist fließend geworden. Hier werden Textilien, speziell in einer Technologie von *Trevira*, heute so verfestigt, dass sie alle Funktionen bis hin zum standfesten Raumteiler übernehmen können.

5. Schutz vor elektromagnetischen Feldern

Wohlbefinden lässt sich durch Gardinen und Dekos aber auch noch auf andere Art und Weise erzielen. Schon seit einigen Jahren sind Gardinenstoffe von *Swiss Shield*, dessiniert von *Pausa* in Mössingen, auf dem Markt, die vor elektromagnetischen Feldern schützen. Intensivstationen von Krankenhäusern, bisher fensterlos im Inneren der Gebäude, können lichtdurchflutet an Fensterfronten eingerichtet werden, wenn sie mit den entsprechenden Gardinen ausgestattet werden. Abhörsichere Büros sind möglich und auch Wohnungen unter Starkstromleitungen, bei denen sich die Bewohner durch Elektrosmog gefährdet sehen. Die Gardinenstoffe werden von dem nach Verkaufsargumenten suchenden Einzelhandel aber kaum angenommen, da sie seiner Meinung nach preislich nicht durchsetzbar sind. Andere Vertriebsschienen werden mit besseren Argumenten diese durchaus modisch aufgemachten, funktionellen Gardinen wohl bald im Markt platzieren.

6. Funktion „Brandschutz"

Bisher hat der Facheinzelhandel im Verkauf auch kaum das Argument der schwer entflammbaren Stoffe für sich genutzt. *Trevira CS*, mittlerweile zum Markenbegriff für diese Gattung von Stoffen avanciert, ist beim Einsatz im Objektgeschäft zur Selbstverständlichkeit geworden, da die Sicherheitsvorschriften für öffentliche Gebäude Flammen hemmende Stoffe vorschreiben. Früher ein eintöniger Objektartikel, haben sich *Trevira CS*-Artikel mittlerweile in einer Vielzahl von modischen Varianten im Markt etabliert. Sie haben längst auch in den Privathaushalten Einzug gehalten. Dies meist ohne die Kenntnis der Käufer, dass es sich hier um schwer entflammbare Stoffe handelt, die in ihrer Weiterentwicklung auch die Abgabe toxischer Gase deutlich reduzieren. Dass diese Stoffe nicht nur zur Weihnachtszeit – falls nicht nur Kerzen am Baum brennen, sondern die ganze Wohnung – einen echten Zusatznutzen für den Verbraucher bringen, hat der Einzelhandel in seinen Verkaufsgesprächen bisher kaum zum Ausdruck gebracht. Gardinen und Dekos, demnächst auch verfestigte Stoffe als bisher grobe und jetzt verfeinerte Monofile aus dem bislang rein technischen Bereich, werden einfach nur als modische Qualitäten vermarktet, ohne ihre besondere Funktion herauszustellen. Dabei stellen speziell Kinderzimmer eine besondere Gefahrenquelle dar. Zündelnde Kinder sind weitaus mehr als angenommen Ursache für gefahrvolle Wohnungsbrände. Es gibt ausreichend *Trevira CS*-Stoffe mit allen Brandschutzeigenschaften, die speziell in ihren Motiven und Farben für das Kinderzimmer kreiert wurden. Sie werden auch gekauft, aber in erster Linie wegen ihrer Gestaltung und selten wegen der *Trevira CS*-Funktion.

7. Neue Funktionen in Entwicklung

Die Industrie arbeitet mit Hochdruck an neuen funktionellen Entwicklungen. So wird es bald textile Flächen geben, die sich je nach Sonneneinstrahlung selbst verdunkeln oder aufhellen. Bisher konnten nur Sensoren die Antriebe elektronisch gesteuerter Sonnenschutzanlagen in Bewegung setzen. Es wird Fensterdekorationen geben, die Wärme speichern und bei abendlicher Kühle diese Wärme wieder abgeben können. Es wartet eine Fülle von intelligenten funktionellen Entwicklungen auf den Heimtextilien-Einzelhandel.

Vermarktungs- und Kommunikationskonzepte

Vermarktung von Funktionen

Kirsten Reinhold

1. Funktion im Handel: Markennamen, Werbung und Beratung

Zwischen den Kleiderständern mit Jacken und den Regalen mit Pullovern ist ein Podest aufgebaut. Darauf steht eine Puppe mit Joppe, Outdoor-Hose und Base-Cap. Davor liegen Baumstämme,

Steine und Cowboy-Hüte. Das sieht nach Natur und Sport, nach Aktion und Funktion aus. So präsentierte das Herren-Spezialhaus *Carl Hiller* in Karlsruhe seine atmungsaktive, wasserresistente und windundurchlässige Outdoor-Kleidung.

Die acht Verkäuferinnen der Sportswear-Abteilung werden zweimal im Jahr zu neuen Funktionen geschult. Parallel dazu werden diese neuen Funktionen den Stammkunden regelmäßig in persönlichen Briefen vorgestellt. Bei Sportswear ist das relativ einfach. Da sucht der Kunde nach Funktion. Die Marken sind bekannt aus dem Sportfachhandel, wo die neuen Anwendungsmöglichkeiten an Kletterwänden und beim Tiefseetauchen live zu erleben sind.

Abb. 1: Präsentation von Funktionskleidung am POS, Carl Hiller, Karlsruhe

Schwieriger ist es in der klassischen Herren-Abteilung. Da hängen bei *Carl Hiller* zum Beispiel die *Windstopper*-Hosen von *Brax*, die Outlast-Jacken von *Bugatti* und die geruchsneutralen Anzüge von *Digel*. Die sehen auf den ersten Blick so aus wie ganz normale Hosen, Jacken und Anzüge. Auf die Zusatzfunktionen weisen nur Hangtags hin. Außerdem nimmt sich das Verkaufspersonal viel Zeit für die Kundenberatung. Bei dem einen oder anderen funktionellen Produkt sind die Kunden besonders schwer zu überzeugen, hat der Herrenausstatter beobachtet, weil sie befürchten, in der

Kleidung sei zu viel Chemie. Mit einer Aktionswoche hat *Hiller* die Funktions-Anzüge eingeführt. Poster, Warenträger, Gewinnspiel-Karten und das Layout für Anzeigen in der Tageszeitung kamen vom Hersteller. Dabei arbeitet der Händler sehr eng mit den Herstellern zusammen. Das ist bei Sportswear anders. Da führt *Carl Hiller* vor allem amerikanische Marken. Von denen komme kaum Unterstützung, weil die zu weit weg sind. Aber das sind eigenständige Marken, die der Verbraucher als Funktionslabels kennt, berichtet der Händler.

Ähnliche Vorteile bringt der Name eines bekannten Funktionsfaser-Herstellers auf dem Etikett. Der Filialist *Bonita* zum Beispiel verkauft Kombis mit *Lycra*. Knitterfrei, elastisch, formstabil. Am POS sehen die Blazer und Blusen ziemlich unscheinbar aus. Ein kleiner Aufsteller, ein zusätzliches Hangtag mit dem Markenzeichen von *DuPont* für *Lycra* und einer kurzen Beschreibung des Mehrwerts. „Da steht schon der Begriff *Lycra* für die Qualität des Produkts", erklärt der Einkaufsleiter bei *Bonita*.

Zusätzlich starteten Hersteller und Händler gemeinsam eine aufwändige Marketingkampagne in Zusammenarbeit mit den Medien. Im redaktionellen Teil von „Bild der Frau" wurden die Kostüme und Anzüge vorgestellt. Die Leserinnen konnten neun Kombis gewinnen. Auf den Aufstellern am POS standen die Namen von *Bonita*, von *Lycra* und von „Bild der Frau". Dass diese Art von branchenübergreifendem Crossmarketing erfolgreich ist, hatten *Lycra*-Hersteller *DuPont* und Händler *Bonita* bereits eine Saison vorher getestet. Damals wurden Jerseykleider mit *Lycra* in der Frauenzeitschrift „Tina" vorgestellt. „Das hat den Abverkauf deutlich gepusht", erklärt der *Bonita*-Einkaufsleiter. Wichtig ist, so die Erfahrung von Händler und Hersteller, dass sich schon im Vorfeld alle an einen Tisch setzen und diese Aktionen genau planen. Damit werden Synergie-Effekte gebündelt und die Zielgruppe direkt und auf breiter Basis angesprochen.

1.1 Die Verantwortung des Verkäufers: Kundenberatung

Besonders bei Filialisten und in großen Warenhäusern sind Markennamen und Verbraucher-Werbung wichtig, denn dort wird häufig aus Personalgründen eines der stärksten Vermarktungs-Instrumente vernachlässigt: die Beratung. Mit ihr beeinflusst der

Verkäufer letztlich die Kaufentscheidung, denn die wird zum großen Teil im Gespräch zwischen dem Verbraucher und dem Verkäufer gefällt. Dieser hat direkten Einfluss auf den Kunden.

Und der Kunde ist nur bereit, mehr zu zahlen, wenn er den Mehrwert auch erkennt und versteht.

„Selbstverständlich war bislang eigentlich nur das Bügelfrei-Finish", räumt der Textilhersteller Brennet ein. Das *Teflon*-beschichtete Hemd mit Fleckenschutz dagegen brauche ausführliche Erklärungen. Und die erwartet der Kunde auch. Eine Studie des *Kundenmonitors* von *GfK* und *TextilWirtschaft* (TW), bei der im November 2001 über 1000 Männer und Frauen befragt wurden, bestätigte, dass 90 % der Kunden über die Vorteile neuer Materialien informiert werden wollen.

Die Verkäufer sind auch gern bereit, intensiver zu beraten. Das zeigt eine TW-Händler-Befragung, die 2001 durchgeführt wurde: „Kompetentes Verkaufspersonal ist für den Abverkaufserfolg funktionaler Textilien sehr wichtig", bestätigten dabei 99 % der 400 befragten Händler. Richtig erklärte Funktionen bieten gute Argumentationshilfen für den Verkauf am Kunden, sagten 93 % der Händler. Dennoch darf die Verantwortung für den Vermarktungserfolg von funktionellem Zusatznutzen in der Bekleidung nicht allein den Verkäufern überlassen werden.

Abb. 2: Flyer und POS-Katalog zu den Funktionsjacken von Fuchs & Schmidt

Besonders in den Bereichen, in denen die Funktion noch in den Kinderschuhen steckt, wie in DOB und HAKA, und vor allem, wenn der Mehrwert nicht sichtbar oder spürbar ist, fühlen sich Verkäufer häufig unter Druck gesetzt. „Viele haben Angst, dass der Kunde mehr weiß als er selbst", hat der DOB-Konfektionär *Fuchs&Schmitt*, Aschaffenburg, beobachtet. Hier ist der Hersteller gefragt.

1.2 Die Verantwortung des Herstellers: Händlerunterstützung

Die Händler wünschen sich mehr Unterstützung durch den Hersteller. Denn – auch das belegt die TW-Händler-Befragung – nur 50 % der Händler kennen die großen Anbieter im Funktionsstoff-Markt. Noch weniger bekannt sind deren Leistungsprofile. So trauen zum Beispiel nur 16 % der Befragten *Cordura* Kompetenz bei Schmutz und Fett abweisender Ausrüstung zu. Dabei ist das Material aus 100 % Polyamid laut Hersteller resistent gegen Fäulnis und Schimmel. Obwohl es zudem leicht zu reinigen sei und schnell trockne, sehen nur 15 % der Befragten in *Cordura* Easy-Care-Funktionen. Wenn der Händler die besonderen Qualitäten der Materialien nicht kennt, kann er sie auch nicht vermarkten.

Die Ergebnisse der Befragung zeigen, dass die Vermarktung von Funktions-Bekleidung Aufgabe aller Mitglieder der textilen Kette ist. Vom Faserhersteller bis zum Spinner, vom Weber bis zum Konfektionär, vom Hersteller bis zum Händler. Zwischen allen Stufen muss ein reibungsloser Informationsfluss bestehen. Jeder muss den besonderen Mehrwert kennen, den der Verkäufer dann letztlich dem Kunden im Laden als Zusatznutzen verkauft. Natürlich mit Unterstützung von POS-Materialien, Werbung und Event-Marketing. Denn am Markt bestehen wird nur ein überzeugendes Produkt zu einem akzeptablen Preis, das der Verbraucher kennt und versteht.

2. Vom Faserhersteller zur Marke

Sympatex startete von 1986 bis 1991 die erste Phase der Verbraucher-Werbung mit einer großen Anzeigenkampagne in den Printmedien. Ganz pragmatisch wurde dort die Membran vorgestellt mit den Attributen winddicht und wasserdicht. Ziel war es, diese Eigenschaften untrennbar mit dem Namen *Sympatex* zu verbinden. Ende 1991 bestätigte eine Verbraucherbefragung, dass die Funktion im Kopf ist. Dann kam Phase zwei – die Fernsehwerbung. Die war deutlich emotionaler und vermittelte dem Zuschauer das Gefühl, *Sympatex* sei der gute Freund, der alle Probleme löst, der Rundumversorger. Das war gewissermaßen der Schritt vom Produkt zur Marke, von der Membran zum Funktions-Pullover. Inzwischen gibt es sogar *Sympatex*-Socken.

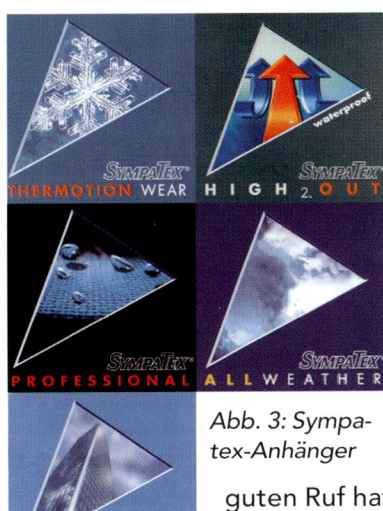

Abb. 3: Sympa-
tex-Anhänger

Ähnlich war es bei *Lycra, Tactel, Gore* und *Trevira* – bei den Funktionsmarken, die sich mit aufwändigen Image-Kampagnen einen Namen im breiten Markt gemacht haben, beim Verbraucher und beim Händler. In der TW-Händlerstudie von 2001 waren diese Marken mehr als 80 % der Händler „namentlich bekannt". Gleichzeitig trauten die Händler ihnen die größte Funktions-Kompetenz zu. Oft auch auf ganz anderen Gebieten. Beispiel *Lycra*: Seinen guten Ruf hat sich die *DuPont*-Marke als Anbieter von Elastanen aufgebaut. Doch der Handel traut dem Label weit mehr zu. So bekam Lycra auch die besten Kompetenz-Noten bei kosmetischen Funktionen, die ja von Elastan beim besten Willen nicht zu leisten sind.

Teuer, aber wirksam

Diese Beispiele zeigen, dass breit angelegte Verbraucher-Werbung eines der wirksamsten Vermarktungskonzepte für Funktion in der Bekleidung ist. Selbst wenn sie wie bei *Trevira* schon mehr als 40 Jahre zurückliegt. Der Name ist in den Köpfen. Das Label kennt man, dem Label vertraut man wie einem guten Freund. Und Vertrauen ist eines der wichtigsten Verkaufsargumente. Aber es hat auch seinen Preis.

Sympatex hat umgerechnet etwa 150 Millionen Euro in die Werbung investiert. Heute kann sich das kaum noch ein Anbieter leisten. Auch *Trevira* würde eine Verbraucherwerbung wie in den 60er Jahren heute nicht mehr machen. Das würde sich, so ein Firmensprecher, „nicht mehr lohnen, zumal ein Off-Start heute wesentlich teurer ist".

Aber ohne diese Aktionen wäre *Sympatex* heute nicht die Marke, die sie ist. Und es ist nach wie vor wichtig, am POS bekannt zu sein, um diesen Bonus bei den Verbrauchern nicht zu verlieren. Die Marke wird in Zukunft sogar noch stärker an Bedeutung gewinnen. Besonders kleinere Konfektionäre, viel später in der textilen Kette, profitieren von der Bekanntheit des Faserherstellers. Das bestätigt auch der DOB-Hersteller *Fuchs&Schmitt*: „Die Namensbekanntheit des Faserherstellers ist entscheidend. Wir allein können die Funktion nicht einer breiten Masse nahe bringen." Selbst im funktionsverliebten Sportbereich hat, nach den Erfahrungen des Heilbronner Einkaufsverbandes Intersport, eine unbekannte Marke heute kaum eine Chance.

3. Werbung im Wandel

Die Markenbekanntheit ist ein entscheidender Vermarktungsfaktor. Also bleibt die klassische Verbraucherwerbung wichtig. Denn der Name muss immer wieder ins Gedächtnis der Verbraucher gerufen werden. *Gore-Tex* und *Sympatex* haben beispielsweise laut Spiegel-Outfit-Studie aus dem Jahr 2001 in der Markenbekanntheit leicht verloren. So gaben 58 % der 10.000 befragten Verbraucher an, sie kennen *Gore-Tex*, bei *Sympatex* waren es 68 %. Bei der Spiegel-Outfit-Studie vier Jahre zuvor waren es noch 65 % bei *Gore-Tex* bzw. 69,7 % bei *Sympatex*. Deshalb werden beide Hersteller auch in Zukunft in klassische Anzeigenwerbung investieren.

Dabei hat sich jedoch die Art der Werbung verändert. Heute werben viele Faserhersteller nicht mehr für ihre Marke im Allgemeinen, sondern für ein spezielles Produkt. Für die Hose mit der

Abb. 4 und 5: Sympatex-Anzeigen für All-Weather-Jacke

Windstopper-Membran, für das knitter- und bügelfreie Kleid. Deshalb findet die Verbraucher-Werbung immer häufiger gemeinsam mit dem Konfektionär für dessen besonderes Produkt statt: mit dem Namen des Faserherstellers und dem Namen des Bekleidungsherstellers.

DuPont, Gerolzhofen, beispielsweise unterscheidet in diesem Zusammenhang zwischen institutionellen Anzeigen, die keinen direkten Bezug zum kommerziellen Produkt haben, und Promotion-Anzeigen, bei denen produkt- oder markenspezifisch in Verbindung mit dem Konfektionär und dem Einzelhändler geworben wird. Während es früher fast nur institutionelle Anzeigen gab, mit denen Marken wie *Sympatex*, *Gore* und *Trevira* schließlich bekannt wurden, nimmt seit einigen Jahren die produktbezogene Werbung immer stärker zu. So sind heute bei *DuPont* nur noch 30 % der Anzeigen allgemeiner Art und 70 % bewerben das Kleidungsstück direkt. Die Faser muss über das Produkt bekannt werden, heißt es bei *DuPont*, und das möglichst früh in der textilen Kette.

Trevira informiert seine Kunden schon während der Produktentwicklung in Fachzeitschriften: „Mit Anzeigen in den Fachzeitschriften sprechen wir den Händler direkt an und erklären dort unsere Innovation." Genauso argumentiert *DuPont*: „Fachanzeigen sind schon in sehr frühen Entwicklungsphasen notwendig, um die Produkt-Story in der gesamten textilen Kette zu kommunizieren." Kommunikation ist ein Schlagwort, das bei der Vermarktung von Funktion in der Bekleidung eine immer wichtigere Rolle spielt. Kommunikation ist gleich Kooperation zwischen allen Stufen der textilen Kette.

4. Raus aus dem Labor, ran an den Verbraucher

Da die gigantischen Werbesprünge der 60er, 70er und 80er Jahre heute kaum noch für eine Marke allein möglich sind, setzen die Hersteller auf Kooperation. Die textile Kette ist enger zusammengerückt. Heute wird nicht erst das fertige Produkt am POS präsentiert, sondern schon die Idee. Zuerst muss geklärt werden, was der Verbraucher will. Über die Kommunikation mit allen Beteiligten der textilen Kette reift so das Produkt. Im Gestaltungs- und Entwicklungsprozess spielt heute die Kommunikation mit den Partnern aus Produktion und Distribution eine größere Rolle als je zuvor.

Immer häufiger wird eine Faser auch exklusiv für einen Konfektionär entwickelt. Das neue Material ist dann schon auf die Produktanforderung, das Design und die Zielgruppe des Konfektionärs zugeschnitten. Diese intensive Zusammenarbeit erleichtert nicht nur die Vermarktung des Produkts, sondern verkürzt auch die Entwicklungszeit deutlich: „Wenn wir früher fünf Jahre gebraucht haben, bringen wir Innovationen heute oft schon nach fünf Monaten auf den Markt", erklärt *DuPont*.

4.1 Der Kunde akzeptiert nicht alle Innovationen

Wer allein in seinem Labor neue Funktionen entwickelt, entwickelt oft am Markt vorbei. Die so genannten Wearables zum Beispiel – die in Bekleidung integrierte Elektronik – ist zwar bei den Medien

beliebt, wird aber vom Verbraucher noch nicht angenommen. „Damit ist der Markt noch überfordert. Da forschen Hersteller an den Bedürfnissen der Kunden vorbei", sagt ein Unternehmenssprecher der *Schoeller AG*, Sevelen.

Unverkäufliche Gimmicks wie die integrierten Handys mit tragbarem Kabelsalat und fünf Kilo schwerem Akku lassen sich auch mit den teuersten Marketing-Kampagnen nicht an den Kunden bringen. Im Gegenteil. Häufig schädigen sie auch noch den Ruf funktioneller Kleidung beim Verbraucher. Deshalb heißt es für viele Hersteller heute: Raus aus dem Labor, ran an den runden Tisch.

Abb. 6: E-Wear, Steilmann

Besonders intensiv ist die Zusammenarbeit am Marktplatz der Funktionen – beim Sport. „Es lief nie besser. Heute sitzen wir alle schon in der Entwicklungsphase an einem Tisch. Zum Brainstorming, zu Analysen, zur Diskussion darüber, was der Verbraucher will", berichtet *Intersport*-Chef Klaus Jost. Fast 40 Kommissionssitzungen habe der Verband im Jahr mit Herstellern und Händlern. So beginne mit der Produktentwicklung auch schon die Werbeplanung. Welche Seminare, welche Kampagnen, welche Events begleiten das neue Produkt? Alles das wird gemeinsam entschieden. Lange bevor die neue Faser auf dem Markt ist.

4.2 Die Vorstufe bleibt im Dunkeln

Die neue Faser ist da. Jetzt wird daraus ein Faden gesponnen, ein Garn gedreht, ein Stoff gewebt. Dabei dürfen die besonderen Eigenschaften nicht verloren gehen. Deshalb ist eine Zusammenarbeit zwischen Faserhersteller, Spinner und Weber unerlässlich. Viele Innovationen kommen inzwischen über die Fläche. Immer häufiger aber werden die neuen Materialien von den Vorstufen gemeinsam entwickelt.

„Die Spinner helfen, geeignete Weber zu finden. Die Stoffhersteller sind meist direkt am Entwicklungsprozess beteiligt", heißt es bei *Trevira*. Besonders zwischen Faser und Fläche ist die Zusammenarbeit sehr intensiv. In der Weberei werden Musterstoffe gefertigt, die *Trevira* im Techniklabor dann noch einmal genau auf Qualität prüft. Erst wenn alles stimmt, erhält der Weber die Materiallizenz und kann die Garne beziehen.

Am Marketing ist die Zwischenstufe jedoch selten beteiligt. Zu aufwändig, zu wenig Erfolg versprechend, zu kostspielig, sagen die Textil-Hersteller. „Selbst Marketing zu machen und Verbraucherwerbung zu starten, wie es die großen Faserspezialisten tun, ist für die Textilindustrie zu teuer", erklärt Günter Fürst von der *Brennet AG*, Bad Säckingen. So bleibt die Vorstufe meist im Dunkeln.

Besonders schwierig ist es für die Garnhersteller. „Für einen kleinen Mittelständler wie uns ist es gänzlich unmöglich, 5 % des Umsatzes in Marketing zu stecken", sagt Siegfried von Roth, Geschäftsführer der *Zwickauer Kammgarnspinnerei*. Mehr als 100 Produktneuheiten entwickle seine Spinnerei jedes Jahr. Aber die Spinnerei habe leider keinen bekannten Namen, deshalb wisse auch keiner von den Verbrauchern, dass diese Garne aus Zwickau kommen. Mit dem Schicksal des No-Name-Lieferanten hat sich die Spinnerei inzwischen abgefunden, was dort aber noch immer stört, ist die mangelnde Kommunikation. Zwar habe sich die Zusammenarbeit in der Vergangenheit gebessert, aber noch immer sei es manchmal wie „stille Post", wenn Informationen oder Reaktionen zu einem neuen Produkt weitergegeben werden. „Ich wünsche mir eine direkte Kommunikation auch mit den Stufen nach unseren direkten Kunden, also mit Konfektionären und Händlern. Nur so erfahren wir, was der Markt will."

5. Innovationen brauchen starkes Marketing

Umgekehrt sieht auch der Hersteller in der Vorstufe seine Produkte am POS nicht immer gut vermarktet. Für neue Funktionen wie UV-abweisend, geruchsabsorbierend und antibakteriell sei das Marketing viel zu schwach, kritisiert Günter Fürst, *Brennet AG*. „Die Erklärungen und Beschreibungen, die diese Zusatznutzen im Einzelhandel brauchen, finden kaum statt. Nur die Versender können die Informationen zu den neuen Qualitäten ausreichend präsentieren." Dabei ist der Geschäftsführer des Stoffherstellers durchaus selbstkritisch: „Seit der Einführung des Bügelfrei-Finishes ist es uns Herstellern auf dem Hemdensektor nicht gelungen, eine neue Entwicklung so an den Verbraucher zu bringen, dass eine echte Nachfrage entsteht." Diese Erfahrung hat auch Hans-Jürgen Hübner, Geschäftsführer der *Schoeller AG*, Sevelen, gemacht: „Die neuen Funktionen brauchen ein viel stärkeres Marketing. Aufwändiger und teurer." Allerdings, denn um beispielsweise den Wärmeeffekt überzeugend vorführen zu können, müsste der Händler schon eine Kältemaschine aufbauen.

5.1 Die Konfektionäre: Das Bindeglied zwischen Vorstufe und Verkauf

Noch intensiver als die Kooperation zwischen Faser- und Flächenhersteller ist die Zusammenarbeit zwischen Faser-Spezialist und Konfektionär. Er entscheidet, wie das Produkt in den Handel kommt. Er gibt der Funktion ihre Gestalt. Er hat den engsten Kontakt zum POS. Er ist das Bindeglied zwischen Entwickler und Verkäufer. Deshalb sind Kooperation und Kommunikation, aber auch Kontrolle zwischen Funktions-Spezialist und Bekleidungs-Hersteller besonders intensiv.

Sympatex zum Beispiel entwickelt für jede Qualität einen Leitfaden mit den technischen Richtlinien. Darin ist detailliert vorgeschrieben, was das Kleidungsstück können muss, wie Nahtführung und Reißverschluss-Abdeckung auszusehen haben. Seit Anfang 2001 kommen vom Membran-Spezialisten nicht mehr nur bindende Anweisungen für die Verarbeitung, sondern auch für das Design. Für das Material *High2Out* haben die zehn Lizenzpartner von *Sympatex* eine exakte Modell-Vorschrift erhalten. Umgekehrt wird auch die begleitende Printkampagne für das neue Material individ+uell auf die Lizenznehmer zugeschnitten.

Intensiv arbeitet auch *Gore* mit den Konfektionären zusammen, berichtet der DOB-Hersteller *Fuchs&Schmitt*. Vor Beginn der Kollektionsentwicklung besprechen die Faser-Experten mit den Designern die Machbarkeit der Entwürfe. Dann wird ein Muster genäht, von *Gore* geprüft und in überwachten Betrieben produziert.

5.2 Nichts geht über Schulung

Bei allen Mitgliedern der textilen Kette steht an erster Stelle der Vermarktung die Schulung. Aus ihrer Nähe zum POS wissen die Konfektionäre, wie entscheidend die Beratung im Laden ist. So sieht *Fuchs&Schmitt* ein Ziel darin, die wirkliche Macht den Verkäufern zu geben: „Wir verlangen dabei kein technisch hochwertiges Detailwissen, sondern eine emotionale Überzeugung vom Produkt. So lässt sich die Ware am besten verkaufen." Logisch, leicht zu erklären und leicht zu merken sollen die Argumente sein. Gemeinsam mit den Faser- und Stoffherstellern informieren die Konfektionäre den Handel über die neuen Produkteigenschaften.

Im Sporthandel sind diese Schulungen schon lange zur festen Institution geworden. Dort werden sie oft zu einem Erlebnis-Event. Die *Intersport*-Mannschaft testet den Tragekomfort der neuen Jacke, die Funktionswäsche, die Handschuhe, die Stiefel und die Socken beim Skifahren in den Alpen. Und die Ausrüster sind mit dabei.

5.3 Werbegags helfen verkaufen

Ein Muss sind ausführliche Schulungen aber vor allem auch in den Bereichen, in denen Funktion noch relativ neu ist und nicht unbedingt vom Verbraucher erwartet wird. Dort ist die Beratung am POS besonders wichtig, in den Modeabteilungen zum Beispiel. „Der Verkäufer muss den Mehrwert kompetent präsentieren, denn bei uns sucht die Kundin nicht zuerst Funktion, sondern Mode", erklärt Peter Boveleth, Inhaber des DOB-Spezialisten *Ambiente* in Mönchengladbach. Mit einer temperaturausgleichenden Jacke hat er

Abb. 7: Windstopper-Hosen, Brax

die ersten Schritte in Richtung Fashion mit Funktion gemacht. Um die Produktbesonderheit auch optisch sichtbar zu machen, hat er eine Folie mit Temperaturanzeiger in die Modelle eingesetzt, auf die die Verkäuferinnen noch einmal speziell hinweisen sollten.

Außergewöhnliche Werbegags helfen, das Produkt zu vermarkten. Für ihre Funktions-Programme entwickeln die Konfektionäre gemeinsam mit den Faserherstellern POS-Materialien wie Aufsteller, Hangtags, Prospekte. Der HAKA-Hersteller *Brax* hat ein komplettes Vermarktungsprogramm für seine Funktionshosen mit Windstopper zusammengestellt. „Funktion ist ein zusätzliches Verkaufsargument – wenn sie richtig vermarktet wird. Dabei arbeiten wir eng mit dem Faserhersteller zusammen. Los geht es mit gründlichen Verkäuferschulungen. Für den Verbraucher direkt präsentieren wir Booklets, werben mit Direkt-Mailings, Vorführ-Aktionen und Events."

6. Zusammenfassung und Zukunftsvisionen

Der Aufkleber „bügelfrei" sagt alles. Aber bei den neuen komplexen Funktionen reicht ein Etikett mit der Beschreibung des textilen Mehrwerts nicht mehr aus. Mit der schriftlichen Beschreibung lässt sich allenfalls beim Versender, der auf diese Art des Marketings beschränkt ist, eine atmungsaktive, geruchsabsorbierende Bluse zum Dreifachen des Normalpreises verkaufen.

Die Face-to-Face-Beratung im Laden ist das wichtigste Vermarktungsinstrument für Funktion in der Bekleidung. Faser- und Flächenhersteller, Konfektionäre und Händler sind sich einig: Kampagnen, Aufsteller, Direct-Mailings – nichts kann das direkte Gespräch im Laden ersetzen. Hersteller, Vorlieferanten und Händler müssen sich also gegenseitig über den Mehrwert informieren. Und die Entwickler müssen sich wiederum am Markt informieren, welche Funktion gewünscht wird, welcher Mehrwert ein Verkaufsargument am POS ist.

6.1 Verkaufsförderung durch Emotionalität

Im Handel wird die Vermarktung von funktioneller Bekleidung in Zukunft immer stärker über Emotionalität gehen: „Es gibt nichts, was über das Fühlen, Hören und Sehen hinausgeht. Deshalb bin ich sicher, dass bei der Vermarktung von Funktion die Erlebnis-Events mit den persönlichen Tests des Mehrwerts in der Kleidung immer stärker zunehmen werden", prognostiziert *Intersport*-Chef Klaus Jost. Das muss nicht immer heißen: Raus auf die Piste oder in die Alpen mit Stammkunden. Das kann dann auch im Laden passieren – mit Kletterwand, Kältekammer oder Wasserbecken.

Drei wichtige Zukunftstrends bei der Vermarktung von Funktion in der Bekleidung sieht Jost: „Flyer bleiben weiter am wichtigsten, weil sie dem Verbraucher am besten den besonderen Wert und den besonderen Preis von Funktions-Kleidung erklären. An zweiter Stelle kommt das Direct-Mailing mit Hilfe der Kundenkarte, bei dem der Kunde gezielt angesprochen werden kann. Und Platz drei werden Events einnehmen. Emotionales Marketing hat die nachhaltigste Wirkung."

Aber auch klassische Verbraucherwerbung wird weiter gepflegt. Gemeinsam mit dem Partner in der Produktion und im Verkauf, produkt- und markenspezifisch. Am wichtigsten allerdings ist die richtige Funktion, die der Kunde nicht nur versteht, sondern auch verlangt. Sonst nützt das beste Marketing nichts.

Animierendes Visual Merchandising

Cornelia Gottwald

Visual Merchandising bedeutet, Produkte und die Philosophie eines Unternehmens (Image) verkaufsfördernd für das Auge der Kunden zu inszenieren. Überall dort in einem Geschäft, wo der Kunde die Ware sieht und/oder mit ihr in Berührung kommen kann: in allen Werbemedien, auf der Website des Unternehmens, im Schaufenster, auf gestalteten Dekoinseln oder am POP (point of purchase, Punkt des Einkaufs) im Regal oder auf Warenträgern. Bewusst nicht am POS (point of sale, Punkt des Verkaufs), da Visual Merchandising nur funktioniert, wenn es aus der Sicht des Kunden – und nicht der des Händlers – gestaltet wurde.

Kunden wollen beim Einkaufen gleichzeitig stimuliert (es ist aufregend, ein Produkt zu besitzen) und beruhigt werden (ein Produkt löst mein Problem). Die Aufgabe des Visual Merchandising ist es, dieses Spannungsgefühl zwischen Aufregung und Entspannung zu erzeugen.

1. Unternehmen als Marke präsentieren

Kunden sehen ein Unternehmen insgesamt als Marke, deren Image sich aus Kommunikation, Visual Merchandising, Sortiment (inklusive der geführten Marken), Dienstleistungsangebot und Value-Proposition (welche ideellen Werte ein Unternehmen verkörpert) zusammensetzt.

Damit die einheitliche Aussage der Marke „Unternehmen" erhalten bleibt und gleichzeitig funktionelle Textilien optimal präsentiert werden, sind folgende Punkte zu beachten:

- **Stimmigkeit zwischen Unternehmensimage und Angebot an Funktionstextilien**
Das gilt für die Sortimentsgestaltung, die Marke, von der die Funktionstextilien kommen, und das Preisniveau, in dem sich das Unternehmen bewegt. Es macht wenig Sinn, diese Produkte nur deshalb in das Sortiment aufzunehmen, nur weil der Mitbewerber

sie auch führt. Vielmehr sollte man darauf achten, ob die Marken im Sortiment und deren Preisniveau zum eigenen Unternehmen passen.

- **Sortimentsbreite und -tiefe innerhalb weniger Marken bereitstellen**

Um eine Marke aussagekräftig zu präsentieren und deren Kompetenz darzustellen, ist ausreichend Fläche notwendig.

Damit die Ware im Innenraum überhaupt in ansprechender Form separat gezeigt werden kann und der Kunde nicht nach Sichten der gut präsentierten Ware im Schaufenster enttäuscht wird, ist auch eine bestimmte Warenmenge nötig. Jedes Handelsunternehmen sollte sich vor der Entscheidung, Funktionskleidung zu führen, darüber im Klaren sein, dass dafür der entsprechende Raum zur Verfügung stehen muss. Wird nur ein Modell in verschiedenen Größen eingekauft, vermittelt diese Menge nicht glaubwürdig die Kompetenz eines Unternehmens, die nötig ist, den Kunden beim Kauf von Funktionskleidung zu überzeugen.

- **Marken lebendig halten**

Funktionsbekleidung lebt von ständigen Innovationen, die beim Kunden Vertrauen in die Kompetenz einer Marke voraussetzen. Bekanntheit beim Konsumenten ist gleichbedeutend mit Kompetenz. Laut aktuellen Umfragen traut der Kunde hauptsächlich solchen Unternehmen Kompetenz in Sachen Funktionsbekleidung zu, die sich in den Bereichen Outdoor-und Sportbekleidung bereits etabliert haben. Deshalb kommt der Präsentation der jeweiligen Marke eine hohe Bedeutung zu.

Durch wechselnde Programme, ständig aktualisierte Bestückung und gut geschultes Personal bleiben die präsentierte Marke lebendig und die Kompetenz erhalten.

2. Die Präsentation der Produkte

Die Präsentation funktionaler Textilien macht es notwendig, deren besondere Eigenschaften für den Kunden schnell erfassbar darzustellen. Dies erfordert erhebliches Know-how, insbesondere, wenn das Kleidungsstück nicht nur eine, sondern gleich mehrere Funktionen in sich vereint. Diese besonderen Funktionen sind Trageeigenschaften, die in der Regel nicht auf den ersten Blick erkennbar sind. Die Vorteile sind nicht offensichtlich, sie zeigen sich in ihrer Wirksamkeit erst dann, wenn der Kunde das Kleidungsstück (länger als bei einer „normalen" Anprobe) trägt und bei längerem Gebrauch merkt, dass es nicht nur modische Aspekte, sondern auch Komfort, Beständigkeit und Leistung in sich vereint. Visual Merchandising hat hier die Aufgabe, das sichtbar und erstrebenswert zu machen, was letztendlich das Tragen dieses Kleidungsstücks verspricht: gut auszusehen, modisch up to date zu sein, sich wohl zu fühlen und Zeit zu haben für die schönen und wesentlichen Dinge im Leben.

Ausgehend von den Sehgewohnheiten der Menschen, die ein Kleidungsstück unabhängig von irgendwelchem Markenbewusstsein kaufen, nehmen Kunden in dieser Reihenfolge die genannten sichtbaren Komponenten wahr:

Zuerst muss gefallen:	– Farbe
	– Muster
	– Passform + Schnittgestaltung
	– Preis
Dann wird geprüft:	– Größe
	– Eigenschaften (Material, Pflegeeigenschaften, sonstige Eigenschaften)

Die Komponenten des „Gefallens" stehen meist (bei Frauen immer, bei Männern immer mehr) vor den Komponenten der „Vernunft". Denn ist der Preis noch so günstig oder das Material noch so edel, der Kunde kauft nicht, wenn das Kleidungsstück an ihm nicht gut aussieht.

Die sichtbaren Eigenschaften können durch Anprobieren in Bezug auf den Nutzen „attraktiv aussehen" persönlich überprüft werden.

Durch Erfahrung haben die Kunden gelernt, dass Etiketten die Wahrheit sagen, was Größe, Material, Pflegeeigenschaften und den Preis betrifft. Hängt neben dem Preisschild ein Etikett, worauf steht „winddicht", „Klimakomfort" oder „fleckgeschützt", sind das Versprechen, die der Kunde glauben kann oder nicht.

Auch bei Funktionskleidung gilt in Bezug auf das Visual Merchandising die bewährte AIDA-Regel, nach der Kaufentscheidungen getroffen werden:

- Attraction – Aufmerksamkeit erzielen
- Interest – Interesse hervorrufen
- Desire – Verlangen wecken
- Action – Kaufentscheidung herbeiführen

Wie erreicht man aber am POP Aufmerksamkeit?

Kunden gefühlsmäßig ansprechen

Visual Merchandising muss in diesem Fall so funktionieren wie eine animierende Anzeige in einer Zeitschrift: Der Kunde reagiert zunächst gefühlsmäßig auf den dargestellten Nutzen, den das entsprechende Kleidungsstück verspricht. Erst dann ist er bereit, dem Verstand Zeit zu geben, im Rahmen der aktuellen Möglichkeiten die Richtigkeit des Gefühls zu überprüfen. Um diese Aufmerksamkeit zu wecken, eignen sich hervorragend stimmungsvolle Fotos, die Menschen glücklich, unbeschwert, zufrieden, sogar begeistert zeigen. Das Produkt muss dabei gar nicht auf dem Bild sichtbar sein, aber die zu verkaufende Ware sollte sich in unmittelbarer Nähe befinden.

Griffige Slogans, wie z.B. „Unbeschwert leben", „Easy living" oder „Hinterlassen Sie nur Spuren, die Sie wollen", runden die Bildbotschaften ab. Die Motive sollten das unbeschwerte Lebensgefühl für die jeweilige Zielgruppe vermitteln:

- „Auf den Regen pfeifen"
- „Durch den Schnee toben"
- „Kuschelig warm eins sein mit der Natur"
- „Durch Pfützen laufen"
- „Nach Herzenslust kleckern und krümeln"
- „Appetit aufs große Eis"
- „Weiß tragen ohne Schwarzsehen"

Für die Männer ist eine Kaufentscheidung nach wie vor abhängig von den verstandesmäßig beurteilbaren Faktoren, wie Passform, Bequemlichkeit und funktionale Trageeigenschaften. Trotzdem besteht für diese Zielgruppe noch Potenzial über die emotionale Ansprache, also sichtbar gemachte „Leidenschaft" wie Technik, Fitness, schöne Frauen („James Bond Feeling") modische Ansprüche, Interesse und Appetit auf die nachfolgende „Nahrung für den Verstand" zu wecken.

Abb. 1: Werbeslogan „Let life happen"; „Unbeschwert leben"

Genug Anregung für die Präsentation kann man sich aus Werbefilmen der Automobilhersteller holen. Beispielsweise wird in der Werbung für den Audi Allrad ein trendig gestylter Fahrer in einer wilden Landschaftskulisse von einem gefährlich aussehenden Truck verfolgt. Der Autofahrer hat die Situation voll im Griff und beschleunigt sein Fahrzeug. In dem Moment, wo durch die Beschleunigung eigentlich Abstand zum Truck sichtbar werden müsste, wird ein Abschleppseil zwischen den Fahrzeugen sichtbar. Nicht die Allrad-Technik selbst ist das Objekt der Aufmerksamkeit, sondern die Identifikation mit dem Fahrer weckt erst Interesse für die Technik.

Interesse wecken heißt, den Verstand beschäftigen

80 % aller Kaufentscheidungen werden aus dem Bauch heraus getroffen und Zielkäufe – der Kunde geht wegen eines bestimmten Artikels einkaufen – werden immer weniger. Beim Großteil aller Kunden entscheidet es sich in Bruchteilen von Sekunden, ob die erweckte Aufmerksamkeit ausreicht, um stehen zu bleiben und sich für die Ware näher zu interessieren.

Ist der Kunde gefühlsmäßig „betroffen", beginnt der Verstand mit der Analyse des Gegenstands, der das Gefühl ausgelöst hat. Jetzt erst ist der Kunde bereit, sich Zeit zu nehmen, schriftliche Informationen zu lesen oder einem Verkäufer zuzuhören, der den Nutzen des Produkts ausführlicher erläutert.

Mögliche Zielgruppen separat ansprechen

Sowohl schriftliche als auch mündliche Informationen werden nur so lange aufgenommen, soweit sie den Kunden persönlich betreffen und auf seine ganz individuelle Situation eingehen. In dem Moment, in der Information als nicht auf den Kunden zutreffend empfunden wird, verliert dieser sofort das Interesse und „verschenkt" keine Zeit mehr. Erst wenn er Feuer gefangen hat, können die Fakten überzeugen.

Damit die animierende Botschaft eindeutig und treffend beim Adressaten ankommt, ist es sinnvoll, die verschiedenen Zielgruppen für Funktionsbekleidung zeitlich und örtlich versetzt anzusprechen. Wahrnehmung ist abhängig vom jeweiligen Interesse. Deshalb braucht ein Snowboarder der Hip-Hop-Generation ein anderes Bild, mit dem er sich identifizieren kann, als beispielsweise der Bergwanderfreak über 50 Jahre. Dementsprechend sollte auch die Auswahl der verkaufsfördernden Mittel am POP sein:

- aussagekräftige und grafisch ansprechende Hangtaps bzw. Etiketten am Produkt (werden auch von den Herstellern bereitgestellt);
- knappe, übersichtliche schriftliche, bildliche oder erlebbare Informationen (Schilder, Plakate, Displays, Filme, Testräume) unmittelbar neben der Ware;
- gut geschultes Verkaufspersonal, das aufgrund eigener Erfahrung über die präsentierte Ware bestens Bescheid weiß, davon begeistert ist und noch auftauchende Fragen schlüssig und sofort beantworten kann. Wichtig ist, dass in der Warenpräsentation und im Verkaufsgespräch der Nutzen für den jeweiligen Kunden und nicht die Eigenschaften an sich dargestellt werden. Dies erfordert hohe fachliche Kompetenz, gute Beobachtungsgabe und im Verkaufsgespräch die Fähigkeit des Verkäufers, die „richtigen" Fragen zu stellen. Alter, Aussehen und Ausstrahlung des Verkäufers nimmt der Kunde sehr deutlich wahr. Sie beeinflussen intensiv die Glaubwürdigkeit der gemachten Aussagen.

Gerade Männer können durch kompetente Information – egal ob in mündlicher oder schriftlicher Form oder z.B. durch ein Infoterminal oder einen Video-Film, der am POP gezeigt wird – für High-Tech-Zusatznutzen begeistert und überzeugt werden. Bei den Frauen steht dagegen die Unkompliziertheit des Kleidungsstücks für eine Kaufentscheidung im Vordergrund.

Der Kunde muss durch die angebotenen Informationen das Gefühl bekommen, dass dieses Produkt wirklich sein „Problem" löst, ihm echten Nutzen und einen Mehrwert bringt, der den höheren Preis rechtfertigt.

Ideal ist es, wenn am POP echte Testmöglichkeiten bestehen. Das amerikanische Unternehmen REI hat in seinem Laden Kältekammern integriert, in die man mit isolierender Bergsteigerkleidung hineingehen kann und die Wirkung sofort am Körper spürt. Der Outdoor-Spezialist Globetrotter hat ebenfalls solche Kältekammern in seinem neuen Flagship-Store in Berlin integriert. Zusätzlich gibt es ein Testbecken für Kanus und die entsprechende Bekleidung. Die Anlage dient gleichzeitig als Eventfläche für Modeschauen und Vorträge.

Mehrwert deutlich durch Extraplatzierung herausstellen

Funktionelle Textilien müssen für den Kunden sofort sichtbar im Laden dargestellt werden. Hängen sie mit anderer Ware zusammen, ist die Chance, dass sich der Kunde damit befasst, wesentlich geringer. Suchen Kunden gezielt nach dieser Ware, finden sie sie durch die Extraplatzierung schneller und „sparen" dann Zeit ein, die sie für die nähere Auseinandersetzung mit den Produkten verwenden können. Dazu entsteht noch der Nebeneffekt, dass Kunden, die nicht gezielt nach Funktionsbekleidung suchen, auffällt, dass es sich bei den gezeigten Produkten um etwas Besonderes handeln muss.

Folglich sollte die Präsentation im Schaufenster ebenso separat von anderer Ware erfolgen und deutlich die Besonderheit hervorheben.

Events zum Thema „Funktionsbekleidung", z.B. eine Einladung zu einem Vortrag oder eine Testaktion, in der ausgewählte Kunden Ware zum Ausprobieren erhalten und nach einiger Zeit über ihre Erfahrungen mit den Produkten berichten, heben ebenfalls das „Besondere" der Produkte hervor.

Technik gefühlsmäßig erfassbar darstellen

Emotionale Bilder und griffige Slogans müssen im Schaufenster oder am POP in wenigen Sekunden informieren und das Gefühl ansprechen, dass dieses Geschäft Funktionsbekleidung führt und dass es sich lohnt, näher hinzuschauen. Wenn es möglich ist, sollten technische Sachverhalte so eingängig und simpel wie möglich für die erste Ansprache dargestellt werden. Wurde die Technik beispielsweise aus der Natur entliehen, könnte man die entsprechende Pflanze, das entsprechende Tier usw. als Aufhänger für die Dekorationsidee verwenden.

Handelt es sich um „Sonnenschutzkleidung" – Textilien, die die schädlichen Strahlen der Sonne absorbieren –, könnte die visuelle Animation analog zu Sonnenschutzmitteln sein. Hier werden auch nicht die negativen Auswirkungen der Sonne gezeigt, sondern Menschen, die die Sonne genießen, ohne Schaden zu nehmen. Die dargestellte Information soll interessant, darf aber nicht belehrend sein.

Ist ein Kleidungsstück wasserdicht, könnte man im Schaufenster oder am POP eine bekleidete Figur unter einen echten „Wasserfall" stellen. Die Bekleidung der Figur wird immer wieder ausgetauscht, so dass verschiedene Modelle und verschiedene Farben gezeigt werden können. Den emotionalen Blickfang „Wasserfall"

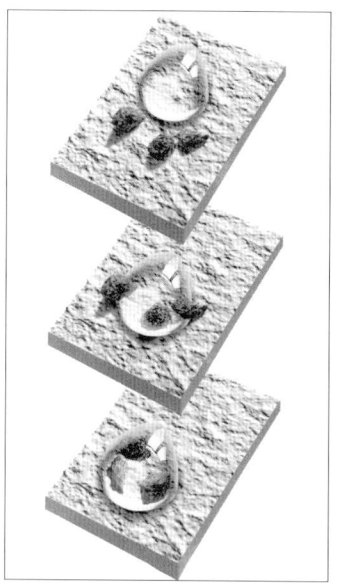

Abb. 2: Funktion einer mit dem Nano-Finish ausgerüsteten Ware, Schoeller® NanoSphere®

Abb. 3: Beregnungstest, Sympatex®

kann man langfristig immer wieder unterschiedlich einsetzen, so dass sich auch die Investition lohnt.

Fazit: Je schneller der Kunde durch animierendes Visual Merchandising die Botschaft (Funktion) des Produktes erfasst, umso mehr Zeit hat er, um sich mit den technischen Details auseinander zu setzen. Beide Faktoren führen letztendlich zur Kaufentscheidung.

Kommunikationskonzepte für funktionelle Textilien

Petra Knecht

„Zu viele Menschen machen sich nicht klar, dass wirkliche Kommunikation eine wechselseitige Sache ist." Diese Aussage des erfolgreichen amerikanischen Automobilmanagers Lee Iacocca Mitte der 90er Jahre hat die Entwicklung der Kommunikationsbranche nachhaltig bestimmt und sicherlich das Bewusstsein mit geschaffen, dass erst der Dialog mit dem Kunden die eigentliche Bindung zum Unternehmen ausmacht.

Dennoch wird in viel zu vielen Unternehmen der Kommunikation ein eher untergeordneter Stellenwert eingeräumt. Dies betrifft den zielgerichteten Informations- und Erfahrungsaustausch zwischen Vorgesetzten und Mitarbeitern und auch die Kommunikation zwischen den Mitarbeiten untereinander. Das breite Spektrum der externen Kommunikationsmaßnahmen wird meist nicht, noch häufiger aber unzureichend genutzt. Jedoch: Ohne Kommunikation wird und kann es nicht gelingen, die Basis für einen „echten" Durchbruch der Funktionstextilien auf dem Markt zu schaffen, denn funktionelle Textilien sind erklärungsbedürftig!

Das hervorstechendste Merkmal einer Vielzahl der neuen Materialien ist, dass sie gleich mehrere Eigenschaften bieten – genau das macht sie zu etwas Außergewöhnlichem und genau das ist aber auch die besondere Anforderung an die Kommunikation. Zukunftsmaterialien „können" etwas: Wind und Wetter abhalten, den Schweiß nach außen transportieren, Gerüche aufnehmen, Düfte abgeben ... kurz: den Tragekomfort steigern, also das Wohlgefühl verbessern. Gleichzeitig werden die Materialien noch dünner, leichter und insgesamt angenehmer auf der Haut. Forschungseinrichtungen, Textil- und Bekleidungsindustrie arbeiten ständig daran, diese Komponenten zu verbessern.

Und so gibt mittlerweile eine nahezu unüberschaubare Anzahl von innovativen Fasern, die – je nach Art der Verknüpfung untereinander – unterschiedliche Eigenschaften der Textilien erzeugen. Die Verwirrung ist perfekt, wenn der Kunde im Laden steht und an einem Kleidungsstück gleich zwei bis vier Hangtags entdeckt. Manche davon sind so unverständlich geschrieben, dass mehr Fragen bleiben, als Antworten gegeben werden. So verpufft das zunächst geweckte Interesse recht schnell, spätestens aber dann, wenn der Verkäufer im Gespräch die Vorzüge der einzelnen Textilien nicht erschöpfend genau erklären bzw. voneinander trennen kann.

Wer durch den Dschungel der Beschreibungen auf Anhängern kommen will, ist also auf Zusatzinformationen angewiesen. Und dies gilt nicht nur für die Mehrzahl der Kunden, die als „textile Laien" zuvor noch nichts von Funktionsbekleidung gehört, gelesen oder gesehen haben.Gleichzeitig führt schon heute z.B. bereits der banale Kauf einer neuen Regenjacke zu einem Entscheidungsdilemma: Der Kunde wünscht sich eine „Allround-Regenjacke", die schützen soll – bei Nieselwetter oder Platzregen, beim Spazierengehen, beim Wandern, Radfahren, beim Besuch im Fußballstadion etc. Im Handel erfährt er dann, dass es die gewünschten Funktionen zwar gibt, er sich hierzu jedoch am besten zwei bis drei Jacken zulegen müsste, um alle seine Wünsche befriedigen zu können. Statt Kauferlebnis entsteht beim Kunden Frust. Immer häufiger führt dies zu Kaufverzicht – er bleibt bei seinem alten „Friesennerz" mit drei Pullovern darunter und wartet erst mal ab.

Tatsächlich sind die gewünschten „Multitalente" künftig vermehrt unter dem Begriff „Softshells" im Handel erhältlich. Spätestens dann werden alle, die Funktionstextilien herstellen oder verkaufen,

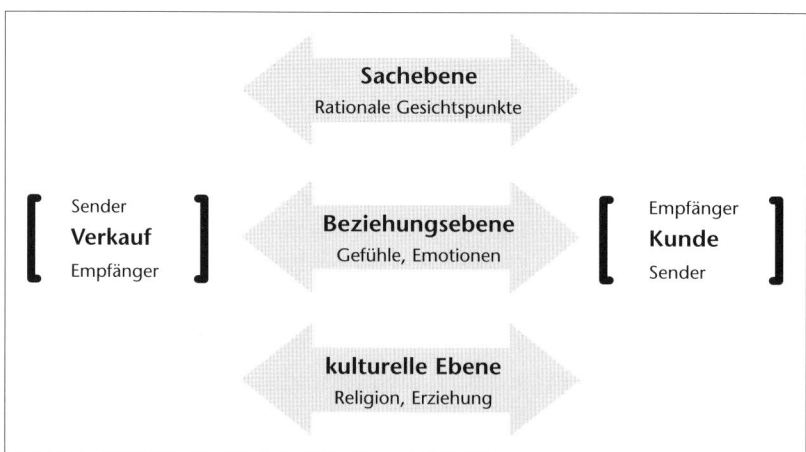

Abb. 1: Modell der drei Kommunikationsebenen

darauf angewiesen sein, dem Kunden größtmögliche Information über das Material und seine Eigenschaften zu bieten. Und dies geschieht einzig und allein über den Weg der Kommunikation.

Jegliche Form von Kommunikation, sei sie nun nach innen oder außen gerichtet, findet auf drei Ebenen statt. Rationale Gesichtspunkte prägen die Sachebene, Gefühle die Beziehungsebene und individuelle Werte wie Religion und Erziehung die kulturelle Ebene.

Bei der Kommunikation ist das persönliche Gespräch durch nichts zu ersetzen. Allerdings haben besonders die letzten Jahre gezeigt, dass neue Technologien neue Formen des Dialogs eröffnen und eine stetig wachsende Zahl von Anhängern finden. Dies gilt vor allem für jüngere Konsumenten, die ganz selbstverständlich per SMS kommunizieren und Informationen im World Wide Web abfragen, sogar über das Internet im Chat miteinander kommunizieren. Diese Internet-Generation hat keine Berührungsängste mit der Technik und wird die Qualität von Anbietern unter anderem danach messen, wie gut oder schlecht deren Kommunikationsmanagement ist.

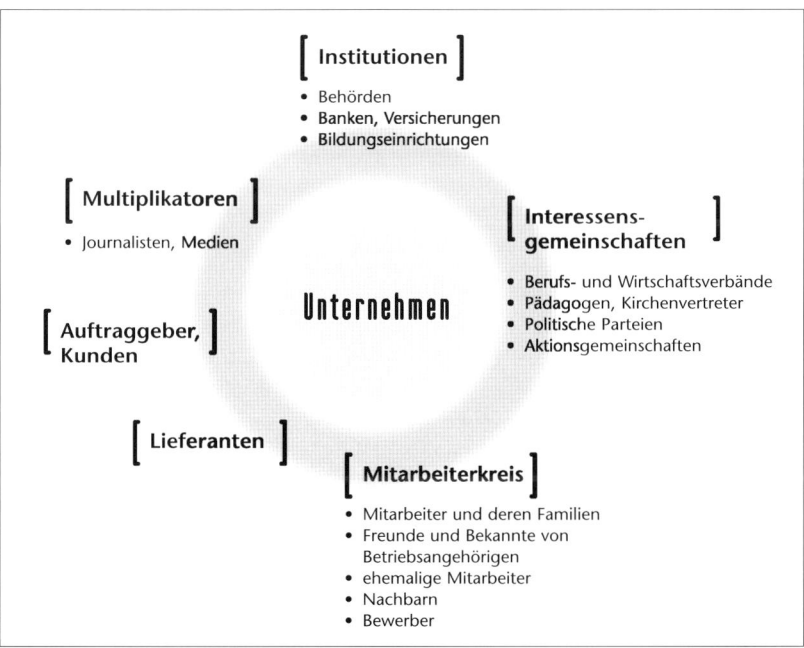

Abb. 2: Beziehungsgruppen eines Unternehmens

Diese Entwicklung macht auch vor der Unternehmenskommunikation nicht halt – und wird letztlich erst dann überzeugen, wenn interne und externe Kommunikation aufeinander abgestimmt sind und die Ausrichtung aller Aktivitäten den vorher strategisch definierten Unternehmenszielen dient. Gefragt ist dabei ein Kommunikationsmix, der die Authentizität des Unternehmens unterstreicht. Wer nur seinen Wettbewerber nachahmt, wird nie als eigenständig und einzigartig wahrgenommen werden.

Mehrwert kommunizieren

Laut der im Sommer 2002 erschienenen *Brigitte*-Kommunikationsanalyse entscheiden sich heute nur 8 Prozent der rund 26 Millionen Frauen zum Kauf von Kleidung, weil diese modisch aktuell ist. Die Mode allein ist demnach nicht das entscheidende Kaufargument. Ebenso ergab die Analyse, dass trotz erheblicher Werbeaufwendungen zahlreiche Unternehmen zwar die Markenbekanntheit und deren Sympathiewert steigern, nicht jedoch den Markenbesitz. 57 Prozent der Frauen kaufen Kleidung spontan, sie achten auf gute Qualität (84 %) und legen Wert auf gute Beratung (54 %).

In diesen Aussagen liegt der Schlüssel für die Frage, wie Funktionstextilien kommunikativ zu vermarkten sind: Es ist der Mehrwert, der für den Kunden erklärend aufbereitet und „erlebbar" gemacht werden sollte. Dies deckt sich auch mit den Aussagen des Wissenschaftlers Norbert Bolz, der im 21. Jahrhundert nur Produkten eine Überlebenschance gibt, wenn sie „einen Mehrwert anbieten, an den wir bisher noch nie gedacht hatten".

Funktionstextilien von heute haben zudem meist nicht nur einen Mehrwert. Sie sind dank verschiedener, miteinander kombinierter Eigenschaften multifunktionell – gerade diese Verknüpfung macht das jeweilige Produkt einzigartig. Bolz nennt dies den „linking value": Nicht allein das Produkt ist wichtig, sondern die Verknüpfungen, die das Produkt zu anderen „Produkten, Lebenschancen und Informationsmöglichkeiten" eröffnet.

Produkte sind so lange austauschbar, bis man es versteht, aufzuzeigen, wo ihre Unterschiede im Detail liegen und welcher individuelle Nutzen damit erzielt werden kann. Stimmen Produktversprechen und Wahrnehmung des Kunden überein, wird das Vertrauen in die Marke gestärkt. Ein weiterer Faktor ist, so der Essener Kommunikationswissenschaftler, die alte Designerformel „less is more" (weniger ist mehr): Kunden erwarten keine komplizierten Beschreibungen über ein Produkt, die sie dann letztlich doch nicht verstehen, sondern kurze, verständliche und gezielte Information – sowohl verbal, gedruckt als auch digital. Da sie künftig ohnehin erwarten, dass Produkte qualitativ hochwertig sind, ist es ihnen viel wichtiger, mit dem Produkt eine gewisse Lebensphilosophie einzukaufen. Bolz nennt diesen dritten Faktor den „spirituellen Mehrwert".

Seine Untersuchungen haben ergeben, dass die Kunden im „Zeitalter der Weltkommunikation" völlig andere Erwartungen hegen als bisher. Früher standen die Bedürfnisse im Vordergrund, heute ist es die Erfüllung von Wünschen. „Shopping ist nichts anderes als der Wunsch, verführt zu werden." Die wenigsten wissen vorher, was sie kaufen wollen. Sie gehen einfach los, um sich zum Kauf verführen zu lassen.

Weil durch Kommunikation Entscheidungen beeinflusst werden, wird in der Regel versucht, durch möglichst viele Worte zu überzeugen. Doch gerade das Gegenteil erreicht optimal den Empfänger. Je zielgerichteter die (kurze) Information ausgewählt und als Nachricht/Botschaft verbreitet wird, umso höher ist die Effizienz. Denn auch hier gilt der Spruch „less is more", weniger ist mehr.

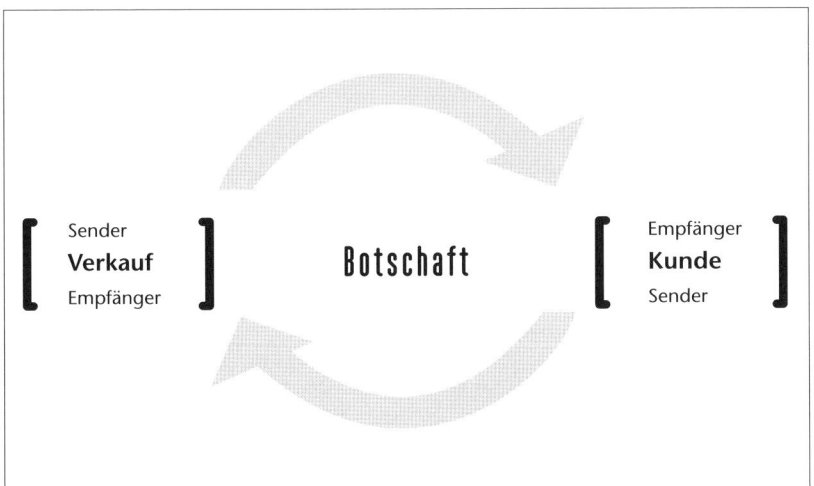

Abb. 3: Dialog mit dem Kunden

Gleichgültig, ob im Privat- oder Geschäftsleben: Jeder ist froh, wenn das, was ihm vermittelt wird, kurz, prägnant und einprägsam ist. Zu groß ist die Flut der Informationen, die jeden Tag „hereinprasseln". Hängen bleibt da nur, was genau das eigene Interesse trifft und zur persönlichen Lebenseinstellung passt.

„Sage nicht immer alles, was du weißt. Wisse aber immer genau, was du sagst", lautet ein altes chinesisches Sprichwort. Kommt ein Kunde zu einem Verkäufer, um sich beraten zu lassen, möchte er z.B. nicht unbedingt den genauen Unterschied zwischen *Gore*- und *Sympatex*-Membranen wissen. Vielmehr interessiert ihn, welche Faser für seine Ansprüche die beste ist.

Mit Profis Kommunikationskonzepte erarbeiten und umsetzen
Was hier teilweise manchmal theoretisch klingen mag, ist jedoch im Grunde essenziell wichtig und bedeutet: Kommunikationsmaßnahmen überlegt einsetzen und mit deren Hilfe den Zeitgeist ansprechen. Die Vielschichtigkeit der Aspekte zeigt, dass Do-it-yourself-Maßnahmen verpuffen. Unternehmen werden, wenn sie „Zukunftstextilien" erfolgreich vermarkten wollen, nicht daran vorbeikommen, sich einen Partner zu suchen, der die Vorteile des Produkts professionell kommuniziert. Entscheidend hierbei ist, dass dieser Partner zur eigenen Unternehmensgröße und -philosophie passt (sei es nun eine Werbe- und/oder PR-Agentur) und das Unternehmen ihm klar definiert, welche Ziele mit den Kommunikationsmaßnahmen erreicht werden sollen und welcher Etat dafür bereitgestellt werden kann.

Zur Verdeutlichung, woran sehr gute technische und vom Markt auch gewünschte Ideen scheitern, ein Beispiel aus der Praxis: Ein großes Sportfachgeschäft ließ explizit für seine Kunden eine so genannte „Wetterkammer" installieren. Es wurde zwar in einigen Prospekten darauf hingewiesen, Kunden fanden diese Neuerung jedoch erst nach einigem Nachfragen in einer Ecke der Outdoorabteilung. Kein Hinweisschild wies den Weg. Dort endlich angekommen, stellte sich die nächste Frage: Was soll hier eigentlich demonstriert werden? Zu dürftig waren die schriftlichen Informationen, die dort vorgefunden wurden. Das Sporthaus hat zwar viel Geld in eine Idee investiert, diese dem Kunden dann aber keineswegs kommuniziert bzw. deren Nutzen herausgestellt.

Fazit: Unternehmen neigen dazu, eher in Technik als in Kommunikation zu investieren. Doch was nützt das schönste und teuerste Equipment, wenn Kunden davon spät, nie oder nur ungenügend erfahren?

In der Kommunikation überzeugt derjenige, der bei seinem Gegenüber (Empfänger) Vertrauen aufbaut, versteht, die Sprache der Zielgruppe zu treffen und deren Werte und Gefühle zu berücksichtigen – wer also den „Nerv" trifft.

In Anbetracht knapper Finanzmittel ist es umso wichtiger, die Ausgaben für Kommunikation zielgerichtet einzusetzen. Da bei der klassischen Werbung (Anzeigen, TV-, Radio- und Kinospot etc.) Streuverluste nicht zu vermeiden sind, haben POS-Marketing (Point of Sale) und PR-Aktivitäten an Bedeutung gewonnen. Eine Verteilung von 60 Prozent (klassische Werbung) zu 40 Prozent (POS + PR) wird zunehmend praktiziert. Dies ist insofern sinnvoll, da Werbekampagnen, die immer nur kurz- bzw. mittelfristig wirken, erst mit begleitenden Maßnahmen (Kommunikationsinstrumenten) effektiv sind. „Ganzheitliche Kommunikation" ist das neue Schlagwort. Umgesetzt werden kann dies allerdings nur mit Experten, die es verstehen, die Koordination sämtlicher Einzelinstrumente sinnvoll zu steuern.

Als Faustregel können folgende Angaben dienen:

- Werden unter 2,5 Prozent des Umsatzes für Kommunikationsmaßnahmen ausgegeben, wird der Bekanntheitsgrad zu wünschen übrig lassen und die Kundenfrequenz eher gering sein.
- Ausgaben von 2,5 bis 5 Prozent schaffen zwar in bestimmten Perioden Aufmerksamkeit, doch lassen sich damit noch keine kontinuierlichen Geschäftserfolge erzielen.
- Mit 5 bis 8 Prozent Ausgaben für Werbung, Verkaufsförderung am POS und PR-Ausgaben wird erfahrungsgemäß bereits erheblicher „Druck" erzeugt.

Wie viel im Einzelfall angemessen ist, können Unternehmen auch über den Gewerbeverein, Einkaufs- oder Berufsverband erfahren bzw. fachlich qualifizierte Ansprechpartner befragen.

Corporate Identity – Optik und inhaltliche Aussage
Ein Produkt muss sich stets unverwechselbar präsentieren, muss sich selbst darstellen, und zwar durch einen Mehrwert an Information

und praktischem Nutzen. Die Präsentation beginnt im Geschäftsleben bereits bei dem Austausch der Visitenkarten. Diese signalisieren dem Gegenüber „ich bin wer", ich habe eine „Funktion". Die Anordnung von Name, Adresse, Telefon, Fax usw. gibt hier erste Hinweise auf das Selbstverständnis des Unternehmens. In Kombination mit dem Logo und dessen Ausgestaltung lassen sich schon erste Schlüsse ziehen: Präsentiert sich das Unternehmen eher stilvoll und elegant oder als „graue Maus", sind Schrift und Logo eher schrill und bunt oder modern und lifestylig, vermittelt die Visitenkarte das Gefühl von Know-how und Einfühlungsvermögen?

Die Gestaltung der eigenen Visitenkarte erlaubt also bereits einige Rückschlüsse auf das Unternehmen und sie kann der Schlüssel für eine langfristige Beziehung sein.

Wie mag es da erst bei den anderen Geschäftsdrucksachen, Druckschriften wie beispielsweise Brief- und Faxpapier, Rechnungen, Kurzmitteilungen etc. gehen? Noch viel einprägsamer müssen alle Werbe- und Verkaufsunterlagen, angefangen von der Anzeige, über den Flyer (z.B. als Zeitungsbeileger), die Broschüre bis hin zum Internetauftritt sein. Wird hier nicht klar und deutlich im Sinne der Corporate Identity eine Marke präsentiert und installiert, ist der Auftritt sogar kontraproduktiv.

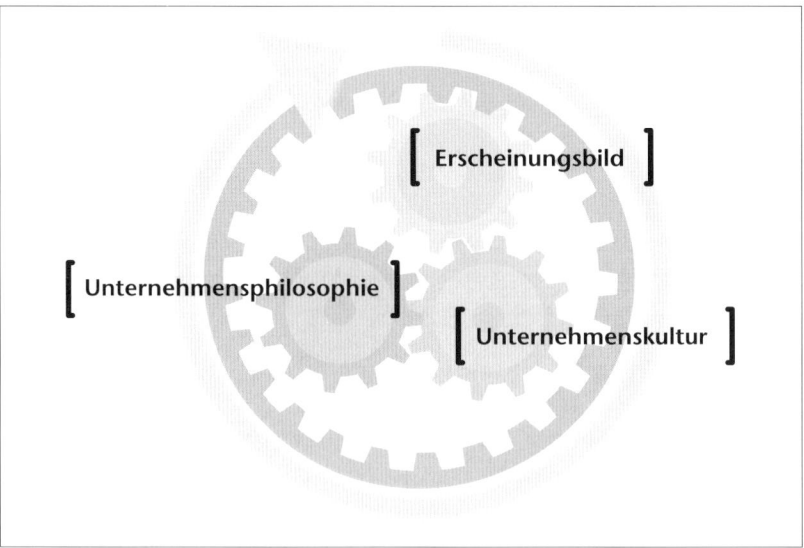

Abb. 4: Corporate Identity

Die „Corporate Identity" eines Unternehmens muss, kurz gesagt, zu einem unverwechselbaren visuellen Erscheinungsbild werden. Selbst die Ausgestaltung der Geschäftsräume spielt hier eine Rolle, denn wann immer ein Kunde mit einer Marke in Berührung kommt, im persönlichen Gespräch, im Werbekatalog, auf der Messe oder bei einem Besuch der Büroräume – im Idealfall sollte er immer die totale Identifikation mit dieser Marke erleben.

Ob schriftliche Unterlagen oder visuelle Eigendarstellung – mit allem kommunizieren wir unsere Unternehmenskultur, die Unternehmensphilosopie oder „Corporate Identity".

Ausgewogener Kommunikationsmix
Wie vielschichtig Kommunikation heute verstanden wird, zeigt eine Flut von Veröffentlichungen. Zentrales Thema ist, wie und mit welchen Mitteln die Verständigung untereinander optimiert, der Informationsfluss gewährleistet und damit der Wissensstand weiter ausgeweitet werden kann. Informiert wird sowohl direkt als auch indirekt.

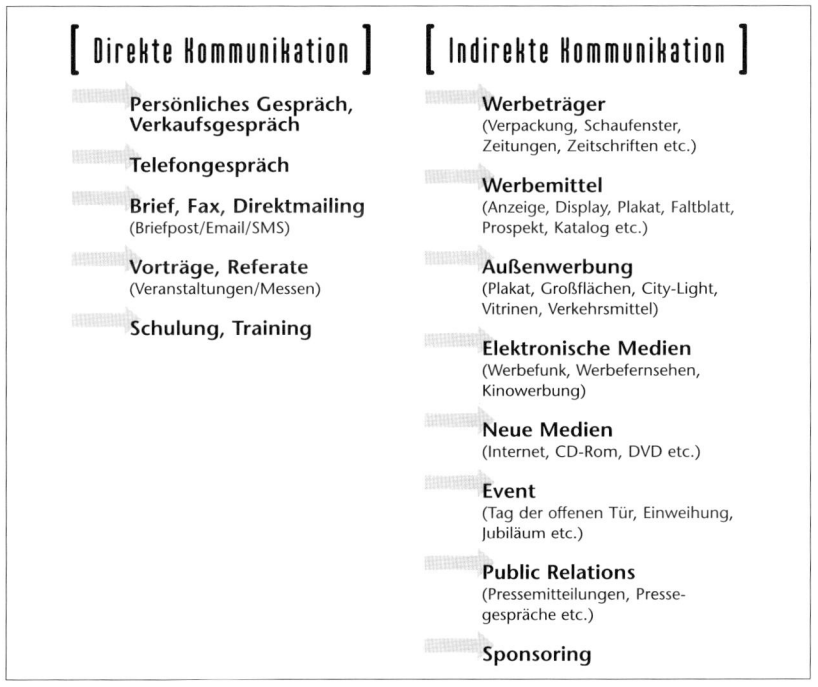

[Direkte Kommunikation]

Persönliches Gespräch,
Verkaufsgespräch

Telefongespräch

Brief, Fax, Direktmailing
(Briefpost/Email/SMS)

Vorträge, Referate
(Veranstaltungen/Messen)

Schulung, Training

[Indirekte Kommunikation]

Werbeträger
(Verpackung, Schaufenster,
Zeitungen, Zeitschriften etc.)

Werbemittel
(Anzeige, Display, Plakat, Faltblatt,
Prospekt, Katalog etc.)

Außenwerbung
(Plakat, Großflächen, City-Light,
Vitrinen, Verkehrsmittel)

Elektronische Medien
(Werbefunk, Werbefernsehen,
Kinowerbung)

Neue Medien
(Internet, CD-Rom, DVD etc.)

Event
(Tag der offenen Tür, Einweihung,
Jubiläum etc.)

Public Relations
(Pressemitteilungen, Presse-
gespräche etc.)

Sponsoring

Abb. 5: Direkte und indirekte Kommunikation

Erfolgreiche Kommunikationsmaßnahmen basieren auf einer sehr sorgfältigen Auswahl der Kommunikationsmittel und einer Kommunikationsstrategie – d.h., abhängig von der Unternehmensphilosophie, der anzusprechenden Zielgruppe und dem verfügbaren finanziellen Spielraum wird in der Kommunikationsstrategie die zeitliche und inhaltliche Folge der eingesetzten Kommunikationsmittel festgelegt. Das Kopieren von Aktivitäten eines Mitwerbers muss daher zum Scheitern führen. Deshalb gilt es, mit individuell zugeschnittenen Maßnahmen das Unternehmen bzw. seine Marke einzigartig darzustellen. Und das gelingt am besten durch jene Kommunikationsmaßnahmen, die eine Beziehung zu den Kunden herstellen und deren Emotionen ansprechen.

Mit Beziehungsmarketing oder CRM (Customer Relationship Marketing) hat die Kommunikationsbranche Ende der 90er Jahre neuen Aufwind erhalten. Call-Center und Direktmarketing können aber nur dann wirklich Erfolge erzielen, wenn die Kundenansprache nicht zu stereotyp ist und der Kunde sich noch als Individuum wahrgenommen fühlt.

Im klassischen Marketing stand Kommunikation gleichberechtigt neben den drei Marketingfaktoren Produkt, Preis und Vertrieb. Mit der Bedeutungszunahme des Beziehungsmarketings hat sich dieses Gleichgewicht zugunsten der Kommunikation verschoben.

Unternehmen, die Kommunikation in den Mittelpunkt rücken, profitieren nicht nur durch bessere Beziehungen zu ihren Kunden und Mitarbeitern, sondern gleichzeitig durch eine verbesserte Wertschöpfung. Dies zeigen unzählige Beispiele, auch in der Textilbranche. Bis heute stellen sich viel zu wenige Unternehmen mit ihren Produkten selbstbewusst dar. Oftmals wird diesen Unternehmen erst durch Fragen von Journalisten bewusst, wo die Informationslücken liegen. Und leider zeigen die Unternehmen selbst dann noch wenig Verständnis, entscheidende technische Details allgemein verständlich aufzubereiten.

Funktionelle Textilien zu vermarkten ist sicher keine leichte Aufgabe. Gefordert sind hier nicht nur die Bekleidungshersteller, sondern auch die Produzenten der innovativen Fasern. Im Idealfall arbeiten beide eng zusammen. Wenn es gelingt, auch den Handel bei der partnerschaftlichen Umsetzung mit einzubeziehen, führt dies zu Vorteilen auf allen diesen drei Seiten und damit zu den so dringend notwendigen endverbraucherorientierten Vermarktungskonzepten.

Aftersales & Weiterbildung

Die Pflege funktioneller Textilien

Ludwig Egelhof

In der Sport- und Freizeitmode, aber auch in der normalen Tagesbekleidung haben funktionelle Textilien Einzug gehalten. Man schätzt den Zusatznutzen, muss aber trotzdem nicht auf die modische Linie verzichten. Die Variationsmöglichkeiten und die Vielfalt der Gestaltung sind zusammen mit den guten Gebrauchseigenschaften der Grund dafür, dass diese Kleidungsstücke für viele Träger Lieblingsbekleidungsstücke geworden sind, für die die Bezeichnung „Funktionsbekleidung" viel zu nüchtern ist. Lieblingsbekleidungsstücke werden aber häufig getragen, oft auch stark beansprucht und verschmutzt und brauchen – um ihre Funktion zu erhalten – eine sachgerechte Pflege.

Auch im Bereich der Heimtextilien ist die Funktionalität der Materialien ein wichtiges Kriterium bei der Kaufentscheidung. Für beide Bereiche, für Bekleidung und für Heimtextilien, sind die Fachleute der Textilreinigung die richtigen Pflege-Partner.

1. Die sachgerechte Pflege von funktionellen Textilien ist eine Herausforderung für die Textilreinigung

Wie eine fach- und sachgerechte Pflege von Funktionsbekleidung aussehen muss, lässt sich nicht mit einem einfachen Satz beantworten. Vielmehr müssen verschiedene Aspekte betrachtet werden.

Da ist einmal die Materialbeschaffenheit der verschiedenen, zu einem Kleidungsstück verarbeiteten Materialen, die aufgrund ihrer spezifischen Eigenschaften die Möglichkeiten und Grenzen bei der Pflegebehandlung vorgeben. Zum anderen spielt auch die Materialkombination in einem Kleidungsstück eine Rolle, denn nicht alle Materialien haben gleiche Pflegeeigenschaften. Auch die Art der Verarbeitung hat einen Einfluss auf die Pflegeeigenschaften. Ein weiterer Aspekt sind die Verschmutzungsarten, die die eine oder andere Behandlungsmethode sinnvoll erscheinen lassen.

Kleidungsstücke sollten so beschaffen sein, dass sie entsprechend der zu erwartenden Beanspruchungen und Verschmutzungen auch optimal gepflegt werden können. Leider musste in der

Vergangenheit festgestellt werden, dass aufgrund der Material-kombinationen und der Art der Verarbeitung nicht immer eine Pflege mit zufriedenstellendem Erfolg möglich ist. Dies gilt so-wohl für die Pflege im Haushalt als auch für die Behandlung im Textilreinigungsbetrieb.

2. Pflegeverfahren im Haushalt und der Textilreinigung

Bei der Pflege im Haushalt kommt nur Wasser als Lösemittel in Frage, bei der Pflege im Textilreinigungsbetrieb werden neben Wasser, das in Verbindung mit Tensiden für einen großen Teil der Textilien und der Verschmutzungsarten ein ideales Lösemittel ist, auch organische Lösemittel eingesetzt. Die organischen Lösemit-tel, die in der Textilreinigung zur Verfügung stehen, sind für die Entfernung von fettigen und öligen Verschmutzungen besser ge-eignet als Wasser. Sie sind auch für wasserempfindliche Textilien, z.B. bei der Kombination mit empfindlichen Wollmaterialien, das richtige Reinigungsmedium. Neben Perchlorethylen werden Koh-lenwasserstofflösemittel verwendet. Andere alternative Lösemit-tel sind zwar seit einigen Jahren im Gespräch, haben sich aber nicht durchsetzen können, da sie beim Handling keine Vorteile bieten, sondern vor allem bei Laminaten, Beschichtungen und Fo-lien erhebliche Probleme bereiten können.

Neben der Reinigung in Lösemitteln wird auch in der Textilreini-gung gewaschen oder mit Nassreinigungsverfahren gearbeitet. Nassreinigungsverfahren unterscheiden sich von der Haushalts-wäsche in einer wesentlich geringeren mechanischen Beanspru-chung. Durch den Einsatz von ausgewählten Pflegeprodukten kann durch die Nassreinigungsverfahren eine optimale Pflege von Textilien erzielt werden, die nicht einer üblichen Waschbe-handlung unterzogen werden können, aber in Wasser behandel-bar sind.

Ergänzt wird die Waschbehandlung und die Nassreinigung in Textilreinigungsbetrieben durch Wasser abweisende und Öl ab-weisende Nachausrüstungen und durch eine professionelle Auf-arbeitung bei der Finishbehandlung. Die Textilreinigung kann al-so auch im Rahmen der Behandlung in Wasser mehr als die Haushaltswäsche.

3. Die Auswahl des richtigen Pflegeverfahrens

Ideal ist es, wenn Kleidungsstücke sowohl wasch- als auch reinigungsbeständig sind, weil dann für jede Verschmutzungsart und Beanspruchung das richtige Pflegeverfahren angewendet werden kann. Da synthetische Fasern in Wasser nicht quellen, ist eine Pflege in wässrigen Behandlungsflotten für diese Materialarten in der Regel ohne Probleme möglich. Bei Chemiefasern aus Cellulose und bei Artikeln aus Baumwolle und Leinen ist die Waschbarkeit nicht immer gewährleistet. Uneingeschränkt waschbar sind diese Materialien nur dann, wenn sie im Rahmen der Produktion für die Waschbarkeit ausgerüstet wurden. Dies gilt auch für Wolle und Seide, da bei diesen Faserstoffen durch die Quellung in Wasser und die mechanische Einwirkung beim Waschprozess irreparable Strukturveränderungen hervorgerufen werden können.

Die Fasereigenschaften alleine bestimmen aber nicht das richtige Pflegeverfahren, sondern auch die Materialkombinationen, die Art der Verarbeitung und vor allem die Verschmutzungsarten auf den Textilien. Bei wasserlöslichen Verschmutzungen, wie z.B. Schweiß und Getränkeflecken, aber auch bei in Wasser quellbaren Substanzen, wie z.B. Speiseverfleckungen, ist Wasser das bessere Lösemittel. Bei fettigen und öligen Anschmutzungen sind es die organischen Lösemittel. Es ist deshalb wünschenswert, dass Kleidungsstücke sowohl gewaschen als auch gereinigt werden können, damit für jede Verschmutzungsart die richtige Behandlungsmethode angewendet werden kann. Für alle Textilien, die körpernah getragen werden, wie z.B. Unterwäsche, Shirts und Sweatshirts, hat die Forderung nach uneingeschränkter Waschbarkeit oberste Priorität. Auch bei Anoraks, Skibekleidung und ähnlichen Artikeln sollte die Waschbarkeit gewährleistet sein. Da bei diesen Artikelarten aber häufig auch starke fettige und ölige Verschmutzungen vorliegen, sollte außerdem die Reinigungsbeständigkeit in organischen Lösemitteln gewährleistet sein.

4. Anforderungen an die Pflegbarkeit bei wasser- und winddichter Bekleidung

Bei der Modellgestaltung und Materialauswahl ist es wichtig, dass ein Bekleidungshersteller auch die Pflegeeigenschaften mit einbezieht, da sie für den Käufer derartiger Kleidungsstücke ein wichtiger

Teil der Gebrauchstüchtigkeit sind. Selbst wenn alle Komponenten eines Kleidungsstückes für sich allein uneingeschränkt wasch- und reinigungsbeständig sind, können bei der Kombination der verschiedenen Bestandteile Probleme bei der Pflege auftreten. Diese Schwierigkeiten hängen einmal mit den materialspezifischen Eigenschaften der Membranen zusammen, werden aber auch durch die Modellgestaltung, die Materialkombination und die Verarbeitung beeinflusst.

Membranen sollen wind- und wasserdicht sein. Diese für die Trageeigenschaften wichtigen Anforderungen wirken sich ebenfalls im Bereich der Pflege aus. Die Membranen fungieren auch bei Wasch- und Reinigungsbehandlungen als Nässe- und Lösemittelsperre. Was für die Funktion im Gebrauch so wichtig und vorteilhaft ist, kann sich bei Wasch- oder Reinigungsbehandlungen nachteilig auswirken. Die Behandlungsflotten können nämlich nicht wie bei einem herkömmlichen Textilmaterial die einzelnen Schichten eines Kleidungsstückes durchfluten und dabei ihre Schmutz lösende Wirkung entfalten. Die Behandlungsflotten werden, ebenso wie Regen, also Nässe von außen, von der Membran aufgehalten.

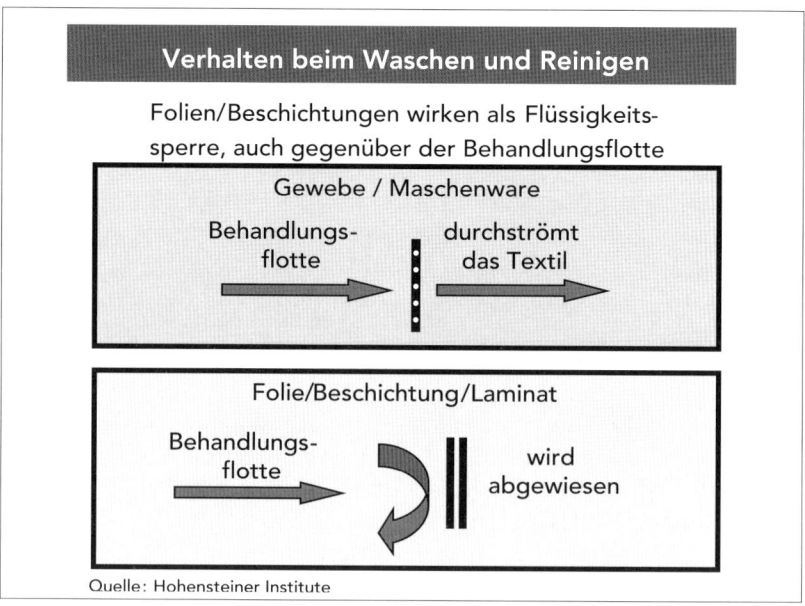

Abb. 1: Verhalten beim Waschen und Reinigen

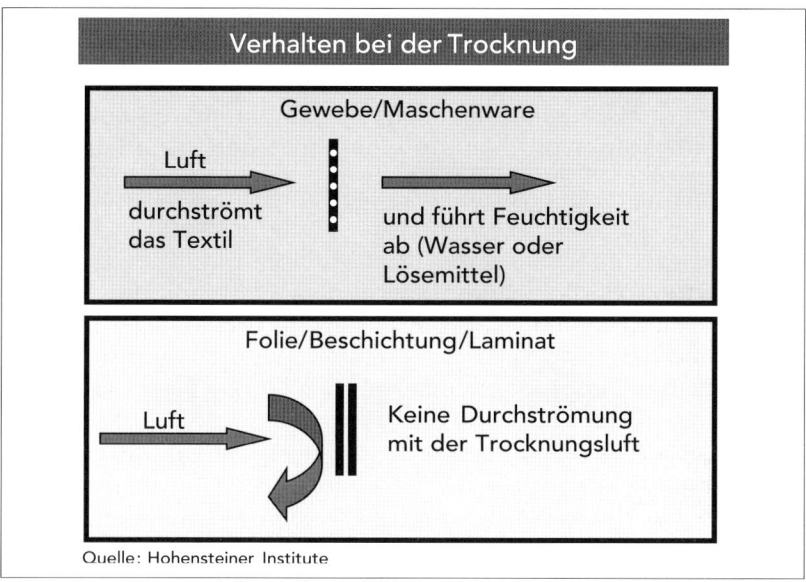

Abb. 2: Verhalten bei der Trocknung

Auch bei der Trocknung zeigen die Kleidungsstücke mit wasser- und winddichten Membranen ein anderes Verhalten als luftdurchlässige Bekleidung. Die Trocknungsluft kann bei einem luftdurchlässigen Kleidungsstück durch die Textilien hindurchströmen und dabei das Lösemittel bzw. das Wasser aus dem Textilmaterial vertreiben. Bei Membrankonstruktionen ist eine Durchströmung mit der Trocknungsluft dagegen nicht möglich. Dies wirkt sich auf das Ergebnis bei der Wasch- und Reinigungsbehandlung unter Umständen negativ aus.

Die Folge dieser speziellen Materialeigenschaften ist, dass bei Pflegebehandlungen die Gefahr von Ränderbildungen in den Naht- und Kantenbereichen besonders groß ist. Die Ränder entstehen bei der Trocknung durch voluminöse Füllmaterialien oder durch mehrfache Gewebelagen (im Bereich von Nähten, Besätzen und Kanten), die an oberflächlich bereits angetrockneten Stellen Flüssigkeit von innen nachliefern und dabei in der Behandlungsflotte gelöste Substanzen, z.B. Appreturen oder Imprägniermittel, an den Trocknungsgrenzzonen anreichern.

Um das Pflegeverhalten von Funktionsbekleidung richtig beurteilen zu können, ist es deshalb unbedingt notwendig, dass der

Bekleidungshersteller nicht nur die Eigenschaften der Einzelteile, sondern auch die Materialkombinationen prüft. Am besten ist es natürlich, wenn bereits bei der Entwicklung von neuen Produkten Wasch- und Reinigungsversuche an konfektionierten Textilien durchgeführt werden.

Die Probleme beim Waschen und Trocknen treten bei der Pflege im Haushalt im gleichen Maße oder sogar verstärkt in Erscheinung. Bei der Zuordnung der Pflegesymbole sollte deshalb geprüft werden, ob Bekleidungsstücke tatsächlich mit den Methoden der Haushaltswäsche gepflegt werden können oder ob nicht eine Pflegebehandlung in der Textilreinigung zu empfehlen ist. Durch die Einführung des neuen Symbols für die Nassreinigung in Textilreinigungsbetrieben hat der Bekleidungshersteller die Möglichkeit, in der Pflegekennzeichnung die jeweils richtige Behandlungsmethode anzugeben.

Im Rahmen der Wasch- oder Nassreinigung im Textilreinigungsbetrieb können auch die notwendigen Nachausrüstungen unter sachgerechten Bedingungen durchgeführt werden. Um die Funktion von Wasser abweisenden Textilien zu gewährleisten, ist bei Wasch- oder Reinigungsprozessen eine Nachbehandlung mit geeigneten Hydrophobiermitteln erforderlich. Auch wenn bei unverletzter Membran kein Wasser von außen nach innen durchdringen kann, sollten die Oberstoffe zusätzlich Wasser abweisend sein. Durch Regen nasses Obermaterial führt zu einem sehr unangenehmen Traggefühl. Für die Nachimprägnierung stehen in der Textilreinigung hervorragende Produkte auf Basis von Fluorcarbonharzen zur Verfügung, die nicht nur einen sehr guten Wasser abweisenden Effekt aufweisen, sondern bei vielen Produkten auch Schmutz abweisend wirken.

Aber nicht nur an die Hersteller richtet sich die Bitte der Textilreiniger nach mehr Transparenz und Information über das Pflegeverhalten der neuen Materialien und Materialkombinationen. Auch der Handel ist aufgefordert, sich in Sachen Textilpflege stärker kundig zu machen und seine Kundschaft entsprechend zu informieren. Durch die Höherwertigkeit der Kleidung hat automatisch auch deren Pflege an Bedeutung gewonnen. Daher sind Pflegehinweise schon beim Kauf für den Kunden eine wichtige Entscheidungshilfe. Die Kommunikationskette muss hier den Kreis vom Hersteller über die Textilpflege und den Handel zum Kunden und zurück schließen.

Die sachgerechte Pflege von Heimtextilien

Bei Gardinen und Vorhängen sind zwei Eigenschaften für den Gebrauch von Bedeutung, zum einen die Lichtundurchlässigkeit, zum anderen ein Schutz vor Wärme. Bei lichtundurchlässigen Materialien handelt es sich meist um beschichtete Gewebe.

Wenn Gardinen und Vorhänge mit diesen Kunststoffbeschichtungen mehrere Jahre in Gebrauch sind, bevor sie der ersten Pflegebehandlung unterzogen werden, kann die ursprüngliche Wasch- und Reinigungsbeständigkeit durch Alterung beeinträchtigt worden sein. Auch wenn die Verfahrensbedingungen auf die spezielle Empfindlichkeit der Materialart abgestimmt werden, ist es in manchen Fällen nicht vermeidbar, dass bei der Pflegebehandlung Verklebungen entstehen. Es ist eine natürliche Erscheinung, dass Kunststoffbeschichtungen durch die Einwirkung von Licht und durch Schadstoffe aus der Umgebungsluft abgebaut werden und damit ihre ursprüngliche Beständigkeit gegenüber Pflegebeanspruchungen verlieren. Der Textilreiniger kann hier bei einer Warenschau nicht vorhersagen, inwieweit trotz einer sachgerechten Pflegebehandlung Beeinträchtigungen auftreten können.

Zum Schutz vor Wärme werden Dekostoffe verarbeitet, die reflektierend wirken. Bei diesen Materialien wird Aluminium auf die Textiloberfläche aufgedampft. Da es sich um einen hauchfeinen Film an der Oberfläche der Textilien handelt, liegt naturgemäß eine geringe Beständigkeit gegenüber mechanischen Beanspruchungen vor. Bei dieser Artikelart kann deshalb eine Pflegebehandlung nur mit stark reduzierter mechanischer Beanspruchung durchgeführt werden. Damit ist aber nicht gewährleistet, dass im Gebrauch entstandene Verschmutzungen auch ausreichend zu entfernen sind. Dies muss in Kauf genommen werden, da bei einer sachgerechten Reinigung die Warenschonung vor der Schmutzentfernung steht.

Decken und Betten sollen den Körper warm halten, sie sollen aber auch die Feuchtigkeit, die vom Körper abgegeben wird, nach außen transportieren. Damit die Funktion gewährleistet ist, müssen sie regelmäßig gepflegt werden. Sowohl Daunenbetten als auch Decken mit synthetischen Füllungen sind für eine sachgerechte Waschbehandlung geeignet. Im Rahmen der Haushaltswäsche ist dies nicht möglich, da Decken und Betten für eine Haushaltswaschmaschine zu voluminös sind. Sie können zwar in eine Maschine gepresst werden, doch ist in diesem Fall keine gute Durchflutung mit der Waschflotte und keine gute Spülung möglich. Für eine sachgerechte Pflege sind Waschmaschinen und Trockner mit großem Trommelvolumen erforderlich.

Die Textilreinigung hat sich auf die Anforderungen der modernen Textilien eingestellt und ihre Verfahren auf die speziellen Eigenschaften der Fasern, Materialkombinationen und Ausrüstungen abgestimmt. Auch wenn ein großer Teil der Textilien von den Verbrauchern sachgerecht behandelt werden kann, ist es für einen Teil der funktionellen Textilien aufgrund der Materialzusammensetzung, Verarbeitung, Abmessung und des Volumens der einzelnen Teile sinnvoll, die Pflegebehandlung der Textilreinigung zu überlassen.

Wie bei der Bekleidung ist auch hier die kompetente Empfehlung am Point of Sale durch das Verkaufspersonal für den Kunden eingängiger als ein gedruckter Hinweis auf der Verpackung, der trotzdem in keinem Fall fehlen sollte. Wissen und Kommunikation über die Behandlung des Produkts nach dem Kauf ist fast so wichtig wie das Wissen über das Produkt selbst.

Neue Anforderungen an das Verkaufspersonal

Karl Erdle

Bereits in den vergangenen Jahren haben sich die Wertvorstellungen der Verbraucher/Konsumenten in unserem Lande erheblich verändert. Dennoch ist dieser Werteveränderungstrend in seiner Bedeutung noch nicht von den Unternehmen umgesetzt worden – wenn auch weitgehend erkannt. Nach jeweiliger, kaum vorsehbarer Lust und Laune ändert heute der Kunde seine Haltungen und Einstellungen. Ausgeprägtes Unikat-Denken (ich bin ich – ich bin etwas Besonderes) kollidiert mit der Uniformierung im Marketing. Diesen Widerspruch ignoriert der Kunde allerdings nachhaltig.

Die neuen Wertevorstellungen unserer Kunden „lustvoll", „intensiv", „Event", „Sex", „Abenteuerlust", „persönliche Grenzen suchen" und vor allem „Sehnsucht nach Geborgenheit" usw. vereinen sich im neuen Verbraucher. Um die Herausforderung des Wertewandels noch deutlicher zu machen, hier ein Beispiel:

Würden wir unsere Kunden auffordern, uns drei oder vier für sie wesentliche Erlebnisse aus ihrem bisherigen Leben zu schildern, dann käme dabei heraus, dass alle unsere Kunden von etwas berichten würden, was sie emotional stark berührt hat. Gewinn einer neuen Liebe, Finden einer neuen Heimat, Verlust eines Menschen, Geburt, Mangel an Geborgenheit usw. Würden wir die gleichen Menschen fragen, was sie in der Zukunft als wesentliche Erlebnisse bewerten, würden sich die Aussagen auf vage Vermutungen, wie etwa „gut leben", „Zufriedenheit", „gesund bleiben" etc. reduzieren.

Und so sind wir immer wieder nur Hinterherschauer – niemals Vorseher. Die Wertevorstellungen unserer Kunden lassen sich immer weniger prognostizieren und werden immer stärker emotionalisiert.

Der allgemeine Wertewandel

Der allgemeine Wertewandel erfordert vom neuen Verkäufer, dass er ganzheitlich denkt. Die bisherige Art und Weise des Verkaufens wird der Multi-Optionalität der Kunden nicht mehr gerecht. Unternehmen können lediglich das nach außen weitergeben, was sie im Innenverhältnis mit Leben erfüllen. Zufriedene und motivierte Mitarbeiter schaffen einen Platz für zufriedene Kunden und langjährige Kundenbeziehungen.

Nachdem Produkte immer austauschbarer werden, wird der zukünftige Wettbewerb mehr über das Unikat Verkaufspersonal laufen. Das Verkaufen wird immer emotionaler. Es sollte uns auch in Zukunft gelingen, auf interne und externe Kundenbeziehungen so zu reagieren, dass Produkte und Dienstleistungen nicht nur über den ruinösen Preiswettbewerb verkauft werden können.

Merksatz:
Wer seine Kunden genau kennt, vermeidet teure Fehlentwicklungen und kann unnütze Werbekosten sparen.

Beides verschafft einen Preisvorteil, den er an seine Kunden weitergeben kann, ohne seine Gewinnspannen zu verringern.

Völlig neues Denken in Sachen Kunde

Die alte Denkweise:
Der Kunde ist planbar und in seinem Verhalten beeinflussbar und berechenbar.

Die neue Denkweise:
Der Kunde ist unberechenbar, sein Verhalten nicht mehr prognostizierbar.

Alles, was wir heute über unsere Kunden wissen, hat morgen bereits keine Gültigkeit mehr. Gewinnen werden Unternehmen, die in der Lage sind, ihre Geschäftätigkeiten am innovativsten zu managen. Die Kunst der Organisation besteht darin, mit einfachen Menschen Außergewöhnliches zu erreichen. Organisatorische Innovation bedeutet heute, dass man Bedingungen schafft, die Kreativität ermöglichen und fördern, nicht dass man den nächsten Kunden bedient bzw. ein Kleidungsstück verkauft.

Paradoxerweise wird die Fähigkeit zu vergessen – einmal Gelerntes wieder beiseite zu legen – in einer Geschäftswelt, die sich mit Lichtgeschwindigkeit verändert, zu einem entscheidenden Erfolgsfaktor. Der erfolgreiche Verkäufer muss heute nicht nur völlig Neues dazulernen, sondern auch Altes, Unbrauchbares über Bord werfen und dem Neuen positiv gegenüberstehen. Die Produkte werden austauschbar, die Kunden nicht. Wir sprechen allzu oft von Produktmanagement anstatt von Kundenzufriedenheits-Management. Wir sprechen von Produktpolitik anstatt von Kundenpolitik. Überall hören wir von Produktdifferenzierungen statt von Kundengruppen-Differenzierungen. Dabei wird das Einzige, was im zukünftigen Markt noch unterscheidbar sein wird, der Kunde sein, nicht die Produkte.

- Jeder Kunde ist in Bezug auf seine Bedeutung für uns anders zu bewerten.
- Manche Kunden werden mehr Wichtigkeit für den Betrieb haben – andere Kunden werden als weniger wichtig identifiziert.
- Manche Kunden werden im Laufe der Zeit neue Kundenbeziehungen bringen, andere Kunden werden nicht dazu in der Lage sein.
- Einige Kunden werden mittelfristig oder langfristig sogar eher negativen Einfluss für das Unternehmen haben – von diesen Kunden sollte man sich dann trennen.

Speziell im Verkauf kommt es nicht darauf an, einen oder zwei große Unterscheidungsmerkmale aufzuweisen – diese können von anderen Unternehmen immer relativ leicht kopiert werden. Es kommt darauf an, dass eine Kultur der Kleinigkeiten gepflegt wird.

Die Kultur der Kleinigkeiten

- Wir gehen in jeder Situation vernünftig und freundlich mit dem Kunden um.
- Stress ist keine Entschuldigung für schlechte Laune im Kundenkontakt.
- Auf unfreundliche und verärgerte Kunden reagieren wir souverän und vorbereitet.
- Wir hinterfragen uns ständig auf Schwachstellen und Beschwerdegründe und stellen diese ab, bevor der Kunde diese moniert.
- Das aktive Hinhören ist eine unserer wichtigsten Fähigkeiten.
- Solange der Kunde redet, können wir nur profitieren.
- Wir sprechen eine Sprache und stellen uns stets auf eine Stufe mit dem Kunden. Wir sind kooperierende Partner.
- Fairness und Partnerschaft bilden die Grundlage einer langfristigen Vertrauensbasis.

- Wir sind bereit, stets unser Bestes zu geben.
- Wir sind höflich, nicht künstlich. Kunden hassen eine aufgesetzte Freundlichkeit.
- Unsere Corporate Identity und das Corporate Design des Unternehmens sind stets ansprechend. Räumlichkeiten und sonstige Einrichtungen sind stilvoll, sauber und bringen einen eigenständigen Charakter zum Ausdruck. Die Qualität unserer Leistungen spiegelt sich im Erscheinungsbild und Auftreten wider.
- Ein gepflegtes Erscheinungsbild ist für unsere Mitarbeiter ein Muss.
- Unsere Kunden wissen stets, womit sie bei uns zu rechnen haben. Wir verfolgen eine eindeutige nachvollziehbare Linie und hüten uns vor Irritationen.

Neues Verkaufen setzt Kenntnisse voraus

Es geht ein Gespenst um auf den Weltmärkten und es heißt:

Total Customer Satisfaction.
Wieder eines der neuen Schlagworte – könnte man vermuten –, mit denen Verkaufsseminare gefüllt werden. Aber es wurde schon so mancher nachlässige Händler von diesem Gespenst zu Tode erschreckt. Er musste aufgeben, weil der Wettbewerb ihn durch totale Kundenhinwendung zum Aufgeben gezwungen hat.

Das menschliche Handeln und Tun lässt sich auf einige grundlegende Motive zurückführen. Ein guter Verkäufer erkennt diese Motive und befriedigt diese nachhaltig.

Eintreten in die neue Welt des Kunden

Aus der uralten Weisheit und eigentlich simpelsten Sache der Welt, den Kunden herzlich zu bedienen und dabei dessen Bedürfnisse und Wünsche zu erfüllen, damit er positiv gestimmt immer wieder kommt, wird eine komplizierte Lehre gemacht. Gute Verkäufer wissen, wie sie mit ihren Kunden umzugehen haben, und wissen auch, dass jeder Kunde für sich ein Individuum darstellt und nach differenzierter Bedienungsweise geradezu lechzt. Kunden kaufen heute keine Produkte mehr, sondern ausschließlich deren individuellen Nutzen. Im Zeitalter des Überflusses tritt immer mehr der imaginäre Nutzen in den Vordergrund.

Gute Verkäufer stellen sich bei jedem Verkaufsgespräch folgende Fragen und haben dafür ein Bündel von Antworten parat:

- Was will mein Kunde wirklich?
- Was macht ihn wirklich zufrieden?
- Welche Erwartungen begegnen uns beim Kunden?
- Welchen Handlungsmotiven folgt der Kunde?
- Welche Geschehnisse machen den Kunden ängstlich oder nervös?
- Wie schaffe ich es, mit dem Kunden vertrauensvoll zusammenzuarbeiten?

Der neue Umgang mit dem Kunden

In früheren Zeiten war es so, dass ein guter Verkäufer über ausreichend Fachkompetenz verfügen musste, um erfolgreich zu sein. Heute wird vielfach die Fachkompetenz in einem Verkaufsgespräch sehr egoistisch ausgelebt und dabei vergessen, dass wir nicht vom Beratungsgespräch leben, sondern vom erfolgreichen Abschluss. Also kommt zu der alten Dimension Fachkenntnis eine neue Dimension hinzu, die Dimension der verkäuferischen Kompetenz. Einwandbehandlung, Vorwanderkennung, Fragetechnik, Produktvorteile ausloben können und Preise verkaufen sind nur einige der Anforderungen, die als Selbstverständlichkeit für einen erfolgreichen Verkäufer in der jetzigen Zeit stehen.

Mit der Kombination von Fach- und verkäuferischer Kompetenz können heute noch gute Geschäfte gemacht werden. Um aber einen Kunden langfristig an das Unternehmen zu binden, ihn dazu zu bewegen, dass er gerne wiederkommt, kommt eine dritte Dimension hinzu. Diese dritte Dimension ist die emotionale Kompetenz und wird, wenn sie überhaupt gelebt wird, meist falsch gelebt. Emotionale Kompetenz heißt: der richtige Umgang mit seinen Gefühlen.

Das Beherrschen von Fachkompetenz, verkäuferischer Kompetenz und emotionaler Kompetenz und das situative Ausleben der einzelnen Kompetenzbereiche zählt zu den Erfolgsfaktoren und Anforderungen an die erfolgreichen Verkäufer.

Der Zigarrenkönig Zino Davidoff hat sein Erfolgsrezept auf eine sehr schöne Art auf den Punkt gebracht. Er sagte: „Ich habe nie Marketing gemacht, ich habe immer nur meine Kunden geliebt."

Forschung & Entwicklung

Multifunktionelle Bekleidungs- und Heimtextilien

Walter Begemann

Innovationen der Textilindustrie

Die deutsche Textil- und Bekleidungsindustrie ist einem zunehmenden Wettbewerbsdruck am weltweiten Markt ausgesetzt. Da die Konkurrenzfähigkeit in der Produktion von Standard- und Massenware kaum noch gegeben ist, findet in den Vorstufen der Textilindustrie nach und nach eine Umorientierung auf Textilien mit funktionellen Eigenschaften und für technische Anwendungen statt. Entsprechend nehmen die Umsätze im Bereich der Technischen Textilien zu, wobei insbesondere Chancen in der Funktionalisierung textiler Materialien durch gezielte Oberflächenmodifikationen und in der Verarbeitung zu innovativen Produkten für neue Anwendungsfelder liegen. Dabei finden textile Innovationen nicht nur im Sektor technischer Endprodukte ihre Anwendung, sondern ebenso in den Sektoren Haus- und Heimtextilien sowie Bekleidung.

1. Das Forschungskuratorium Textil

Bereits vor 50 Jahren gründete der Gesamtverband der Textilindustrie das Forschungskuratorium zur Wahrnehmung, Förderung und Vertretung seiner mit der Forschung und Entwicklung verbundenen Interessen. Von den angeschlossenen Mitgliedsverbänden werden seitdem Sachverständige aus Unternehmen der Textilindustrie in das Kuratorium entsandt. Experten der Textilmaschinen-, Chemiefaser-, Textilhilfsmittel-, Farbstoff- und Bekleidungsindustrie sowie der Textilreinigung wirken ebenfalls im Gremium mit.

Das *Forschungskuratorium Textil e.V.* fördert und koordiniert heute die in Kooperation mit allen namhaften deutschen Textilforschungseinrichtungen durchgeführte industrielle Gemeinschaftsforschung und sorgt für die Weiterentwicklung der Textilforschung insgesamt. Es ist Mittler zwischen Textilindustrie und Textilforschung, unterstützt deren Zusammenarbeit und tritt nach wissenschaftlicher und wirtschaftlicher Prüfung für die Förderung der anwendungsorientierten Forschungsaufgaben ein.

2. Leitthemen der Textilforschung

Zur Durchführung von vorwettbewerblichen Gemeinschaftsforschungsprojekten hat das Forschungskuratorium Schwerpunkte der Textilforschung in Form von Leitthemen festgelegt:

- **Produktinnovationen zur Steigerung des Kundennutzens**
- **Verfahrensinnovationen in ökonomischer und ökologischer Hinsicht**
- **Kooperation und Kommunikation in der textilen Wertschöpfungskette**

Unter den Forschungsleitthemen des Forschungskuratoriums Textil sind die Produktbereiche Bekleidung über Zielsetzungen wie neue Eigenschaften, modifizierte Oberflächen und Strukturen, neuartige Faserstoffe, Schutzfunktionen etc. und ebenso die Haus- und Heimtextilien über spezielle Funktionen für Teppichboden, Deko und Möbeltextilien etc. mit weiteren anzustrebenden Produktinnovationen zur Steigerung des Kundennutzens vernetzt. Im Gesamtkonzept stehen entsprechende Entwicklungen in Verbindung mit ökonomisch und ökologisch abgestimmten Verfahrensinnovationen sowie einer notwendigen Logistik und Kommunikation in der Textilindustrie und vor- wie nachgeschalteten Stufen bis zum Handel und Verbraucher.

3. Forschungs- und Entwicklungsbedarf

Schwerpunktmäßig besteht der Forschungs- und Entwicklungsbedarf in folgenden Bereichen:

3.1 Komfortoptimierung von Bekleidung und Heimtextilien

- Weiterentwicklung von Laminaten und Beschichtungen bei Wetterschutz-, Feuerwehrkleidung, OP-Textilien etc.
- Optimierung von Phase-Change-Materialien zur Thermoregulation
- Textilbasierte Energieumwandlungs- und Energiespeichertechnologien wie zum Beispiel Fotovoltaik
- Krankenhaustextilien zur Verbesserung von Thermoregulation, Feuchtetransport und Druckentlastung

3.2 Textilien mit spezieller Schutzfunktion

- Personenschutz gegen Stich- und Schussverletzungen
- Schutz vor Hochspannung und elektromagnetischer Strahlung
- Textilien mit chemischer und biologischer Barrierefunktion

3.3 Biofunktionstextilien

- Medizinische Therapie und Pflege
- Kosmetische Anwendungen
- Geruchsbindung und Duftfreisetzung
- Textile Medizinprodukte und Krankenhaustextilien

3.4 Textilien mit integrierter Elektronik

- Anwendungen in Medizin und Pflege
- Sicherheit im Beruf
- Sport und Freizeit

3.5 Transpondertechnologien in Produktion und Textilpflege

3.6 Optimierung von Textilpflege und -sterilisation

4. Mehr Nutzen = höhere Wertigkeit

Verbesserungen in der Textilkonstruktion von Wetterschutz-, Sport- und Arbeitsbekleidung haben bereits zu guten bekleidungsphysiologischen Eigenschaften und somit **Komfortoptimierungen** geführt. Es gilt nun, die erreichten Effekte sinnvoll miteinander zu kombinieren, um Bekleidungstextilien für unterschiedliche Anwendungsbereiche so zu konstruieren, dass sie sich selbständig an Körper- und Umgebungsbedingungen anpassen. Ausgehend von den Phase-Change-Materialien sind Bekleidungssysteme denkbar, bei denen bereits die Faser-, Garn- oder Flächenkonstruktion für eine variable Wärmeisolation und Atmungsaktivität sorgt. Bei den damit verbundenen Energiespeicher- und Energieumwandlungsprozessen sind auch Technologien wie die Fotovoltaik auf textiler Basis mit einzubeziehen.

Der Bereich der Krankenhaustextilien bietet im Hinblick auf Komfortverbesserungen und eine notwendige Optimierung der Ökobilanzierung noch ein weites Anwendungsfeld. Neben Einmalartikeln kommen im OP-Bekleidungsbereich zunehmend konventionelle Textilien auch in Kombination mit Membransystemen zum Einsatz. Aus Gründen der Hygiene sind dabei allerdings intensive Wasch- und Sterilisationsverfahren notwendig, die den Gebrauch der Textilien auf derzeit 40 bis 50 Waschzyklen einschränken. Es gilt daher neue Membrantextilien zu entwickeln, die eine höhere Lebensdauer und eine ausreichende Keimdichtigkeit gewährleisten.

Komfortverbesserungen bei der Patientenlagerung lassen sich durch dreidimensionale Abstandstextilien erreichen, wobei die textilen Flächen durch einen Abstandshalter in Form monofiler Fäden auf Distanz vom Körper gehalten werden. Derart gestaltete Medizintextilien können Dauerdruckbelastungen auf den Körper eines liegenden Patienten reduzieren, den Feuchtigkeitstransport verbessern und somit für eine Dekubitusprophylaxe sorgen.

Der Bedarf an speziellen **Schutzfunktionen** im Bereich von Arbeitsbekleidung nimmt stetig zu. Im Zusammenhang mit körperlicher Belastung und Einsatzdauer sind dabei immer die bereits erwähnten bekleidungsphysiologischen Aspekte zu berücksichtigen. Abhängig von den Anforderungen gilt es, mikroporöse Beschichtungen zu optimieren, leitfähige Garne zu verarbeiten (elektromagnetische Abschirmung) oder Schutzfunktionen gegen mechanische Einwirkung (Vandalismus- und Personenschutz) zu verbessern.

Der Einsatz von **Biofunktionstextilien** steht vielfach noch am Anfang. Durch den direkten Kontakt mit der Haut ist es möglich, Textilien als Transfersysteme für Arzneimittel oder Kosmetika zu verwenden. Wirksubstanzen können dabei fest in molekularen Depots oder Mikro- bzw. Nanokapseln eingeschlossen werden, die auf der Textiloberfläche verankert sind. So lassen sich zum Beispiel zyklische Zuckermoleküle (Cyclodextrine) über eine chemische Bindung auf Faseroberflächen so fixieren, dass auch ein Waschprozess sie nicht wieder entfernt.

Die Hohlräume der Cyclodextrine können bei körpernah getragenen Textilien die organischen Bestandteile des Schweißes bzw. deren mikrobielle Abbauprodukte einlagern. Auf diese Weise wird

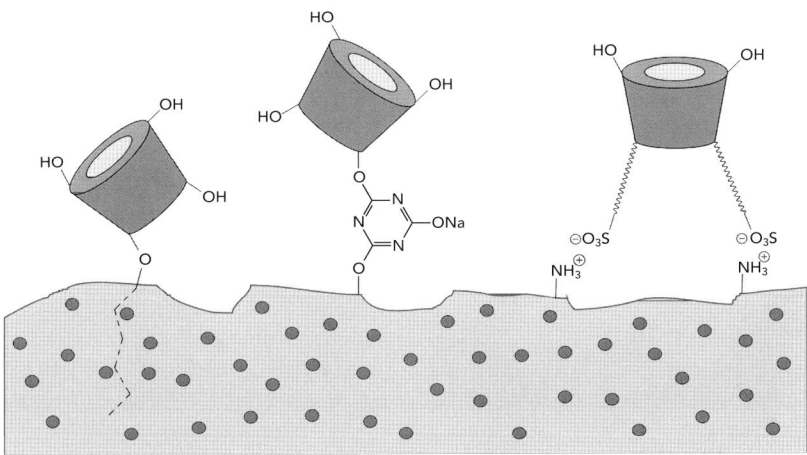

Abb. 1: Zyklische Zuckermolekule (Cyklodextrine)

die Freisetzung von unangenehm riechenden Substanzen verzögert. Die Anwesenheit der als Zusatzstoff in Lebensmitteln zugelassenen Cyclodextrine greift dabei nicht aktiv in die Population der Mikroorganismen auf der Hautoberfläche ein.

Aber auch eine medizinische und kosmetische Nutzung derart ausgerüsteter Textilien ist möglich. Sind Hautpflegesubstanzen oder pharmazeutisch wirksame Verbindungen in den Cyclodextrinen eingelagert, werden sie beim Tragen an die Haut abgegeben. Damit sind zum Beispiel grundsätzliche Behandlungsmöglichkeiten bei großflächigen Hauterkrankungen denkbar. Rüstet man Bettwäsche oder Handtücher mit Cyclodextrinen aus, so lassen sich daran Duftstoffe binden. Die Düfte werden auch nach langer Lagerung nur durch Anwesenheit von Wassermolekülen freigesetzt und entfalten daher erst bei Gebrauch einen angenehmen Geruch.

Neben der Funktionalisierung durch supramolekulare Komponenten wird auch eine Verankerung von Biopolymeren über kovalente Bindungen angestrebt. Die Biopolymere können dabei entweder antimikrobielle Eigenschaften entfalten, zur Wundheilung beitragen oder die Luft-, Wärme- und Feuchtigkeitsdurchlässigkeit eines Textils steuern.

Bei den Bemühungen um eine Funktionalisierung textiler Oberflächen in einer Veredlungsstufe sind nach Möglichkeit die in der

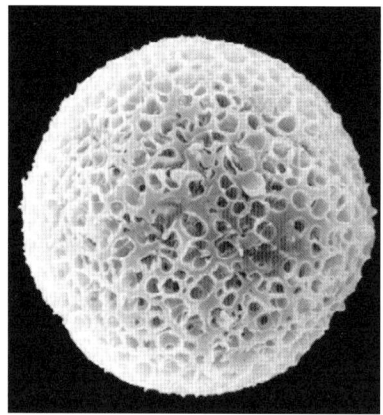

Abb. 2: Nanotechnologie

Textilindustrie üblichen Prozesse anzuwenden. So lassen sich zum Beispiel Textilien mit organisch modifizierten Keramiken über herkömmliche Tauch- oder Sprühverfahren beschichten. Über das Einbringen von Nanopartikeln, organischen Substanzen etc. lassen sich verschiedene Oberflächenfunktionalisierungen hinsichtlich Kratzfestigkeit, Färbung, Hydrophob-, Oleophob-, Hydrophil-Ausrüstung erreichen. Damit erhalten Biotechnologie, Nanotechnologie (Beispiel selbstreinigende Oberflächen) sowie physikalische und chemische Verfahrensinnovationen (zum Beispiel Plasmabehandlung und Einsatz überkritischer Medien) mehr und mehr Einzug in die Textiltechnik.

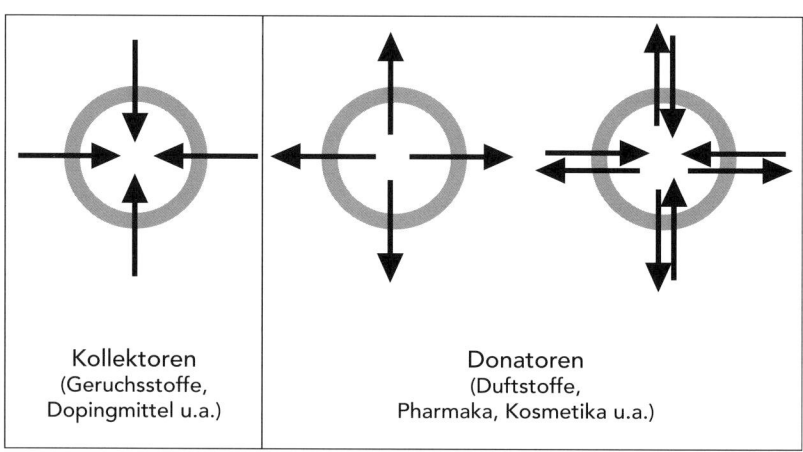

Kollektoren (Geruchsstoffe, Dopingmittel u.a.)	Donatoren (Duftstoffe, Pharmaka, Kosmetika u.a.)

Quelle: Forschungsinstitut Hohenstein

Abb. 3: Oberflächenmodifizierung mit Nanokapseln

Auf dem Weg zu den so genannten „Intelligenten" Textilien, die spezifische Funktionen erfüllen können, gewinnt auch die **Mikrosystemtechnik** zunehmend an Bedeutung. Die Anwendungen gehen dabei über die Kombination von Textilien und elektronischen Komponenten wie Handys, Mikrophone, Videokameras etc. hinaus. Die Implementierung anspruchsvoller elektronischer Sensoren und Datenübertragungssysteme soll neben Sport und Freizeit auch Anwendungen im Gesundheitsbereich und bei der Arbeitssicherheit finden. Es ist daran gedacht, Körperfunktionen wie Blutdruck, Herzfrequenz und Blutzucker bei Patienten oder älteren, allein stehenden Menschen zu überwachen, um bei kritischen Werten Alarmfunktionen auszulösen. Ein entsprechender Einsatz von Sensorik und Warnsystemen ist auch für die Arbeit in gefährlicher Umgebung wie bei Feuerwehreinsätzen vorgesehen.

Erleichterungen in Produktion und Textilpflege erhofft man sich ebenfalls über die Mikrosystemtechnik durch den **Einsatz von Transpondern**. Der Inhalt dieser miniaturisierten elektronischen Speichermedien ist über Radiofrequenzwellen abzufragen oder zu verändern. Damit lassen sich Produktinformationen entlang der textilen Fertigungskette weitergeben und nutzen. Im Textilpflegebereich können den Bekleidungprodukten Pflegeinformationen sowie die individuellen Nutzer zugeordnet werden. Dies erleichtert die Abwicklung im Berufsbekleidungsleasingsektor. Bei den **Textilpflege- und -sterilisa-**

Abb. 4: Elektrosmogstrahlen Schutzbekleidung, Swiss Shield AG

tionsprozessen selbst gibt es ebenfalls Entwicklungsbedarf. Mit Hilfe biotechnologischer Ansätze sollen hier vor allem im Bereich der Krankenhaustextilien ökologische Verbesserungen erzielt werden.

5. Innovationen – Schlüssel zum Markt

Die Entwicklung von Hochtechnologietextilien insgesamt erfordert die Kooperation in der gesamten textilen Kette von der Faserproduktion bis zum Handel, wobei dem Einbezug des Verbrauchers hohe Bedeutung zukommt. Eine erfolgreiche Umsetzung in Produkte setzt ebenso die interdisziplinäre Zusammenarbeit mit Forschungseinrichtungen und Unternehmen anderer Branchen voraus.

Um eine höhere Wertschöpfung am Markt zu erreichen, müssen die Textilien einen Zusatznutzen über spezielle Funktionen erbringen. Bei der Entwicklung entsprechender Innovationen übernehmen Forschungsinstitute eine wichtige Rolle, da die Unternehmen der Textil- und Bekleidungsindustrie aufgrund ihrer klein- und mittelständischen Struktur kaum über eigene Forschungskapazitäten verfügen. Für die deutsche Textil- und Bekleidungsindustrie werden Innovationen zu einem Schlüssel für wachsende Marktanteile, Produktivität, Renditen und damit Arbeitsplätze. Die seit Jahren im Bereich der Technischen Textilien zu verzeichnenden Zuwachsraten sollten auch bei Bekleidungstextilien sowie Heim- und Haustextilien erreichbar sein.

Visionen der Bekleidungsindustrie

Uta-Maria Groth (†)

Bekleidung als zweite Haut des Menschen soll schützen, schmücken und dem persönlichen Stil entsprechen. Mode und Bekleidung gewinnt mit den fundamentalen Revolutionen aus der Informations- und Kommunikationstechnologie und zukünftig vor allem auch der Biotechnologie ganz neue und eine Fülle weiterer Funktionen hinzu. Wir stehen bei den Bekleidungstextilien im ersten Jahrzehnt des neuen Jahrtausends vor einer beispiellosen Revolution. Eine unserer Fachzeitungen hat diese Entwicklung mit der markanten Überschrift „New Economy der Textiler" bezeichnet. Der digitale Einfluss auf unser Leben wächst und die Entwicklungen der elektronischen Kommunikation machen auch vor den Bekleidungstextilien nicht Halt.

Kleidung wird von jedem Menschen in allen Alltagssituationen in mehreren Hüllen übereinander getragen, wodurch Mikrosystembauteile vergleichsweise einfach und bequem untergebracht werden können. Es bietet sich als logischer Schritt an, diese neuen Technologien an die Bekleidung anzubringen oder zu integrieren.

Die Forschung hat seit einigen Jahren diese Entwicklung aufgegriffen und arbeitet intensiv an neuen Konzepten. In dem Bereich der Technik werden sog. Mikrosystemanwendungen und **„wearable electronic"** entwickelt. Die Bekleidungsindustrie forscht an **Smart Clothes** und intelligenter Bekleidung.

Der Dialog zwischen den einzelnen Stufen der textilen Pipeline hat begonnen und die interdisziplinäre Zusammenarbeit der Bekleidungsindustrie mit der Mikrosystemtechnik wird gefördert. In dem letzten Jahr wurden dazu die Arbeitskreise „Mikrosystemtechnik Bekleidung", „Health Care

Abb. 1: „Intelligente" Kleidung mit „wearable electronic" von Infineon

Senioren" und „Mikrosystemtechnik – High-Tech für Berufsbekleidung" zusammen mit der *Avantex – Internationales Innovationsforum für Hochtechnologie-Bekleidungstextilien* initiiert.

Funktion und Zusatznutzen werden in Zukunft eine große Bedeutung für die Bekleidungsindustrie haben. Kleidung wird informieren, erinnern, kommunikationsfähig sein, Sicherheit geben und heilen. Kleidung wird darüber hinaus die Einsatzbereiche Ortung und Überwachung, Körperklimatisierung, Zugangskontrolle, Wellness und Fitness übernehmen können. Damit Kunden jedoch diese Bekleidung annehmen, sollte sie zusätzlich die Funktionen einer einfachen Bedienbarkeit erfüllen sowie waschbar, bequem und ökologisch unbedenklich sein.

1. Produkte im Markt

Die Entwicklungen der letzten Jahre zeigen, dass diese Visionen vielfach schon Realität geworden sind und Zusatzfunktionen für den Kunden ein wichtiges Kaufargument sind. Die nachfolgende Aufstellung zeigt eine Übersicht bereits angebotener Produkte mit Zusatzfunktionen:

1.1 Gesundheit und Wellness

– Körperklimatisierung, Klimatisierung durch die Funktionsweise von PCM (Phase Change Materials)
– Kleidung mit Sonnenschutz
– Kleidung, die den Körper cremt
– T-Shirt, das Vitamin C abgibt
– Hemd, dessen Ärmel sich bei Hitze automatisch hochkrempeln
– Sportbekleidung, die den Puls misst

1.2 Freizeit und Unterhaltung

– Outdoorjacke mit Radio („Audio-Jacke")

1.3 Sicherheit

– Outdoorjacke mit Kommunikationsmöglichkeit über GSM-Technik

- Kinderhose mit eingebauten GPS-Satelliten-Sendern, über ein entsprechendes Empfangsgerät weiß man immer, wo sich der Träger aufhält
- Outdoorjacke für die Frau mit einem Alarmsystem für Notfälle

1.4 Information und Kommunikation

- Skipass im Handschuh
- Laptops am Ärmel oder Computer in den Ärmel eingearbeitet sowie ein Headset, dies sind sog. Wearables, die mit der Kleidung nicht direkt verbunden sind
- Jacke mit abnehmbaren Solarzellen, die eine flexible Energiezufuhr ermöglichen

Abb. 2: Gore-Tex Ski-Handschuh mit Fach für Lift- oder Scheckkarte, Zanier Sport

Abb. 3: Jacke mit MP3-Player, Infineon

Die Bekleidungsindustrie wird sich zukünftig diesem technologischen Fortschritt nicht entziehen können. Es erscheint notwendig, dass die Branche sich rechtzeitig um das Thema „Smart Clothes" kümmert, bevor die Anbieter der Mikrosystemtechnik und Technikunternehmen aus Fernost sich Kleidung als „Zusatz" zu ihrer Technik einkaufen.

2. Künftige Entwicklungen

Die nachfolgende Aufstellung soll eine Übersicht über die Visionen in der Bekleidungsindustrie geben:

2.1 Gesundheit und Wellness

– Automatische Körperklimatisierung
– Kleidung, die an den Körper Medikamente abgibt
– Kleidung, die heilend wirkt
– Kleidung, die Gesundheitsparameter misst, z.B. Blutdruck, Temperatur, Kalorienverbrauch
– Kleidung, die mit dem Arzt oder einem Gesundheitssystem kommuniziert
– Schutz vor Elektrosmog und Strahlung

Abb. 4: Life Shirt System, Vivometrics

2.2 Freizeit und Unterhaltung

– Kleidung, die Schmutz abweist und keine Flecken bekommt
– Sensoren, die bei Wettkämpfen für eine faire Entscheidung sorgen, Bsp. Ballkontakt beim Fußball

2.3 Sicherheit

– Kleidung, die einen optimalen Personenschutz bietet
– Detektoren in der Kleidung, die vor Angriffen, dicht auffahrenden Skifahrern warnen

2.4 Information und Kommunikation

– Kleidung, die mit dem Arbeitsumfeld und dem privaten PC kommuniziert

- Elektronisches Portemonnaie mit Geld und Kreditkarten am Gürtel angebracht
- Durch Spracherkennung Verzicht auf schwere Tastaturen im Ärmel
- Textilien mit eingearbeiteten leitenden Fasern, die direkt Informationen weitergeben und mit Sensoren verbunden werden
- Schuhe, die beim Laufen Energie erzeugen, die ausreicht, um ein Handy, GPS oder Laptop mit Energie zu versorgen
- Kopfbedeckung mit Datenbrille, Daten/Sprache werden aufgenommen und automatisch übersetzt, Daten werden auf das Display der Brille gespielt, z.B. Kundendaten für den Vertreter, Passagierdaten für die Stewardess, Reparaturanleitungen für den Wartungstechniker
- Schaltzentrale am Revers, die vollautomatisch Kochgeräte und Küchengeräte steuert

Zur Erarbeitung dieser komplexen Problemstellungen ist eine interdisziplinäre Zusammenarbeit der Forschung, der Bekleidungsindustrie und der Mikrosystemtechnik notwendiger denn je. Für die Bekleidungsindustrie ergibt sich ein Innovationsfeld von faszinierendem Ausmaß. High-Tech-Fashion kann mit dazu beitragen, dass die Bekleidung zukünftig wieder einen anderen Stellenwert in der Bevölkerung erhalten wird.

Lexikon & Adressen

ABC der Funktionstextilien

ABSORPTION. Feuchtigkeitsaufnahme, Gegensatz Desorption (Feuchtigkeitsabgabe) in und aus dem Faserinnern.

ACF (ACTIVE COMFORT FABRIC). Stoffe aus synthetischen Polyamidfasern in verschiedenen Variationen: ACF-Peach (Hosen- und Westenmaterial, Wasser abweisend, angeraute Oberfläche), ACF-Stretch (robustes Ski- und Bergtourenmaterial, elastisch, innen mit Venturi Windbreak gefüttert), ACF-Tec (leichtes Hosenmaterial, Schmutz abweisend), ACF *Tactel* ispira (erstmals *Tactel* als Stretchmaterial), ACF-Travel (besonders leicht und strapazierfähig, pflegeleicht). Sehr guter Feuchtigkeitstransport nach außen, wasserdampfdurchlässig, hervorragender UV-Schutz (LF45+), sehr strapazierfähig, schnell trocknend, leicht. Einsatzgebiete: Trekking, Outdoor, Wandern, Canyoning. Hersteller: Schöffel Sportbekleidung GmbH, D-Schwabmünchen.

ACTIV AIRCONDITION. Permanent arbeitendes wasser- und winddichtes Ventilationssystem für Bekleidung. Wasserdampf und warme Luft werden durch die eigene Körperbewegung und das natürliche Druckgefälle zwischen Körper und Außentemperatur innerhalb weniger Sekunden nach außen geleitet. Hersteller: Big Pack, D-Bissingen/Teck.

ADVANCE™. Microporöse Polyurethanbeschichtung, in der Regel als 2-Lagenverbund mit Focus aufhöchstmögliche Wasserdampfdurchlässigkeit. Winddicht, wasserdicht (jedoch nicht an den Nähten), Einsatzgebiete: sehr leichter Windschutz, Sportarten wie Snowboard, Langlauf, bewegungsintensive Crossoversportarten wie Inlineskaten, Mountainbiken, Berglaufen. Hersteller: Helly Hansen Deutschland GmbH, D-München.

AERELLE®. Sehr feine 1-Loch-Hohlfaser aus *Dacron*®. Weich, gut aufschüttelbar. Öko-Tex Standard 100.
Einsatzgebiete: Füllmaterial für Kissen und Steppbetten.
Hersteller: DuPont, CH-Genf.

AIR PUSH®. Mikrofasergewebe mit multiporöser Struktur. Winddicht, Wasser abweisend, wasserdampfdurchlässig, schnell trocknend, kältebeständig.
Einsatzgebiete: Alle Aktivsportarten, Alpin-Skilauf, Langlauf, Jogging, Wandern, Golf.
Hersteller: Tenson M/T Owner AB, D-Neuss.

ALLERBAN®. Bakterien- und pilzhemmende, die Bildung von Hausstaubmilben hindernde Ausrüstung. Allergikergeeignet.
Hersteller: DuPont, CH-Genf.

AMC (Aromatic-Micro-Capsules). Micorverkapselte Duftstoffe zur Geruchsneutralisierung in Textilien.

AMICOR^{TM}. Spezialfaser mit Frischefaktor, die durch eine aktive, antibakterielle Substanz Textilien, die direkt auf der Haut getragen werden, eine lang anhaltende Frische verleiht. Varianten: AmicorTM Plus und AmicorTM Pure mit antibakterieller und pilzvorbeugender Wirkung.
Einsatzgebiete: Sportbekleidung, Baby-/Kinderbekleidung, Socken, Schuhe, Heimtextilien, für Allergiker.
Hersteller: Acordis UK Ltd., GB-Bradford.

AQUAFOIL. Dicht gewebter Oberstoff für optimalen Wind- und Wetterschutz. Nähte werden verklebt. Wind- und wasserdicht, wasserdampfdurchlässig, kältebeständig.
Einsatzgebiete: Sport- und Freizeitmode, Bergsport, Wandern, Ski, Outdoor.
Hersteller: Berghaus, GB-London.

AQUAGUARD$^{®}$. Microporöse Polyurethanbeschichtung auf der Oberstoffinnenseite. Wind- und wasserdicht, wasserdampfdurchlässig, kältebeständig, gute Abriebbeständigkeit.
Einsatzgebiete: Sportbekleidung, auch im modischen Bereich und für Arbeitskleidung. Varianten: Aquaguard$^{®}$ als Außenmaterial und als Clima-Liner.
Hersteller: Rotofil AG, CH-Stabio.

AQUAMIRACLE. Maschenware aus Polyester mit permanentem Sonnenschutz, sehr guter Feuchtigkeitstransport, schnell trocknend, pflegeleicht (waschbar bis 30 Grad) und hautverträglich. Einsatzgebiete: Golf, Tennis, Rad, Segeln.
Hersteller: Tomen, D-Düsseldorf.

AQUATOR$^{®}$. Wetterschutz-Stoffsystem für alle Stoffe, die mit Marken von DuPont ausgezeichnet sind. Wasser- und winddicht, wasserdampfdurchlässig, elastisch, flexibel, leicht.
Einsatzbereich: Regenbekleidung, Outdoor- und Sportmode, Ski, Schuhe und Accessoires.
Hersteller: DuPont, CH-Genf.

ARAMIDFASERN. ISO-Gattungsbegriff für aromatische Polyamide (z.B. Nomex und Kevlar von DuPont, Conex von Teijin, Twaron von Akzo Nobel Fibers). Hochleistungsfasern mit hoher Temperaturbeständigkeit und guter Chemikalienresistenz (m-Aramide), hohen Festigkeiten und E-Modulen (p-Aramide). Geringe UV-Beständigkeit.
Einsatzgebiete: m-Aramide unter anderem für Schutzbekleidung, als Asbestfaserersatz, schwer entflammbare Möbelstoffe und Bodenbeläge, p-Aramide für Kautschuktextilien, technische Gewebe (einschl. Schutzbekleidung), Faserverbundwerkstoffe, Geotextilien.

ATMOS. Funktionelle Wäsche für Sport- und Arbeitschutz. Doppelflächige Maschenware aus Polyester. Schneller Schweißtransport, rasch trocknend, pflegeleicht (bis 40 Grad).

Sportarten: Rad, Tennis, Jogging.
Hersteller: Chr. Eschler,
CH-Bühler.

ATMUNGSAKTIVITÄT ist der umgangssprachliche Begriff für Wasserdampfdurchlässigkeit. Fähigkeit eines Materials, Schweiß in Form von Wasserdampf diffundieren zulassen. Effekt: Man bleibt trockener und fühlt sich besser. Allerdings gibt es Grenzen: Wenn bei großer Anstrengung mehr Feuchtigkeit produziert als vom Körper weg transportiert werden kann, kondensiert die Feuchtigkeit trotzdem in der Kleidung. Zusätzliche Belüftungsdetails können hier nur beschränkt Verbesserung bringen.

BASE LAYER, Unterwäsche, Bezeichnung für die erste, unterste Schicht von insgesamt drei Bekleidungsschichten, die als „Zwiebelsystem" bezeichnet werden. Die zweite Schicht ist die Wärmeschicht (Warmth Layer), die dritte Schicht dient zum Schutz vor Wind und Wetter (Outer Shell).

BEKLEIDUNGSPHYSIOLOGIE. Die Wissenschaft von der Funktion der Kleidung.

BELSETA. Dichte Mikrofasergewebe aus BelimaX, 70 % Polyester, 30 % Polyamid, Feinheit nur 0,1 Denier. Wasser und Wind abweisend, wasserdampfdurchlässig, kältebeständig, schnell trocknend, permanente Funktionen. Geschmeidiger, seidenähnlicher Griff. Pflegeleicht.
Einsatzgebiete: Mode, Freizeit, Sport.

Hersteller: J.L. de BALL & Cie. Nachf. mbH,
D-Nettetal.

BESCHICHTUNGEN. Verfahren, um Stoffe wind-, wasserdicht und – je nach Technologie – auch wasserdampfdurchlässig (atmungsaktiv) zu machen. Preisgünstiges Produktionsverfahren allerdings mit kürzerer Haltbarkeit als Membransysteme. Die feine Beschichtung wird auf ein Trägergewebe (üblicherweise aus strapazierfähigem Polyester oder Polyamid) gestrichen.

– **mikroporöse Beschichtungen:** die zähflüssige Beschichtungsmasse wird chemisch oder physikalisch mikroporös gemacht. Durch die feinen Poren gelangt der Wasserdampf auf die Materialaußenseite.

– **porenlose Beschichtungen**: ankommende Feuchtigkeit in Form von Wasserdampf diffundiert auf chemisch-elektrischem Weg. Die Wasserdampfmoleküle werden entlang der Molekülketten der Beschichtung nach außen weitergeleitet.

– **Kompaktbeschichtungen**: durchgehender Kunststofffilm aus Polyurethan oder Silikon. Wind- und wasserdicht, wasserdampfundurchlässig. Verwendung bei Regenbekleidung („Ostfriesennerz"). Hier erfolgt der Luftaustausch durch Öffnungen in den Bekleidungsstücken.

– **Mulitcoatingverfahren**: mehrfache Beschichtung.

Verwendete Materialien:

– **Polyurethan (PU)**: als microporöse, porenlose oder kompakte Beschichtung, oft in mehreren Lagen. Zuverlässig wasserdicht, winddicht, kältebeständig und abriebfest bei innen liegender Beschichtung.

– **Silikon**: zuverlässig wasserdicht. Aufbringung meist beidseitig im Tauchbad. Vorteil: Im Gegensatz zu anderen Beschichtungen wird die Reißfestigkeit des Gewebes erhöht. Nachteil: Verschweißen nicht oder nur schlecht möglich. Nur als kompakte Beschichtung z.B. für Zelte, Rucksäcke etc.

– **Polyvinylchlorid (PVC)**: Beschichtungen für preiswertere Regenbekleidung. Nachteile: bricht bei niedrigeren Temperaturen, schnellerer Abrieb als andere Beschichtungen.

BONDEN. Verbinden zweier oder mehrerer Flächengebilde durch Hitzeeinwirkung und/oder feste oder flüssige wasch- bzw. reinigungsbeständige Klebstoffe.

BREATHE. Mikroporöse Polyurethan-Beschichtung in Mehrschicht-Coating-Technik als Wind- und Wetterschutz. Nähte sollen verschweißt werden. Wind- und wasserdicht, wasserdampfdurchlässig, kältebeständig, biodegradabel, gibt bei Verbrennen keine toxischen Emissionen.
Hersteller: UCB Chemicals, B-Drogenbos.

CAPILENE®. Unterwäsche aus Polyesterfaser. Guter Feuchtigkeitstransport. Schnell trocknend, antimikrobielle Behandlung hemmt das Wachstum geruchsbildender Bakterien. Ausrüstung bis 40° C waschbeständig.
Einsatzgebiet: Unterwäsche in fünf verschiedenen Gewichtsklassen – je nach Temperatur und Aktivität.
Hersteller: Patagonia, F- Boulogne (Paris).

CELTECH. Polyurethan-Beschichtung mit mikroporöser Struktur. Guter Wind- und Wetterschutz bei optimaler Wasserdampfdurchlässigkeit. Wind- und wasserdicht, kältebeständig.
Einsatzgebiete: Bekleidung für alle Wetterverhältnisse.
Hersteller: Unitika Fibers Ltd., Osaka, Japan.

CEPLEX. Mikroporöse PU-Beschichtung, die entweder auf Polyester- oder Polyamidgewebe aufgebracht wird. Wird in Zwei- oder Drei- Lagen-Laminaten angeboten. Beschichtung: Polyurethan, Einsatz: Wassersport.
Hersteller: Vaude, D-Tettnang

CHEMIEFASER. Auf chemischem Wege hergestellte Fasern, eingeteilt in Filamente (Endlosfäden) und Spinnfasern (Stapelfasern). Es gibt Chemiefasern aus natürlichen Rohstoffen wie Zellulose (Viskose, Cupro), aus vollsynthetischen Stoffen (Polyester, Polyamid, Acryl) und aus anorganischen Stoffen (Glasfaser, Asbest, Metall).

CLIMA-FIT. Leichtes, exklusiv für Nike entwickeltes Mikrofasergewebe aus 100 % Polyester. Wind-

dicht, Wasser abweisend, wasserdampfdurchlässig, kältebeständig, strapazierfähig. Variation: Clima-Fit Max mit wasserdichter und wasserdampfdurchlässiger Beschichtung.
Einsatzgebiete: Sportbekleidung, bei feuchtem, windigem Wetter, ideal für Läufer.
Hersteller: Nike Deutschland, D-Mörfelden-Walldorf.

CLIMAGUARD®. Mikrofasergewebe aus speziell feinfibrillen Polyamid- und Polyesterfasern. Wasser- und winddicht, wasserdampfdurchlässig, extrem leicht, gute Kälte- und Chemikalienbeständigkeit. Öko-Tex Standard 100.
Einsatzgebiete: Outdoor, Bergsport, Wandern, Golf, modische Freizeit- und Fashion-Bekleidung, Arbeitskleidung.
Hersteller: Rotofil AG, CH-Stabio

CLIMALITE. Doppelflächige Maschenware aus Polyester oder Polyamid mit Lycra. Funktionelle Faser mit hohem Feuchtigkeitstransport, schnell trocknend, geringes Gewicht, sehr weich und hautsympathisch. Schützt vor Überhitzung (Hitze- und Feuchtigkeitsstau) und vor Verdunstungskälte in Ruhephasen, waschbar bis 30° C. Geeignet für Freizeit- bis Hochleistungssport.
Hersteller: Adidas-Salomon, D-Herzogenaurach.

CLIMASHELLTM **RAIN**. Dicht gewebte Materialien aus 100 % Polyester oder 100 % Polyamid, die mit einer mikroporösen oder hydrophilen Polyurethanschicht kaschiert sind. Alle Nähte werden ver-

schweißt. Wind- und wasserdicht, wasserdampfdurchlässig, kälte-, hitze- und chemikalienbeständig, sehr gute Scheuerfestigkeit, schnell trocknend.
Einsatzgebiete: als Schutzschicht über der Basis und Isolationsschicht im Sportbereich wie Radfahren, Fußball, Laufen, Adventure, Leichtathletik, X-Country.
Hersteller: adidas-Salomon AG, D-Herzogenaurach.

CLIMASHELLTM**STORM**. Dicht gewebte und gewirkte Materialien, die mit einer Membran laminiert sind; 100 % Polyester/Polyurethan-Membran, 100 % Polyamid/Polyurethan-Membran. Einsatz verschiedener Membran und Laminate. Hohe Wasserdampfdurchlässigkeit, wind- und wasserdicht, dauerhaft Wasser abweisende Ausrüstung, sehr scheuerbeständig, kälte-, hitze- und chemikalienbeständig, schnell trocknend.
Einsatzgebiete: als Schutzschicht über der Basis- und Isolationsschicht. Radfahren, Laufen, Adventure.
Hersteller: adidas-Salomon AG, D-Herzogenaurach.

CLIMASHELLTM **WIND**. Dicht gewebte Materialien aus 100 % Polyester oder 100 % Polyamid. Auch Gewebe, die mit einer mikroporösen oder hydrophilen Schicht kaschiert (*ClimaShell*® Rain) oder mit einer microporösen oder hydrophilen Membran laminiert (ClimaShell® Storm) sind und deren Nähte nicht verschweißt sind. Wind und Wasser abweisend, extrem hohe Wasserdampfdurchlässigkeit, kälte-, hitze- und chemikalienbeständig, schnell trocknend. Einsatzgebiete: als Schutzschicht über der Basis und Isolationsschicht im Sportbereich wie Radfahren, Tennis, Laufen, Adventure, Leichtathletik, X-Country. Hersteller: adidas-Salomon AG, D-Herzogenaurach.

CLIMATIC. Strapazierfähiger, hochtechnischer Stoff aus Polyamid. Leicht, hoher Tragekomfort, wasserdampfdurchlässig, schnell trocknend, Wasser und Wind abweisend. Gute Scheuer- und Reißfestigkeit. Öko-Tex Standard 100. Geeignet für Outdoorsport-Bekleidung. Hersteller/Konfektionär: Haglöfs Deutschland, D-Betzenstein.

CLIMA WARM™. Fleece-Materialien aus Polyester, Polyester/Lycra oder Polyamid/Lycra. Hohe Wärmeisolation, niedriges Gewicht, sehr wasserdampfdurchlässig, schnell trocknend, sehr weich, je nach Einsatzgebiet hydrophil oder hydrophob. Geeignet für viele Sportarten von Freizeit bis Hochleistung im Outdoor-Bereich. Hersteller: adidas-Salomon AG, D-Herzogenaurach.

CLIMAWARM™**WINDPRO.** Winddichtes, leichtes Material mit hoher Wärmeisolation und wasserdampfdurchlässig. Polyester- oder Polyester-/Polyamid-Fleece, laminiert mit einer Polyurethan-Membran; verschiedene Kaschierungen (Mesh-Innenseite). Unterstützt die Regulierung der Körpertempera-

tur. Wasser abweisend, kälte-, hitze- und chemikalienbeständig. Einsatzgebiete: wärmende Isolationsschicht und Windschutz über der Basisbekleidung für Cycling, Adventure, X-Country. Hersteller: adidas-Salomon AG, D-Herzogenaurach.

COMFOREL®. Feine Faserbällchen aus *Dacron*® Polyesterfasern. Verwendung hauptsächlich als Füllmaterial von Kissen. Anschmiegsam, weich und bauschig. Varianten: *Comforel*® *Allerban*® (Wachstumshemmung von Bakterien, Pilzen, Hausstaubmilben, für Allergiker geeignet), *Comforel*® Supreme (besonders weich), *Comforel*® Soft (extra fein und weich). Öko-Tex Standard 100. Hersteller: DuPont Sabanci Polyester GmbH, D-Hamm.

COMFORTEMP®. Siehe *Schoeller*®*-ComforTemp*®.

COOLMAX®. Ein speziell konstruierter, aus einer Vierkanal-Polyesterfaser gewebter oder gestrickter Stoff, der Körperfeuchte schnell von der Haut weg transportiert (wasserdampfdurchlässig), schnell trocknend, weich und geschmeidig. Pflegeleicht. Einsatzgebiete: alle Arten von Sportswear und Sportmode, Unterwäsche, Workwear, komfortorientierte Oberbekleidung, Socken, Handschuhe, Schuhe, Inlets. Hersteller: DuPont, CH-Genf.

CORDURA®. High-Tech-Garn, extrem hochfestes Polyamid-Endlos-

garn. Entwicklung speziell für Gewebe mit extrem hoher Abriebfestigkeit. Hitze-, kälte- und chemikalienbeständig. Stoffe sind haltbarer, robust, abrieb- und reißfester mit sehr guter Pilling- und Verschleißfestigkeit. Cordura lässt sich nicht wasserdicht beschichten. Einsatzgebiete: Motorradstiefel, Taschen, Jacken, strapazierfähiger Besatz an exponierten Stellen. Viel leichtere und weichere Version ab 2003: „new *Cordura*®" für Sommergewebe.
Hersteller: Du Pont,
CH-Genf.

CORDURA® LEIGHTWEIGHT. Bedeutend leichtere Variante als *Cordura*®. Weicher, natürlicher Griff mit der gewohnt hohen Robustheit.
Hersteller: Du Pont,
CH-Genf.

CRAFT SHIFT. Zweiflächige Fleeceware aus 100 % Polyester. Sehr guter Feuchtigkeitstransport, winddicht, schnell trocknend und pflegeleicht (waschbar bis 60°). Geeignet für alle Outdoor-Sportarten.
Hersteller: Craft of Scandinavia,
D-München.

CYCLODEXTRINE. Cyclische Zuckermoleküle mit einem hydropoben (Wasser abweisenden) Hohlraum. Neue Form der Funktionalisierung textiler Oberflächen durch Textilveredlung. Können durch entsprechende Ausrüstung unangenehme Gerüche (Schweiß, Tabakrauch) aufnehmen oder angenehme Gerüche abgeben wie pharmazeutische Wirksubstanzen, Duftstoffe oder Kosmetika.

DACRON®. Ursprungsmarke für Polyesterfasern und -garne, das für viele Technologien und Endprodukte eingesetzt wird.
Hersteller: DuPont,
CH-Genf.

DERMIZAX™. Nicht poröses, wind- und wasserdichtes Hochleistungslaminat. Die Wasserdampftransportfähigkeit steigt mit der Mikroklimatemperatur. Wind- und wasserdicht, reißfest, dehnbar, robust. Einsatzgebiete: Outdoor, Bergsport, Ski, Snowboard, Wetterschutz.
Hersteller: Toray Deutschland GmbH,
D-Frankfurt.

DORLASTAN. Elastanfilamentgarn auf Polyurethanbasis für Textilien mit funktionsgerechten Eigenschaften und hohem Tragekomfort. Einsatzgebiete: zur Verarbeitung in Maschenware und Gewebe für elastische Bekleidung, Strumpfwaren.
Hersteller: Bayer Faser GmbH,
D-Dormagen.

3XDry®. Siehe *Schoeller*®*-3XDry*®'.

DRI-FIT. Doppelflächige Maschenware mit hohem und schnellem Feuchtigkeitstransport. Weich, hautsympathisch, waschbar bis 30° C, mit Lichtschutzfaktor 30+ erhältlich. Beide Lagen aus Polyester: geeignet für kühles, windiges, nasses Wetter, Außenseite mit erhöhtem Baumwollanteil: auch für wärmeres Wetter geeignet. Sportarten: Joggen, Tennis, Volleyball.
Hersteller: Nike,
D-Mörfelden-Walldorf.

DRYFAST®. Feuchtemanagement-system für alle Textilien. Fasern werden hydrophil ausgerüstet, dadurch optimaler Feuchtetransport, schnell trocknend. In verschiedenen Variationen für unterschiedlichste Einsatzwecke: aerobe Sportarten. Hersteller: Pontetorto S.p.A., Italien–Montemurlo.

DRYMAXX. Leichtes High-Tech-Gewebe mit Dry-maxx-Membran, die auf die Oberstoffinnenseite laminiert ist. Funktionsmaterial für Wind-, Wetter- und Schneeschutz in verschiedenen Variationen für unterschiedlichste Gewebeanforderungen. Nähte werden verklebt. Wasserdampfdurchlässig, wind- und wasserfest. Einsatzgebiete: Wintersportbekleidung. Hersteller: Halti, Finnland–Espoo.

DRYSKIN. Siehe *Schoeller*®-Dryskin.

DRY SKIN®. Doppelflächige Maschenware aus Polyester. Sehr wasserdampfdurchlässig, gute Wärmeisolation, schnell trocknend, winddicht, weich, pflegeleicht (waschbar bis 40°). Variation: Dry *skin*® micro (außen glatt, innen flauschig). Geeignet für Outdoor-Freizeitsport. Hersteller: Schöffel, D-München.

DUNOVA. Mehrkanalfaser auf Polyesterbasis. Mischverhältnis mit Baumwolle 65 %/35 %. Hoher Feuchtigkeitstransport, schnell trocknend, hautsympathisch, dehnbar und elastisch. Geeignet für alle Sportarten.

Hersteller: Spinnerei Lampertsmühle AG, D-Kaiserslautern.

DUOTEX. Doppelflächiges Gestrick aus Polyamid und Baumwolle. Schneller Feuchtigkeitstransport, keine Verdunstungskälte, temperaturausgleichend. Waschbar bis 60°. Geeignet für Outdoor-Freizeitsport. Hersteller: Medico Sports Fashion GmbH, D-Albstadt.

DURETA® 100 % antiallergen- und milbendichtes Material nach *Sympatex*®-Technologie. Einsatzgebiete z.B. für Anti-Allergie-Bettbezüge als Schutz vor allergischen Reaktionen bei Hausstaub-Allergie. Hersteller: Sympatex Technologies GmbH, D-Wuppertal.

DYNAMIC. Siehe *Schoeller*®-Dynamic.

DYNATEC. Siehe *Schoeller*®-Dynatec.

EDEN® **VARIO PROTECT**. Spezialgewebe für Matratzenbezüge als Milben-/Allergiesperre in verschiedenen Variationen. Wasserdampfdurchlässig, teilweise wasserdicht. Hersteller: Sanders GmbH & Co., D-Bramsche.

EFFECT. Faser, die Bakterienbildung verhindert bzw. reduziert. Eingesetzte Silberionen machen es möglich. Diese schädigen den Zellorganismus der Bakterien so, dass diese absterben. Die Wirksamkeit der Silberionen bleibt auch nach mehrfachem Waschen erhalten. Eigenschaften: stoppt Geruchsbil-

dung, guter Feuchtigkeitstransport, hoher Tragekomfort. Ideal für Sport und Freizeit.
Hersteller: Odlo Sportswear AG, CH-Hünenberg.

ELASTAN. Elastische Fasern, die unter Einwirkung einer Zugkraft um die dreifache ursprüngliche Länge gedehnt werden können und nach Entlastung sofort wieder in den Ursprungszustand zurückgehen. Aus mindestens 85 % Polyurethan (1937 von Otto Bayer erfunden), beständig gegen Öle, Fette, Parfum und UV-Licht.

ELHO 10 000. Porenlose Beschichtung auf verschiedenen Stoffqualitäten. Nähte werden verschweißt. Wind- und wasserdicht, gute Wasserdampfdurchlässigkeit, gute Reiß- und Abriebfestigkeit, kälte- und hitzebeständig, schnell trocknend.
Einsatzgebiete: Sportbekleidung bei sehr niedrigen Temperaturen und lang andauernden Anstrengungen wie Bergsteigen, Ski, Jogging, Golf, Segeln, Schlechtwetter- und Schutzbekleidung.
Hersteller: Elho Brunner AG, D-München.

ENTRANT®. Mehrlagige Bekleidungssysteme in verschiedenen Variationen (Mikrofaser-Gewebe in Verbindung mit Membran und Beschichtung). Varianten: *Entrant*® Dermizax™, *Entrant*® GII™, GII™-XT, *Entrant*®-DT™, *Entrant*®-HB™. Wasserdicht, Wasser abweisend, Wind abweisend, wasserdampfdurchlässig.
Einsatzgebiete: Outdoorbekleidung.

Hersteller: Toray Deutschland GmbH, D-Frankfurt.

EPIC™ BY NEXTEC. Veredelungsverfahren für Gewebe aus beliebigem Grundmaterial, um sie permanent Wasser abweisend zu machen. Die Qualität des Gewebes wird verbessert, ohne Aussehen und Griff zu verändern. Gewichtszunahme ca. 5-15 %. Winddicht, kältebeständig.
Einsatzgebiete: Sportbekleidung, Fashion, Streetwear.
Hersteller: Nextec Applications, Inc., USA – Vista, California.

EVENT PROTECTION FABRIC. Wetterschutz gegen Wind und Feuchtigkeit auf Basis einer stark hydrophoben Polymer-Membran. Winddicht, luftdurchlässig, gute Wasserdampfdurchlässigkeit, gute Kälte-, Hitze- und Chemikalienbeständigkeit.
Einsatzgebiete: alle Outdoorsportarten.
Hersteller: BHA Technologies AG, CH-Klus-Balsthal.

EVOLON®. Durch spezielle Wasserstrahltechnologie entstehende Mikrofaser-Stoffe aus Endlosfilamenten mit einem Titer von etwa 0,15 dtex, der aus Polyester und Polyamid besteht. Hohe Dichte, sehr gutes Partikel-Rückhaltevermögen, schneller Feuchtigkeitstransport, hohe Trocknungsgeschwindigkeit, hohe Wärmeisolation, windbeständig, reißfest, hoher UV-Schutz (LF 50+), sehr leicht, weich und angenehm im Griff. Pflegeleicht.
Einsatzgebiete (Auswahl): Allergikerbettwäsche, Bettwäsche, Mat-

ratzen-Bezüge, Fenstertextilien, Outdoor-, Sport- und Freizeitbekleidung, Arbeitsbekleidung, Automobilinnenraumdekore, Akustikmaterialien.
Hersteller: Freudenberg Evolon KG, D-Weinheim.

EXOTEX®. Doppelflächiges Gestrick aus Polypropylengarn und überwiegend Baumwolle. Optimaler Feuchtigkeitstransport, hypoallergen, sehr gutes Trockenverhalten und völlig fusselfrei. Pflegeleicht (waschbar bis 95°). Geeignet für den gesamten Sport- und Freizeitbereich.
Hersteller: Eschler AG, CH-Bühler.

FEUCHTETRANSPORT: Zählt neben Wärmetransport und Feuchtepufferung zu den drei Parametern, die den thermophysiologischen Komfort (Tragekomfort) ausmachen. Ein guter Feuchtetransport besteht, wenn der Schweiß verdampfen kann und nicht flüssig an der Haut herabrinnt. Die Wasserdampfdiffusion (=Atmungsaktivität) ist abhängig von der Garnstärke, Bindungs- und Legungsart, nicht vom Fasermaterial (Natur- oder Chemiefaser).

FIBRILLIEREN. Längsspaltung eines Filamentgarns in feinste Fäden (Fibrillen) zur Griffverbesserung.

FIELDSENSOR™. Mehrlagige Maschenware mit Kapillarfunktion für gutes Feuchtemanagement. Wasserdampfdurchlässig.
Hersteller: Toray Industries Inc., Osaka, Japan.

FILAMENTGARN. Aus mehreren Filamenten (Endlosfasern) bestehendes Garn, z.B. *ENKA*®Viscose, *Tencel*® (fibrillierte Lyocellfasern), *Meryl*® (fibrilliertes Polyamid).

FRESH PLUS. Siehe *Schoeller*®-freshPlus.

GAMEX®. Extrem dichte Maschenwirkware aus Polyester-Mikrofaser für hochfunktionelle Sportbekleidung. Winddicht, Wasser und Schmutz abweisend, wasserdampfdurchlässig, kälte-, hitze- und chemikalienbeständig. Pflegeleicht. Öko-Tex Standard 100. Einsatzgebiete: Radfahren, Jogging, Langlauf, Snowboard, Segeln, Fischen, Jagd u.a.
Hersteller: Chr. Eschler AG, CH – Bühler.

GARNFEINHEIT. Titer. Maßeinheit zur Bestimmung der Feinheit der Chemiefasern (Filament- oder Spinnfasergarne), angegeben in tex oder üblicherweise in dtex. Vor der Einführung des tex-Systems wurde der Titer in Denier (den) angegeben (heute noch in den USA üblich), wobei das Gewicht der Faser oder des Garns auf 9.000 m Länge bezogen wurde.

G-1000®. Kompaktes Mischgewebe aus 65 % Polyester und 35 % Baumwolle, imprägniert mit einer Bienenwachs-Paraffin-Mischung. Winddicht, moskitodicht, Wasser und Schmutz abweisend, UV-Schutzfaktor 50+. Die Imprägnierung kann je nach Einsatz herausgewaschen und wieder aufgebracht werden. Ungewachste Variante: *G-1000*® SC.

Einsatzgebiete: Trekkingkleidung.
Hersteller: Fjällräven,
D-München.

GORE-TEX® ist eine mikroporöse, hydrophobe Membran aus gerecktem PTFE (Polytetrafluorethylen). Sie wird in einem mechanischen Prozess hergestellt und besitzt ca. 1,3 Millarden Poren/cm², deren Durchmesser ca. 20.000-mal kleiner als ein Wassertropfen, aber etwa 700-mal größer als ein Wasserdampfmolekül ist. Aufgrund des Partialdruckgefälles zwischen Körper-Mikroklima und Umgebung werden die Wasserdampfmoleküle des verdunstenden Körperschweißes durch die Poren der Membran nach außen transportiert. Die winddichte, wasserdichte und wasserdampfdurchlässige Membran wird für Funktionstextilien unterschiedlichster Einsatzgebiete verarbeitet, z.B. Sport- und Freizeitkleidung, Schutzkleidung für die Arbeitswelt, Schuhe und Accessoires.
Hersteller: W.L. Gore & Associates GmbH,
D-Putzbrunn.

GORE-TEX® AIRLOCK OUTERWEAR. Neuartiges Funktionstextil für Feuerwehrschutzkleidung, das Hitzeschutz und Flüssigkeitssperre vereint. Substitution der textilen Thermoisolationslage durch ein Luftpolster. Dies geschieht über wenige Millimeter hohe, diskontinuierlich aufgebrachte Silikon-Abstandhalter, die auf einem Träger direkt mit der mikroporösen GORE-TEX®-Membran fest verankert sind. Kombination aus Schutz und Tragekomfort. Verbessertes Feuchtemanagment, Wetterschutz.
Hersteller: W.L. Gore & Associates GmbH,
D-Putzbrunn.

GORE AIRVANTAGE™. Weltweit erstes System zur individuell einstellbaren Thermoisolation von Bekleidung. Zwei miteinander verbundene, luftdichte und atmungsaktive Laminate, deren Wärmerückhaltevermögen (= Thermoisolation) sich durch einfaches Aufblasen von Luftkammern oder durch Ablassen der Luft je nach persönlichem Bedarf erhöht oder reduziert.
Einsatzgebiete: Jacken und Westen für Ski, Snowboard, Outdooraktivitäten.
Hersteller: W.L. Gore & Associates GmbH,
D-Putzbrunn.

GORE-TEX® WORKWEAR ANTISTATIC. Funktionstextil für Schutzkleidung mit einer vollflächigen und dauerhaften antistatischen Schutzwirkung durch erstmaligen Einsatz der Nanotechnologie. Gleichmäßig in die winddichte, wasserdichte und atmungsaktive GORE-TEX®-Membran eingebaute Nano-Carbon-Partikel schaffen ein 10.000fach dichteres Netz als bei herkömmlichen, leitfähigen Gitterstrukturen.

GORE-TEX® HILITE FABRIC. Funktionstextil für Warnschutzkleidung mit neuartiger Versiegelung, bei der jedes Garn der Oberware permanent ummantelt ist. Die Leuchtkraft des verschmutzten Gewebes

bleibt auch nach vielen Wäschen erhalten. Schmutz abweisend, Wasserdampfdurchlässigkeit wird nicht beeinträchtigt. Öko-Tex Standard 100. Speziell für Warnschutzkleidung.
Hersteller: W.L. Gore & Associates GmbH,
D-Putzbrunn.

GORE-TEX® 2-LAGEN-LAMINAT.

Leichtes, geschmeidiges Material, bei dem die Membran mit dem Oberstoff fest verbunden und auf der Innenseite durch ein frei hängendes Futter geschützt ist. Extrem wasserdampfdurchlässig, dauerhaft wasser- und winddicht. Pflegeleicht.
Einsatzgebiete: vorwiegend Jacken im Outdoor-, Sport- und Freizeitbereich.
Hersteller: W.L. Gore & Associates GmbH,
D-Putzbrunn.

GORE-TEX® 3-LAGEN-LAMINAT.

Strapazierfähiges Material, bei dem die Membran zwischen Ober- und Futterstoff eingearbeitet ist; alle Lagen sind fest miteinander verbunden. Sehr wasserdampfdurchlässig, dauerhaft wasser- und winddicht. Pflegeleicht.
Einsatzgebiete: auf Grund geringer Packmaße hauptsächlich im Radsport.
Hersteller: W.L. Gore & Associates GmbH,
D-Putzbrunn.

GORE-TEX® PACLITE LAMINAT.

Leichtes, leistungsfähiges Obermaterial in Verbindung mit Gore-Tex®-Membran, die auf der Innenseite durch spezielle Poly-

merpunkte vor Abrieb geschützt ist. Zusätzliches Abfüttern ist nicht nötig. Geringes Packvolumen, wasserdampfdurchlässig, dauerhaft wasserdicht, absolut winddicht.
Einsatzgebiete: Sportbereich, Skitouren, Bergwandern, Radtouren.
Hersteller: W.L. Gore & Associates GmbH,
D-Putzbrunn.

GORE-TEX® XCR®. (Extended Comfort Range) Laminate mit absoluter Wasserdichtheit und besonderem Komfort.

Einsatzgebiete: vorwiegend Jacken für den sportlichen Einsatz.
Hersteller: W.L. Gore & Associates GmbH,
D-Putzbrunn.

GORE-TEX® XCR® 2-Lagen-Laminat.

Laminat mit XCR-Membran: 25 % atmungsaktiver als vergleichbare *Gore-Tex®* 2-Lagen-Laminate. Strapazierfähiges Obermaterial in Verarbeitung mit besonders durchlässigen Futterstoffen. Extrem wasserdampfdurchlässig, dauerhaft wasser- und winddicht. Pflegeleicht.
Hersteller: W.L. Gore & Associates GmbH,
D-Putzbrunn.

GORE-TEX® XCR® 3-Lagen-Laminat.

Strapazierfähiges Laminat mit XCR-Membran: 25 % atmungsaktiver als vergleichbare *Gore-Tex®* 3-Lagen-Laminate. Ausschließlicher Einsatz sehr robuster Nylon-Gewebe. Sehr wasserdampfdurchlässig, dauerhaft wasserdicht, absolut winddicht. Pflegeleicht.
Einsatzgebiete: Für den extremen Anwender und anstrengende Outdoor-Aktivitäten.

Hersteller: W.L. Gore & Associates GmbH, D-Putzbrunn.

GORE-TEX® XCR® D/MAX LIGHT. Eine der leichtesten *Gore-Tex®*-Materialien mit einem glatt gewebten Polyamid-Außenstoff.
Hersteller: W.L. Gore & Associates GmbH,
D-Putzbrunn.

GORE-TEX® XCR® 3000. Zweifarbige Optik durch Kombination von Polyester- und Polyamidgarnen. Softer Warengriff.
Hersteller: W.L. Gore & Associates GmbH,
D-Putzbrunn.

GORE-TEX® XCR® S/HE-LITE. Besonders leichtes und weiches *Gore-Tex®* 2-Lagen-Laminat in strukturierter, leicht glänzender Optik.
Hersteller: W.L. Gore & Associates GmbH,
D-Putzbrunn.

GORE-TEX® XERO LIGHT. Wetterschutz bei leichtem Gewicht und optimalem Trageempfinden.
Hersteller: W.L. Gore & Associates GmbH,
D-Feldkirchen-Westerham.

GORE-TEX® Z-Liner. Membran, mit leichtem Trägermaterial verbunden, wird hängend zwischen Oberstoff und Futter eingearbeitet. Weicher Griff, atmungsaktiv, dauerhaft wasserdicht, absolut winddicht.
Einsatzgebiete: modischer Bereich.
Hersteller: W.L. Gore & Associates GmbH,
D-Putzbrunn.

HARD SHELL. Dritte, äußerste Schicht beim „Zwiebelprinzip". Wasserdichte, wasserdampfdurchlässige, robuste Jacke zum Schutz gegen extreme Wetterbedingungen. Materialien mit Membran und zusätzlichem Fleece. Weiterentwicklung sind Softshells, die die zweite und dritte Schicht kombinieren und einen wesentlich besseren Tragekomfort bieten.

HELANCA. Eine der ersten Fasern, die den Tragekomfort verbesserten, wurde von Maria Bogner im Jahr 1947 erstmals bei Keilhosen verarbeitet. 1963 gab es den ersten elastischen einteiligen Helanca-Anzug für Eisschnellläufer.

HELLY TECH®. Robustes, haltbares Material für universellen Einsatz und optimalen Schutz vor Wind und Wetter. Mikroporöse und hydrophile Beschichtung im Multicoatingverfahren. Nähte werden verklebt. Erhältlich als 2-Lagen-Verbund. Wind- und wasserdicht, wasserdampfdurchlässig, kältebeständig.
Einsatzgebiete: Segeln, Trekking, Skifahren, Snowboard.
Hersteller: Helly Hansen Deutschland GmbH,
D-München.

HELLY TECH® EXTREME. Robustes, haltbares Material für extremen Einsatz und maximalen Schutz vor Wind und Wetter. Mikroporöse und hydrophile Beschichtung im Multicoatingverfahren. Nähte werden verklebt. Erhältlich als 2-, 2½ – und 3-Lagen-Verbund. Wind- und wasserdicht, wasserdampfdurchlässig, kältebeständig.

Einsatzgebiete: Segeln, Bergsport, Skifahren, Snowboard.
Hersteller: Helly Hansen Deutschland GmbH,
D-München.

HOLLOFIL®. Wattierungsfasern aus *Dacron*® mit einer speziellen 4-Loch-Hohlstruktur für ausgezeichnete Bauscherholung und Beständigkeit in Gebrauch und Wärmeisolierung. Beständig gegen Verfilzen. Variante: *Hollofil*® *Allerban*®, hemmt das Wachstum gängiger Bakterien und bestimmter Pilze und somit die Entwicklung von Hausstaubmilben. Für Allergiker geeignet, geruchlos.
Einsatzgebiete: Wattierung für Sport- und Outdoorbekleidung, Steppbetten. Öko-Tex Standard 100.
Hersteller: DuPont Sabanci Polyester GmbH,
D-Hamm.

HUSKY® **– SWISSPILE**. Ein- oder beidseitig gerautes Fleece aus Maschenware aus Polyester-Feinfilamenten oder -Mikrofasern von *Trevira*. Guter Feuchtigkeitstransport, hohe Wärmeisolation, weich und flauschig im Griff, scheuerfest, schnell trocknend, keine Pillingbildung. Unterschiedliche Einsatzgebiete von Unterwäsche bis Oberbekleidung, Freizeit- bis Hochleistungssport.
Hersteller: Chr. Eschler AG,
CH-Bühler.

HYDROFUSION™. Permanente Spezial-Ausrüstung für Bekleidung bei schweißintensiven Sportarten. Winddicht, Wasser abweisend, wasserdampfdurchlässig, kältebeständig.

Einsatzgebiete: hochaerobe Sportarten wie Radfahren, Laufen, Bergsteigen.
Hersteller: Burlington Performance Wear,
D-Blaustein.

HYDRONAMIC. Robustes „High Performance"-Material aus Polyester oder Polyamid, auf der Innenseite mit mikroporöser Beschichtung. Nähte werden zum Teil verschweißt. Wind- und wasserdicht, wasserdampfdurchlässig, schnell trocknend.
Einsatzgebiete: Ski, Snowboard, Wandern, Outdoor.
Hersteller: Mexx Sport Deutschland,
D-Neuss.

HYDROPHIL. „Wasserfreundlich", Wasser anziehend (hygroskopisch). Eigenschaft zur Feuchtigkeitsaufnahme (Absorption) und zum Feuchtigkeitstransport über die Oberfläche.
Aus bekleidungsphysiologischer Sicht sollten die Faseroberflächen hydrophil sein, eine Forderung, die nicht nur von Baumwolle und Viskose, sondern auch von Synthetiks wie PES, PA und PAC in deren „Ausgangszustand" erfüllt wird. Durch Ausrüstung kann diese Wasseraffinität umgekehrt werden in eine Wasser abweisende Eigenschaft (Hydrophobie).

HYDROPHOB. Wasser abweisend.

HYDRO X CHANGE. Faser auf Polyamid/Elasthan-Basis für hohe Funktions- und Komfortansprüche. Optimaler Feuchtetransport, schnell trocknend, kühler Griff, hervorragende Farbbeständigkeit. Ein-

satzgebiete: Fitness- und Performancebereich.
Hersteller: S. Oliver,
D-Rottendorf.

HYGIENIC. „Synthetisches Leder"
aus Polyester-Mikrofaser. Antibakteriell, keine Geruchsbildung, sehr
strapazierfähig und schlagabsorbierend, angenehm weich, höchster Tragekomfort, sehr pflegeleicht, zertifiziert nach Öko-Tex-Standard 100. Geeignet für Radhosen, Einsätze von Radhosen, Reithosen, gepolsterte Unterwäsche
und Hosen für Triathlon.
Hersteller: Chr. Eschler AG,
CH-Bühler.

INTAC®. Funktionale Oberstoffe.
Kältebeständig, Wasser abweisend, wärmeisolierend, teilweise
elastisch. Verschiedene Gruppen:
Lighttac (extrem leicht, elastisch),
Hydrotac (Imprägnierung gegen
Feuchtigkeit), Aerotac (winddicht,
Abblockung der schädlichen UV-Strahlen) und Oxytac (wasserdampfdurchlässig). Neu:
mikroverkapselte Duftstoffe AMC
(Aromatic-Micro-Capsules).
Pflegeleicht. Öko-Tex Standard
100.
Einsatzgebiete: Alltag, Reisen,
Freizeit, Sport.
Hersteller: C. F. Ploucquet GmbH
& Co.,
D-Heidenheim/Brenz.

INTAC FRESHTAC. Funktionelle
geruchsneutralisierende Ausrüstung für Textilien. Wasserdampfdurchlässig, kältebeständig, Wasser abweisend.
Einsatzgebiete: Alltag, Reisen,
Freizeit, Sport.

Hersteller: C. F. Ploucquet GmbH
& Co.,
D-Heidenheim/Brenz.

INTERA®. Ausrüstung für synthetische Fasern. Optimiertes Feuchtigkeitsmanagement, hydrophil, antibakteriell, pflegeleicht.
Hersteller: Intera Corp. Chattanooga, TN, USA.

ISOFILM®/**ISOWIND**®. Hydrophile
Klima-Membran aus Spezial-Polyurethan. Wasser- und winddicht,
extrem bewegungselastisch, sehr
leicht, wasserdampfdurchlässig,
sehr strapazierfähig.
Hersteller: Chr. Eschler AG,
CH-Bühler.

JEANTEX T3000. Porenlose, hydrophile, meist 2-lagige Funktionsbeschichtung aus Polyurethan.
Trägergewebe aus Wasser abweisendem Polyamid in unterschiedlicher Konstruktion (T 3000 light, T
3000 Comfort aus Taslan Polyamid
für den Outdoorbereich, T 3000
ULT = Ultra Light Technology aus
extrem leichtem Polyamid-Mikrofasergewebe mit Ribstop-Struktur
für Outdoor und Bikewear, T 3000
Comfort Sportiv und T 3000 Extreme aus besonders reiß- und abriebfestem Tactel- und Cordura-Gewebe für Yachting und Ski).
Nähte werden verschweißt. Wind-
und wasserdicht, wasserdampfdurchlässig, besonders knick- und
scheuerbeständig, schnell trocknend, kältebeständig.
Einsatzgebiete: alle Outdoor-Aktivitäten wie Trekking, Radfahren,
Wandern, Segeln, Golf, Ski, für
hochalpine Einsätze.

Hersteller: Jeantex,
D-Rellingen.

JEANTEX THERMOFLEECE T 3000.
Hochisolierendes Fleece aus 100 %
Polyesterfasern. Sehr hoher Feuch-
tigkeitstransport, schnell trock-
nend, winddicht mit T3000 Z-liner
Futter, angenehm weich, keine
Pillingbildung. Für alle Outdoor-
Aktivitäten wie Biking, Trekking,
Wandern, Segeln etc. bis zu hoch-
alpinen Einsätzen geeignet.
Hersteller: Jeantex,
D-Rellingen.

KAPILLARTRANSPORT. Wird auch
als „Löschblatteffekt" bezeichnet.
Er beruht auf dem physikalischen
Prinzip, dass Wasser in engen Röhren und Spalten aufsteigt. Die Faserzwischenräume im Garn bzw.
die Garnzwischenräume im Textil
wirken als solche Kapillaren mit
Saugwirkung.

KASCHIEREN. Herstellen textiler
Verbundstoffe durch Verkleben
zweier Flächengebilde.

KEPROTEC®. Siehe *Schoeller®-Ke-
protec®.*

KEVLAR®. Leichte, sehr strapazierfähige Para-Aramid-Faser, ursprünglich für die Raumfahrt entwickelt, für Gewebe, die extremen
Belastungen standhalten müssen.
Extrem hohe Reißfestigkeit. Gute
Kälte-, Hitze- und Chemikalienbeständigkeit. Elastische Variante
durch Verarbeitung mit *Lycra®.*
Einsatzgebiete: Für Sportbekleidung als Beimischung zum Gewebe oder als Verstärkung exponier-
ter, beanspruchter Partien, für
Rucksäcke, Accessoires, Motor-

radbekleidung u.a.
Hersteller: DuPont,
CH-Genf.

K-WAY. Reißfestes und sehr strapazierfähiges Nylongewebe mit
einer kompakten, nicht wasserdampfdurchlässigen, 3-fachen
Polyurethanbeschichtung. Nähte
werden verschweißt. Absolut
winddicht, dauerhaft wasserdicht,
sehr reiß- und scheuerfest, schnell
trocknend, kältebeständig.
Einsatzgebiete: Regenbekleidung.
Hersteller: K-Way,
D-Pirmasens.

K-WAY 2000. Gewebe aus 100 %
Polyamid mit einer dreifach aufge-
tragenen mikroporösen Polyurethan-Beschichtung. Die Nähte sind
verschweißt. Sehr strapazierfähig,
wind- und wasserdicht, wasserdampfdurchlässig, kältebeständig.
Einsatzgebiete: Regenbekleidung.
Hersteller: K-Way Deutschland,
D-Pirmasens.

LAMINAT. Dauerhafte Verbindung
von Flächengebilden mittels
Punktverklebung.
Verarbeitungsvarianten bei Mem-
branlaminaten:
– **Oberstoff-Laminat oder 2-La-
gen-Laminat**: Die Membran wird
auf die Innenseite des Oberstoffs laminiert und normalerweise durch ein lose hängendes
Innenfutter geschützt. Vorteile:
hohe Wasserdampfdurchlässigkeit, geringes Gewicht, ausge-
zeichneter Tragekomfort, weicher Griff. Nachteil: relativ
aufwändig in der Produktion und
deshalb auch teuer im Verkauf.

– **3-Lagen-Laminat**: Die Membran wird zwischen Oberstoff und dem Innenfutter laminiert. Vorteile: strapazierfähig und unempfindlich. Nachteile: geringerer Tragekomfort, Material ist steifer und kompakter, geringere Wasserdampfdurchlässigkeit.

– **Insert-Laminat** (oder Z-Liner-Laminat): Die Membran wird auf dünnes Trägermaterial laminiert und lose zwischen Oberstoff und Futter gehängt. Vorteile: preiswert in der Produktion. Nachteil: geringe Strapazierfähigkeit.

– **Futterstoff-Laminat** (oder S-Liner-Laminat): Die Membran wird auf den Futterstoff laminiert, der lose unter dem Oberstoff hängt. Vorteile: Einsatz für leichte modische Freizeitbekleidung, freie Gestaltungsmöglichkeit, preiswert im Verkauf. Nachteil: wenig strapazierfähig.

LAMINIEREN. Punktklebung. Verbinden zweier Flächengebilde, z.B. Verbinden von Membranen mit einem Trägermaterial.

LENZING LYOCELL® LF. (Low Fibrillation). Fibrillationsarme Cellulose-Faser aus Holz. Geringere Veredelungskosten bei der Weiterverarbeitung. Glatte, glänzende Oberfläche, seidiger Griff, reißfest. Pflegeleicht.
Einsatzgebiete: Strickwaren, Strumpfwaren, Spitzen, Frottierwaren, Webartikel, optimal für Baumwollmischungen.
Hersteller: Lenzing AG, A-Lenzing.

LENZING MODAL® FRESH. Cellulose-Faser aus dem Rohstoff Holz mit integriertem Frischedepot und antibakterieller Wirkung, die bis zu 50 Wäschen übersteht. Wasserdampfdurchlässig, feuchtigkeitsabsorbierend, weich. Geeignet für alle Aktivitäten, bei denen Frische eine Rolle spielt, wie Business-Hemden, Socken, Wäsche, Frottier- und Bettwaren, Arbeitskleidung.
Hersteller: Lenzing AG, A-Lenzing.

LENZING PROVISCOSE®. Mischfaser aus Viskose und Lyocell. Weich fließender Fall, strapazierfähig.
Einsatzgebiete: Klassische Viskose-Artikel und neue Qualitäten, hauptsächlich in der DOB.
Hersteller: Lenzing AG, A-Lenzing.

LIFA® SPORT LIGHTWEIGHT. Doppelflächiges Gewebe aus Polypropylen (unterste Schicht im 3-Lagen-System). Sehr guter Feuchtigkeitstransport, leichtes Gewebe, schnell trocknend und pflegeleicht (waschbar bis 60°). Geeignet für alle schweißtreibenden Outdoor-Sportarten.
Hersteller: Helly Hansen Deutschland GmbH, D-München.

LYCRA®. Elastanfaser aus Polyurethan, entwickelt im Jahr 1958. Hohe Dehnfähigkeit und Rücksprungkraft; gute Beständigkeit gegen Salzwasser, chlorhaltiges Wasser, Sonnenschutzmittel, kosmetische Öle, Hautfett und Schweiß, sehr reißfest, sehr leicht, sehr große Be-

wegungsfreiheit. Verarbeitung immer mit anderen Natur- oder Chemiefasern. Geeignet für körpernahe Bekleidung in jedem Bereich, Bade-, Gymnastik- und Fitnessbekleidung, von Freizeit- bis Hochleistungssport.
Hersteller: DuPont,
CH-Genf.

LYOCELL®. Wie bei Viskosefasern und Modalfasern wird bei Lyocellfasern als Rohstoff Zellulose aus Holz (Buche, Fichte, Kiefer etc.) verwendet. Die Zellulose kann aber auch aus Alttextilien (Recycling) stammen. Das Verfahren gilt als umweltverträglich, u.a. weil bei der Herstellung fast das gesamte Lösungsmittel wieder verwendet und das Wasser im Kreislauf geführt werden kann. Lyocell ist zu 100 % biologisch abbaubar, gute Färbbarkeit. Pflegeleicht. Verwendung für Oberbekleidung, Futterstoffe. Markennamen: *Tencel*®, Lenzing *Lyocell*®.

MCS™ / **MCS Blocker**™. (MCS = Moisture Control System). Ausrüstung mit hochfunktionellem Feuchtigkeits-Management. MCS Blocker™ bietet zusätzlich UV-Schutz von LSF 30. Dauerhaft permanent, sehr gute Chlorwasserbeständigkeit, kältebeständig, abriebfest, schnell trocknend.
Einsatzgebiete: Outdoorsportarten.
Hersteller: Burlington Performance Wear,
D-Blaustein.

MCS™ / **MCS Blocker**™ **MIT NA-NO-DRY**. Auf Nano-Technologie

basierende Weiterentwicklung der MCS-Ausrüstung.
Einsatzgebiete: Outdoorsportarten.
Hersteller: Burlington Performance Wear,
D-Blaustein.

MEMBRAN. Hauchdünne Folie mit WWA-Funktion (winddicht, wasserdicht, wasserdampfdurchlässig), die innenliegend auf unterschiedliche Art verarbeitet wird. Die Folie wird auf ein spezielles dünnes Trägermaterial, die Innenseite des Oberstoffs oder zwischen Oberstoff und Futter laminiert. Vorteile von Membranbekleidung: wasserdicht, winddicht, wasserdampfdurchlässig, strapazierfähig, leicht, pflegeleicht (in Abhängigkeit vom Oberstoff). Die Nähte werden in der Regel verschweißt.

– **mikroporöse Membran:** dünne Folien (ca. 0,02 mm) mit bis zu 1,4 Milliarden Mikroporen pro Quadratmeter. Funktionsprinzip: Wasser kann in Tropfenform (Regen, Feuchtigkeit) durch die feinen Poren nicht eindringen. Wasserdampfmoleküle (verdunsteter Körperschweiß) können durch die Poren diffundieren.

– **porenlose Membran:** dünne Folien (ab ca. 0,010 mm), meist aus hydrophilem Polyester oder Polyurethan mit modifizierter Molekularstruktur. Der Wasserdampf kann in die geschlossene Membran eindringen, sich entlang der Molekülketten bewegen und nach außen diffundieren. Voraussetzung: geringere

Außen- als Innentemperatur bei einem Unterschied von mindestens 15°C. Temperatur- und Feuchtigkeitsgefälle zwischen Innen- und Außenseite. Neue Membranentwicklungen wie Sympatex High2out oder Transactiv (DuPont) ermöglichen auch die Diffusion von flüssigem Schweiß.

MERCERISIEREN. Behandlung von Baumwollgarnen, Zwirnen und hochwertigen Garnen, um einen waschbeständigen Glanz und eine erhöhte Festigkeit zu erzielen.

MERYL®. Polyamid-Filament mit sehr vielen Fibrillen. Pflegeleicht. Einsatzgebiete: alle Arten von Sportbekleidung, Strümpfe, Wäsche.
Hersteller: Nylstar, D-Freiburg.

MERYL® MICROFIBRE. Mikrofaser aus feinstfibrilligem Polyamid 6.6, Feinheit unter 1 dtex, für dicht gewebte und gestrickte Textilien mit geschlossener Oberfläche und weichem Griff. Guter Wind- und Wetterschutz, wasserdampfdurchlässig, formstabil, strapazierfähig, Schmutz abweisend, schnell trocknend, bügelfrei, antistatisch.
Hersteller: Nylstar GmbH, D-Freiburg.

MERYL® NEXTEN. Hohlfaser aus Polyamid. Wind und Wasser abweisend, sehr gute Wärmeisolation, sehr leicht, schmutzabweisend, strapazierfähig, wasserdampfdurchlässig, weicher Griff, schnell trocknend. Geeignet für Funktions-

wäsche im Freizeitsport, v.a. Wintersport.
Hersteller: Nylstar, D-Neuss.

MERYL® SATINÉ. Spezialfaser für Feinstrumpfwaren. Geringe Pillneigung, weicher Griff, lichtreflektierender Effekt.
Hersteller: Nylstar, D-Neuss.

MERYL® SOUPLE. Spezialfaser mit permanenter Antistatikwirkung. Einsatzgebiete: Unterwäsche, Mieder, Strumpfwaren.
Hersteller: Nylstar, D-Neuss.

MERYL® SPRING. Polyamid-Hohlfaser, baumwollähnlich in Optik und Griff. Erhöhter Tragekomfort, guter Feuchtetransport, schnell trocknend. Einsatzgebiete: Oberbekleidung, Sportbekleidung, Unterwäsche.
Hersteller: Nylstar GmbH, D-Freiburg.

MERYL® TANGO. Polyamid-Hohlfasern mit seidenähnlicher Optik in unterschiedlichen Qualitäten. Für Materialien mit lebendiger Oberflächenoptik. Moiréeffekt usw. Einsatzgebiete: Oberbekleidung, Sportbekleidung, Unterwäsche.
Hersteller: Nylstar GmbH, D-Freiburg.

MERYL® TECHNO. Faser aus Polyamid für sehr leichte Gewebe mit extremer Strapazierfähigkeit. Guter Wind- und Wetterschutz, wasserdampfdurchlässig, formstabil, reißfest, Schmutz abweisend, schnell trocknend. Einsatzgebiete: extremer Sportbereich, Accessoires, Schuhe.

Hersteller: Nylstar GmbH,
D-Freiburg.

MICROFT LIGHT. Weiches, dichtes Mikrofasergewebe aus feinsten Fasern. Wasser abweisend, winddicht, wasserdampfdurchlässig, schnell trocknend.
Hersteller: Unitika Fibers Ltd., Osaka, Japan.

MICROFT SILMOND. Dichtes Mikrofasergewebe aus feinstfibrilligen Polyesterfilamentgarnen. Seidige Oberfläche, Wasser abweisend, winddicht, wasserdampfdurchlässig, schnell trocknend.
Einsatzgebiete: Sport- und Freizeitmode.
Hersteller: Unitika Fibers Ltd., Osaka, Japan.

MIKROFASER. Chemiefaser mit sehr feinen Filamenten (0,01 bis 0,1 dtex) aus Polyester oder Polyamid, dicht gewebt. Spezielle Eigenschaften: wasserdampfdurchlässig, winddicht, geringes Gewicht.

MICROFT TECHNORA. Strapazierfähige Gewebe/Maschenwaren aus 55 % Polyester, 45 % Aramidfasern. Reißfest, weicher Griff, optimale Anfärbbarkeit, kälte- und hitzebeständig.
Einsatzgebiete: Outdoor-, Sportbekleidung, Motorradbekleidung, Bergtouren.
Hersteller: Tejin Europe Office, D-Frankfurt.

MIPOREX®. Hydrophile Polyurethanbeschichtung als Insert-Laminat oder als Futter- und Oberstofflaminat. Nähte werden verschweißt. Wind- und wasserdicht, wasserdampfdurchlässig, elastisch, reißfest. Öko-Tex Standard 100.
Einsatzgebiete: Sport- und Freizeitmode.
Hersteller: C. F. Ploucquet GmbH & Co. KG,
D-Heidenheim.

MPC® **IQ DIAPLEX**. Funktionsmaterial mit Membran auf Polyurethan-Polymer-Basis. Die Wasserdampfdurchlässigkeit passt sich durch Aktivierung von Microteilchen der Außentemperatur und der Körpertemperatur an. Nähte werden verklebt. Erhöhte Wärmeisolierung, gesteigerter Tragekomfort, Antikondensation, extrem strapazierfähig, wind- und wasserdicht, lang anhaltende Wasserabweisung.
Hersteller: Tenson M/T Owner AB, D-Hilden.

MPC® **EXTREME**. Funktionsmaterial mit einer dünnen mikroporösen Beschichtung auf der Geweberückseite. Alle Nähte werden verschweißt. Hoher Tragekomfort, wind- und wasserdicht, Wasser abweisend, wasserdampfdurchlässig, kältebeständig, hohe Abriebfestigkeit.
Einsatzgebiete: alle Aktivsportarten wie Segeln, Bergsport, Wandern, Rudern, Ski- und Langlauf.
Hersteller: TENSON M/T Owner AB,
D-Hilden.

MPC® **LIGHT**. Funktionsmaterial mit einer dünnen mikroporösen Beschichtung auf der Geweberücksei-

te. Alle Nähte werden verschweißt.
Variante: MPC® Light Struktur.
Hoher Tragekomfort, wind- und
wasserdicht, Wasser abweisend,
wasserdampfdurchlässig, kältebe-
ständig.
Einsatzgebiete: alle Aktivsportar-
ten wie Segeln, Bergsport, Rudern,
Wandern, Ski- und Langlauf.
Hersteller: TENSON M/T Owner
AB,
D-Hilden.

MTS-FINISH. Moisture Transport
System. Feuchtetransport-Mana-
gement-System. Ausstattung, welche für raschen Abtransport von
Schweiß sorgt und den Körper somit trocken hält.

NANOSPHERE®. Siehe *Schoeller-
Nanosphere*®.

NANO-TEX. Textile Neuentwicklungen auf molekularer Ebene nach
den Prinzipien der Nanotechnologie (Größeneinheit „nano", ein Na-
nometer ist der milliardste Teil
eines Meters) zur Eigenschaftsän-
derung von Textilien auf molekularer Faserebene.
Hersteller: Nano-Tex, Greensboro,
NC, USA.

NANO-DRY. Markenname für eine
Nano-Tex-Entwicklung zur Verän-
derung von Baumwolle (Knitter-
freiheit, Fleckunempfindlichkeit,
Wasser abweisende Wirkung).
Hersteller: Nano-Tex, Greensboro,
NC, USA.

NANO-CARE. Markenname für Po-
lyamid- und andere künstliche
Fasern mit baumwollähnlichen

Wassertransport-Eigenschaften.
Hersteller: Nano-Tex, Greensboro,
NC, USA.

NEOZOIC. Mikrofaser, laminiert
auf eine porenlose Membran.
Winddicht, Wasser abweisende
Ausrüstung, wasserdampfdurchläs-
sig, schnell trocknend.
Hersteller: Tejin Europe Office,
D-Frankfurt.

NOMEX®. Flammschutzgewebe,
hoher Tragekomfort, lange Lebensdauer.
Einsatz: Rettungsdienste, Feuerwehr, Polizei, Ballon- und Motor-
sport, Raumfahrt.
Hersteller: DuPont,
CH-Genf.

NO WIND®. Leichtes Windschutz-
Veloursfleece. Hoch wasserdampf-
durchlässig, optimaler Feuchte-
transport.
Einsatzgebiete: Freizeit- und
Sportbekleidung.
Hersteller: Pontetorto S.p.A.,
I-Montemurlo.

NYLON. 1934 von DuPont erfun-
dene Polyamidfaser. Markterobe-
rung Anfang der 60er Jahre, damals Vorbehalte wegen geringer
Wasserdampfdurchlässigkeit. Po-
lyamidspinnfasern bzw. -filament-
garne sind leicht, sehr reiß- und
scheuerfest, nehmen wenig Wasser auf und sind schnell trocknend.
Heutige Einsatzgebiete Feinstrümpfe und Badebekleidung.
Tactel® ist eine Weiterentwicklung
von Nylon. Hersteller: DuPont,
CH-Genf.

ODLO PROTEC BRUSHED. Funktionsfasergestrick aus Polyester zu einflächiger Maschenware verstrickt. Sehr guter Feuchtigkeitstransport, sehr hohe Wärmeisolation, schnell trocknend, sehr weich, hautfreundlich, pflegeleicht (waschbar bis 60°). Öko-Tex Standard 100. Geeignet für Oberbekleidung im Freizeitsportbereich wie Alpinskifahren, Tourenfahren, Golf, Segeln, Reiten etc.
Hersteller: Odlo International AG, CH-Hünenberg.

OUTLAST®. Temperaturregulierendes System mit hohem Klimakomfort, das auf der PCM-Technik basiert. Im Gewebe eingebettete winzige, paraffingefüllte Kügelchen speichern die Körperwärme und geben sie bei Bedarf wieder ab. Die Körpertemperatur wird dadurch konstant gehalten. Kältebeständig, pflegeleicht.
Einsatzgebiete: zur Einlagerung in Fasern und Schaumstoffe oder Beschichtung von Gewebe für Ski, Wandern, Bergsport, Rad- und Motorradsport, Oberbekleidung, Strümpfe, Sportwäsche, Schuhe, Bettdecken.
Hersteller: Outlast Technologies, Inc., USA – Boulder. Die Produktionslizenz für Europa liegt bei Ploucquet.

PACTIVE®. Funktionelle Ausrüstung mittels neuer Verkapselungstechnologien für permanente Imprägnierung, Winddichtigkeit, sehr gute Wasserdampfdurchlässigkeit, UV-Schutz. Kältebeständig, geringes Packvolumen, Wasser abweisend, schnell trocknend. Auch für sehr leichte Stoffe geeignet.
Einsatzgebiete: Outdoor, Trekking, Ski/Snowboard, Leisure.
Hersteller: C.F. Ploucquet GmbH & Co.,
D-Heidenheim/Brenz.

PARAGON®. Funktionelle Ausrüstung für optimalen Feuchtigkeitstransport (Sweat-Management-System). Grundlage bilden die Funktionstextilien *Atmos*®, *Sprint-nit*® und *Husky*® von Eschler, alles zweiflächige Maschenwaren. Verbesserter Feuchtigkeitstransport, hohes Wasseraufnahmevermögen, schnell trocknend, verbesserte Schmutzabweisung.
Einsatzgebiete: schweißintensive Sportarten.
Hersteller: Chr. Eschler AG, CH-Bühler.

PCM = Phase Change Materials (Wechsel des Aggregatzustands). Entwicklung aus der Weltraumforschung. Temperaturregulierende Materialien. In Microkapseln enthaltenes Paraffin verändert sich mit Änderung der Temperatur des menschlichen Körpers. Wenn der Mensch schwitzt, gibt der Körper Wärme ab, die von den Microkapseln aufgenommen und zwischengespeichert wird. Hört der Wärmeschub von innen auf, geben die Kapseln die gespeicherte Wärme wieder ab.

PERTEX®. Leichtgewichtiges Gewebe in verschiedenen Variationen. Hohe Wasserdampfdurchlässigkeit. Einsatzgebiete: Bekleidung, ideale Bezüge für Daunenprodukte, Schlafsäcke. Varianten: Equilibrium, Microlight, Endurance.

Hersteller: Perseverance Mills Ltd.,
Padiham,
GB-Lancashire.

PERTEX® ENDURANCE. Leichtgewichtiges Gewebe mit microporöser PU-Beschichtung. Hohe Wasserdampfdurchlässigkeit, sehr guter Schutz gegen Feuchtigkeit, absolut winddicht.
Einsatzgebiete: Daunenbekleidung und -schlafsäcke.
Hersteller: Perseverance Mills Ltd.,
Padiham,
GB-Lancashire.

PERTEX®EQUILIBRIUM. Leichtgewichtiges Gewebe mit Kapillargefälle zwischen innen und außen. Daher guter Feuchtetransport und hohe Wasserdampfdurchlässigkeit mit absoluter Permanenz.
Hersteller: Perseverance Mills Ltd.,
Padiham,
GB-Lancashire.

PERTEX® QUANTUM. Ultraleichtes Gewebe ($30g/m^2$) aus Nylon-Mikrofasergarnen. Hohe Abrieb-, Scheuer- und Reißfestigkeit, absolut daunendicht, fast winddicht, gute Wasserdampfdurchlässigkeit, durch Imprägnierung Wasser abweisend.
Einsatzgebiete: Schlafsäcke, Daunenjacken, Soft Shells.
Hersteller: Severance Pertex Albion Mills Ltd., Padiham
GB-Lancashire.

POLARSKIN. Anti-Kältestoff aus zwei miteinander verbundenen (bondierten) Lagen: imprägniertes Wildleder-Imitat auf der Außen-, gewirktes Fell auf der Innenseite. Hohe Polfestigkeit, wasserdampf-durchlässig, kältebeständig, bewegungselastisch, weicher Griff, gute Wärmeisolation, modische Applikationen möglich.
Einsatzgebiete: Fashion und Freizeit.
Hersteller: J . L. de Ball & Cie.,
D-Nettetal.

POLARTEC® AQUA SHELL™. Wetterschutzmaterial als Alternative zu herkömmlichem Neopren. Bielastische Kombination aus Polartec-Fleece, Wind und Wasser abweisend, wasserdampfdurchlässig, geruchs- und juckhemmend, gute Bewegungsfreiheit, dehnbar, strapazierfähig, leichtes An- und Ausziehen (auch in nassem Zustand), schnell trocknend, Lichtschutzfaktor 30+, hautsympathisch. Geeignet für alle Tauch- und Wassersportarten. Hersteller: Malden Mills Industries Inc.,
D-Görlitz.

POLARTEC® 100 MICRO. High-Tech-Funktions-Fleece aus Polyestermikrofasern. Sehr wasserdampfdurchlässig, gute Wärmeisolation, schnell trocknend, winddicht, weich, leicht. Pflegeleicht .
Einsatzgebiete: als äußere Schicht für schweißtreibende Sportarten bei kaltem Wetter wie Radfahren, Inline Skating oder unter einem Tech-Material für Ski, Snowboard, Freizeitbekleidung.
Hersteller: Malden Mills Industries Inc.,
D-Görlitz.

POLARTEC® 100 SERIES. Mikrofaser-Fleece aus Polyester. Sehr wasserdampfdurchlässig, gute Wärmeisolation, schnell trocknend,

winddicht, weich. Pflegeleicht. Geeignet als Next-to-Skin-Schicht bei extrem kaltem Wetter und für alle Aktivsportarten, Futter, Hemden, Pullis, Hosen, Freizeitbekleidung, Fashion.
Hersteller: Malden Mills Industries Inc.,
D-Görlitz.

POLARTEC® 200 SERIES. Mikrofaser-Fleece aus Polyester. Sehr wasserdampfdurchlässig, gute Wärmeisolation, schnell trocknend, winddicht, weich. Pflegeleicht. Geeignet als mittlere oder äußere Schicht für alle Outdooraktivitäten.
Hersteller: Malden Mills Industries Inc.,
D-Görlitz.

POLARTEC® 300 SERIES. Mikrofaser-Fleece aus Polyester für maximale Wärme bei geringem Gewicht. Sehr wasserdampfdurchlässig, gute Wärmeisolation, schnell trocknend, winddicht, weich. Pflegeleicht. Einsatzgebiete: als äußere Schicht bei kaltem Wetter, als mittlere Schicht bei extremer Kälte.
Hersteller: Malden Mills Industries Inc.,
D-Görlitz.

POLARTEC® POWER DRY®. Next-to-Skin-Material. Zwei-Komponenten-Strickverfahren aus 100 % Polyester. Äußerst wasserdampfdurchlässig, schnell trocknend, antibakteriell, Lichtschutzfaktor 10 bis 30+ (auch in nassem Zustand). Geeignet als Unterbekleidung bei schweißintensiven Outdoor-Aktivitäten von Freizeit- bis Hochleistungssport. Varianten: mit X-Static-

Fasern (zusätzliche antimikrobielle Eigenschaft gegen Geruchsbildung), Comfort Stretch (erhöhte Bewegungsfreiheit durch minimale Zugaben von Stretchanteilen, „silk-weight", „mid-weight", „expedition-weight"), Voided Construction (durch spezielle Gitterstruktur noch leichter und wasserdampfdurchlässiger bei kleinerem Packmaß).
Hersteller: Malden Mills Industries Inc.,
D-Görlitz.

POLARTEC® POWER SHIELD™. Laminatmaterialserie in unterschiedlichen Stärken, bestehend aus einem engen dehnbaren Nylon-Außengewebe, einem weichen Velour-Lining und einer Stretch-PolyurethanMembran. Wetterschutz, dehnbar, wasserdampfdurchlässig.
Hersteller: Malden Mills Industries Inc.,
D-Görlitz.

POLARTEC® POWER STRETCH®. 2-flächiges Next-to-Skin-Material, in vier Richtungen elastisch. Außenseite aus winddichtem, strapazierfähigem Polyamid, weiche Innenseite aus gerautem Polyester. Einsatzgebiete: Auf der Haut zu tragen als Outdoor- und Sportbekleidung, bei der Bewegungsfreiheit und Wärme wichtig sind.
Hersteller: Malden Mills Industries Inc.,
D-Görlitz.

POLARTEC® SPECIAL EDITION. (Vormals *Polartec®* Regulator™.) Anspruchsvolle Stoffkollektion äußerst funktioneller und technischer Materialien, die sich aus einer

Gruppe von *Polartec*® climate control fabrics zusammensetzt. Wasserdampfdurchlässig, kleinstes Packmaß, optimales Wärme-Gewicht-Verhältnis. Für Bekleidung von höchster technischer Leistungsfähigkeit und für den extremen Gebrauch einzusetzen. Hersteller: Malden Mills Industries Inc., D-Görlitz.

POLARTEC® **THERMAL PRO**™. Besonders haltbare Fleecequalität aus Polyester für kühlere Temperaturen. Leicht, hohe Wärmeeigenschaften, wasserdampfdurchlässig, flauschig, verbesserte Abriebfestigkeit, hohe Wasser abweisende Wirkung, schnell trocknend, pillresistent. Pflegeleicht. Leichtere Variante aus Hohlfasergarnen mit verbesserter Wärmeisolation, schnell trocknend: *Polartec*® Thermal Pro mit Aircore-Technologie.
Einsatzgebiete: als äußere Schicht beim Trekking, Schneeschuhlaufen, Snowboarden, Bergsteigen. Hersteller: Malden Mills Industries Inc., D-Görlitz.

POLARTEC® **WINDBLOC**®. 2-Lagen-Fleece als Wetterschutz. Optimale Wärmeleistung, wind- und wasserdicht, wasserdampfdurchlässig.
Einsatzgebiete: als äußere Schicht für Trekking, Segeln, Outdoor. Hersteller: Malden Mills Industries Inc., D-Görlitz.

POLARTEC® **WINDBLOC ACT**™. (ACT = Air Control Technology – Luftkontrolltechnologie, die die Tendenz eines Hitzestaus minimiert). 3-Lagen-Maschenware mit winddichter Membran zwischen Fleece-Oberfläche und Power-Dry-Futter. 98 % des Windes werden abgehalten, 2 % zirkulieren im Material. Feuchtetransport und Wasserdampfdurchlässigkeit erhöht. Wasserdicht, haltbar, dehnbar, pillfrei.
Einsatzgebiete: Outdoor- und Sportbereich bei kälteren Temperaturen. Hersteller: Malden Mills Industries Inc., D-Görlitz.

POLARTEC® **WIND PRO**™. Extrem dicht gestricktes Fleecematerial. Zu 95 % winddicht, warm, Wasser abweisend, wasserdampfdurchlässig, pillresistent, wiederstandsfähiger und reißfester als herkömmliche Veloure, schnell trocknend. Bi-elastische Version mit „Hard-Face"-Außenseite, besonders robust und Wasser abweisend.
Einsatzgebiete: als äußere Schicht zu tragen im Outdoor- und Sportbereich. Hersteller: Malden Mills Industries Inc., D-Görlitz.

POLYAMID (Nylon). Synthetische Filamente und Spinnfasern. Höchst Reiß- und Scheuerfestigkeit, gute Lichtbeständigkeit, geringes spezifisches Gewicht, besonders laugenbeständig, wenig Feuchtigkeitsaufnahme, schnell trocknend, schwer entflammbar, knitterfest und pflegeleicht. Wird vor allem bei Feinstrumpfwaren, als Oberstoff für Sportbekleidung, zusammen mit Elastan für Miederwaren sowie bei Futterstoffen, Strickwaren und als Kettmacher verwendet.

POLYESTER. Gruppe vollsynthetischer Faserstoffe mit unterschiedlicher Zusammensetzung. Reiß- und scheuerfest, hohe Elastizität und Rücksprungvermögen, knitterarm, formbeständig, licht-, wetter- und säurebeständig, schnell trocknend, schwer entflammbar. Vielfältige Verwendungsarten reichen von der Maschenindustrie in Form von Filamentgarnen, als Spinnfasern (rein oder gemischt), für Pullover, Strumpfwaren, Sportbekleidung, Anzug- und Kostümstoffe, Hemden-, Blusen- und Kleiderstoffe bis zu Füllmaterial für Kissen, Steppdecken und Polstermöbel sowie für die Herstellung von Haus- und Heimtextilien und industrielle Einsatzzwecke.

POLYPROPYLEN. Filament- und Spinnfasern, besonders leicht, nehmen praktisch kein Wasser auf, scheuerfest. Wird überwiegend für technische Maschenstoffe sowie für die innenliegende Seite doppelflächiger Maschenwaren (Sportbekleidung) verwendet.

POLYURETHAN. Ausgangsstoff für die auf synthetischer Basis hergestellten elastischen Fäden. 1937 von Otto Bayer entwickelt. Heute eingesetzt für wasserdichte Kompaktbeschichtungen, mikroporöse und porenlose Beschichtungen. PU-beschichtete Polyamid- oder Polyester-Stoffe sind wasser- und winddicht, abrieb- und kältebeständig.

PORAY 5000. Wasser- und winddichte Beschichtung mit mikroskopisch feinen Poren auf textilem Trägergewebe. Hohe Wasserdampfdurchlässigkeit, kälte- und hitzebeständig. Nähte werden verschweißt.
Einsatzgebiete: Outdoor, Bergsport, Freizeit, Sportswear.
Hersteller: Agu BV,
NL-Alkmaar.

POWERSKIN. Bademodenstoff aus einer Faserkombination von 80 % Polyamid Tactel/20 % Elastan Lycra. Hydrophob durch spezielle Beschichtung, damit optimale Gleitfähigkeit, geringe Aufnahme von Wasser (15 % weniger als herkömmliche Bademode), ultraleicht. Geeignet für Hochleistungsschwimmsport und Triathlon.
Hersteller: Arena Deutschland GmbH,
D-Bayreuth.

POWERTEX EXTREME. Sehr robustes, leichtes 2-Lagen-Laminat aus 100 % *Cordura*® Ripstop und einer elastischen, mikroporösen PU-Membran. Wind- und wasserdicht, wasserdampfdurchlässig, kältebeständig, extreme Abriebfestigkeit, schnell trocknend.
Einsatzgebiete: alle Sportarten mit extremen Anforderungen an das Außenmaterial, besonders Bergsport.
Hersteller: Salewa,
D-Aschheim.

POWERTEX ULTRA. Extrem leichtes, weiches, mikroporöses 2-Lagen-Laminat mit spezieller AntiSticking-Ausrüstung auf der

Innenseite. Kann ungefüttert verarbeitet werden. Nähte werden verschweißt. Wind- und wasserdicht, wasserdampfdurchlässig, gute Abriebfestigkeit, minimales Packvolumen, schnell trocknend. Einsatzgebiete: alle Sportarten, bei hohen Anforderungen an Wind- und Wetterschutz, Leichtigkeit und kleinstes Packvolumen. Hersteller: Salewa, D-Aschheim

PRESTIGE. Siehe *Schoeller®-Prestige*.

PRIMALOFT®. Mikrofaser als Wärmeisolationsmaterial, die die Struktur und Eigenschaften der Daune nachahmt. Allergievorbeugende und Wasser abweisende Eigenschaften, wärmeisolierend, Wind und Wasser abweisend, extrem wasserdampfdurchlässig, schnell trocknend, geringes Packmaß und Gewicht. Pflegeleicht. Einsatzgebiete: Oberbekleidung, Handschuhe, Schuhe, Schlafsäcke, Heimtextilien. Varianten: *PrimaLoft®* One, weich, sehr leicht. *PrimaLoft®* Sport, besonders leicht, *PrimaLoft®* lite, besonders leicht und dünn mit sehr gutem Wärme-Gewicht-Verhältnis, sehr flauschig, speziell für Schlafsäcke entwickelt. *PrimaDown®*: Mischung aus hochwertigen Daunen und *PrimaLoft®*, die die Vorteile beider Materialien vereint, speziell für Bettdecken und Kissen. Einsatzgebiete: Bettdecken und Kissen. Hersteller: Albany International Corp., Albany – USA.

PROFLEECE/PROSTRETCH. Leichte, doppelseitige Fleece-Varianten, Profleece aus 100 % Polyester-Mikrofasern, Prostretch aus 93 % Polyester-Mikrofasern/7 % Lycra. Guter Feuchtigkeitstransport, hohe Wärmeisolierung, angenehm weich. Geeignet für Wintersport und Segeln, vom Freizeit- bis zum Hochleistungsbereich. Hersteller: Helly Hansen Deutschland GmbH, D-München.

PROPILE®. Doppelseitiges Fleece aus Polyester in unterschiedlichen Ausführungen. Sehr guter Feuchtigkeitstransport, hohe Wärmeisolation, leicht, flauschig, hautsympathisch. Pflegeleicht. Geeignet für nahezu alle Freizeitsportarten, besonders im Wintersportbereich, Wandern, Bergsteigen etc. Hersteller: Helly Hansen Deutschland GmbH, D-München.

PROTECTIVE. Dreilagige Maschenware aus Polyester und Baumwolle (nur in Außenschichten). Schneller Feuchtigkeitstransport, sehr wärmeisolierend, schnell trocknend, weicher Griff, extrem niedriges Gewicht. Pflegeleicht. Geeignet für Freizeit- und leichte Wintersportarten. Hersteller: DuPont, CH-Genf.

PROVISCOSE®. Siehe Lenzing Proviscose.

QUALLOFIL® AIR. Dreidimensionale, spiralgekräuselte 1-Loch-Faser aus *Dacron®*. Besonders gute Luftzirkulation und Bauschelastizität durch sehr hohen Hohlanteil.

Verwendung hauptsächlich für Decken. Variante: *Quallofil*® Air *Allerban*®. Mit hemmenden Eigenschaften in Bezug auf Bakterien und Pilze. Hindert die Entwicklung von Hausstaubmilben. Für Allergiker geeignet. Öko-Tex Standard 100. Hersteller: DuPont Sabanci Polyester GmbH, D-Hamm.

REGULATOR® Soft-Shells-System. Dreiteiliges Bekleidungssystem, sorgt für trockenes, angenehmes Körperklima, ist viel atmungsaktiver als die für Schlechtwetter geeigneten Hard Shells, ist vergleichsweise auch leichter und besser komprimierbar, da ohne Membran verarbeitet. Winddicht und wasserdicht, sofern kein Dauerregen. System besteht aus Soft Shells (z.B. Jacke Dimension oder Stretch Speed Ascent), Insulation (z.B. Jacke R4 oder R3) und Base Layer (z.B. R1, R2, R5). Geeignet für Alpinsport. Hersteller: Patagonia, F-Boulogne (Paris).

REOZON®. UV-Schutz-Ausrüstung, bietet Schutz gegen gefährliche UV-Strahlen. LSF mindestens 50+ bei weißer Ware. Wasserdampfdurchlässig. Einsatzgebiete: Radrennsport, Klettern, Bergsport, Wassersport. Hersteller: Chr. Eschler AG, CH-Bühler.

RIVALEX. Dichtes Mikrofasergewebe mit einer mikroporösen bikomponenten Beschichtung. Nähte werden verschweißt. Wind- und wasserdicht, hohe Wasserdampf-durchlässigkeit, strapazierfähig, kältebeständig. Einsatzgebiete: Ski- und Bergsportbekleidung, für Kälte, schönes Wetter, Schneefall. Hersteller: Tejin Europe Office, D-Frankfurt.

RIP TX. PU-beschichtetes Material mit technischem Charakter und weichem Griff. Rip-Struktur. Wasserdampfdurchlässig, hohe Feuchtigkeitsresistenz. Einsatzgebiete: Outdoorbekleidung. Hersteller: Tatonka GmbH, D-Dasing.

SAN PRO CARE®. Veredelungstechnologie ausschließlich für Bramscher Tuchgewebe. Für geschmeidigen Griff und edlen Glanz. Eigenschaften der Baumwolle wie Griff, Geschmeidigkeit, Farbechtheit bleiben erhalten. Steigerung der hydrophilen Eigenschaften, verbesserter Feuchtigkeitstransport. Öko-Tex Standard 100. Hersteller: Sanders GmbH & Co., D-Bramsche.

SANFOR-VERFAHREN. Kontrollierte Schrumpfung von zellulosischen Fasern wie Viskose, Modal, Lyocell, Cupro.

SCHOELLER®-COMFORTEMP®. Hoher Klima-Komfort, der auf der PCM-Technik (Phase Change Materials) basiert. Dynamische Klimakontrolle – zu warme oder zu kalte Temperaturen werden aktiv ausgeglichen. Die Phase Change Materials in den Mikrokapseln sind bei *Schoeller*®-*ComforTemp*® in einem flexiblen Schaum eingebettet und auf einen bestimmten Temperaturbereich eingestellt. Erhöht sich die Körper- oder Umgebungstemperatur, speichern sie die überflüssige Wärme, sinkt die Umgebungstemperatur, geben sie die zuvor gespeicherte Wärme wieder ab. Je nach Einsatz stehen Sommer- und Wintervarianten zur Verfügung, die individuell auf den Einsatzbereich abgestimmt werden. Wasserdampfdurchlässig, feuchtigkeitsregulierend, natürlicher UV-Schutz mit SPF 50+, geruchsneutral durch antimikrobakterielle Ausrüstung. Einsatzgebiete: Bekleidung, Handschuhe, Schuhe und Zubehör für Wintersport, Freizeit, Motorrad. Hersteller: Schoeller Frisby Technologies AG, Schweiz.

SCHOELLER®-3XDry®. High-Tech-Finish.Transportiert Feuchtigkeit rasch von innen nach außen und lässt sie dort verdunsten. Das unterstützt natürliche Körperfunktionen. Und steigert das Wohlbefinden – bei jeder Aktivität. Bekleidung mit *3XDry®* weist Wasser und Schmutz ab und ist gleichzeitig hoch wasserdampfdurchlässig. Bekleidung trocknet deutlich schneller als andere Materialien. Verhindert Frösteln nach aktiven Phasen. Einsatzgebiete: Bekleidung, Schuhe oder Handschuhe im Extrem- und Aktivsport, für Travel- und Casualwear, Business- und Fashionbereich. Hersteller: Schoeller Textil AG, CH-Sevelen.

SCHOELLER®-DRYSKIN. Hoch- und dauerelastisches Gewebe. Optimaler Feuchtigkeitstransport und geringe Feuchtigkeitsaufnahme durch Einsatz von *CoolMax®*, mit *Lycra®*. Strapazierfähig, langlebig, abriebfest, leicht, geringes Packvolumen. Wasser, Schmutz und Wind abweisend, schnell trocknend. Für extremen Einsatz auch mit eingearbeiteten *Cordura®*-Fasern. Öko-Tex Standard 100. Einsatzgebiete: Hochleistungssport, Bergsteigen, Langlauf, Radfahren, Skitouren, Trekking. Hersteller: Schoeller Textil AG, CH-Sevelen.

SCHOELLER®-DYNAMIC. Strapazierfähiges Allroundgewebe. Kombination aus hochwertigen High-Tech-Fasern mit Naturfasern (z.B. Oberfläche Polyamid-Mikrofasern mit Lycra, Unterseite Baumwolle oder Leinen). Variante für extreme Einsätze. Wasser und Schmutz abweisend imprägniert, wasserdampfdurchlässig, Wind abweisend, saugfähig, schnell trocknend, formstabil, dauerelastisch, knitterbeständig. Pflegeleicht. Öko-Tex Standard 100. Einsatzgebiete: Skihosen, Wanderhosen, Berghosen und Freizeithosen. Hersteller: Schoeller Textil AG, CH-Sevelen.

SCHOELER®-DYNATEC. Schutzgewebe, das speziell für Motorradbekleidung entwickelt wurde. Gewebeoberseite: *Cordura®*, Gewebeunterseite: Dynafil TS-70. Sehr strapazierbar, abriebfest, reißfest, sturzsicher, langlebig, kälte- und temperaturbeständig, wasserdampfdurchlässig, öl- und

schmutzresistent. Öko-Tex Standard 100.
Einsatzgebiete: Motorrad-, Motocross-, Snowboardbekleidung, Snowboardhandschuhe, Schuhe, Besätze.
Hersteller: Schoeller Textil AG, CH-Sevelen.

SCHOELLER®-FRESH-PLUS. Ausrüstungstechnologie, die Bakterienbildung und unangenehme Gerüche bei Textilien verhindert.
Hersteller: Schoeller Textil AG, CH-Sevelen.

SCHOELLER®-KEPROTEC®. Sehr abrieb- und reißfeste Gewebe mit hochfesten Aramidfasern. Entwickelt für Schutzbekleidung, z.B. Feuerwehrbekleidung, Motorradbekleidung, Forststiefel, oder als Besatz für Ski-, Snowboard- und Bikebekleidung. Für den Arbeitsschutzbereich wurden spezielle Eigenschaften wie Schnitt- und Flammfestigkeit entwickelt. Hersteller: Schoeller Textil AG, CH-Sevelen.

NANOSPHERE®. Imprägnierung mit natürlichem Antihaft- und Selbstreinigungseffekt. Wasser und Schmutz abweisendes Ausrüstungsverfahren. Auf Grund der speziellen, dreidimensionalen Oberflächenstruktur finden Schmutzpartikel keine Haftung.
Hersteller: Schoeller, CH-Sevelen.

SCHOELLER®-ORIGINAL SOFT SHELLS™. Elastische Gewebe ohne Membran. Sie bestehen aus einer weichen Innenseite, die sich an

fühlt wie eine zweite Haut, und einem äußerst strapazierfähigen Außengewebe. Optimale Balance von Komfort, Wasserdampfdurchlässigkeit, Windbeständigkeit und Wasserabweisung.
Einsatzgebiete: Allroundgewebe.
Hersteller: Schoeller Textil AG, CH-Sevelen.

SCHOELLER®-PRESTIGE. Hochelastische Gewebe (bis zu 55 % Elastan in Kette und Schuss). Entwickelt für Reithosen, Streetwear und Fashion.
Hersteller: Schoeller Textil AG, CH-Sevelen.

SCHOELLER®-REFLEX. Der hochmoderne Dämmerungsschutz mit großflächiger Reflektion im *schoeller®-keprotec®* oder *schoeller®*-dynatec Gewebe. Im Scheinwerferlicht bis zu 100 m sichtbar.
Einsatzgebiete: alle Sportarten, vor allem für Sportarten, die im Straßenverkehr stattfinden. Sehr abrieb- und reißfest.
Hersteller: Schoeller Textil AG, CH-Sevelen.

SCHOELLER®-STRETCHLIGHT. Elastische Gewebe (mono- und bielastisch) mit einer Baumwollinnenseite für angenehmes Gefühl auf der Haut. Ausgerüstet mit einer Wasser und Schmutz abweisenden Beschichtung. Entwickelt für funktionelle Hosen.
Hersteller: Schoeller Textil AG, CH-Sevelen.

SCHOELLER®-WB-FORMULA. Leichte, elastische Gewebe, laminiert mit einer wasser- und wind

dichten Membran. Entwickelt für leichten Wetterschutz mit großer Bewegungsfreiheit.
Hersteller: Schoeller Textil AG, CH-Sevelen.

SCHOELER®-WB-400. Elastische Gewebe, durch Acrylatkleber mit einer angenehm flauschigen und voluminösen Abseite verbunden. Entwickelt für warme Winterbekleidung mit großer Bewegungsfreiheit.
Hersteller: Schoeller Textil AG, CH-Sevelen.

SCOTCHGARDTM. Schmutz abweisende Imprägnierung.
Hersteller: 3M Deutschland GmbH, D-Neuss.

SCOTCHLITETM **REFLECTIVE MATERIAL.** Reflektierendes Material für gute Sichtbarkeit auf große Distanz. Lange Haltbarkeit, exzellente Rückstrahlwerte, flexibel, weich, strapazierfähig, reinigungsbeständig. Bis zu 90°C waschbar. Öko-Tex Standard 100.
Einsatzgebiete: als Applikation auf Sportbekleidung, Accessoires, Rucksäcken, Berufs- und Kinderbekleidung.
Hersteller: 3M Company, USA.

3M SCOTCHLITETM **REFLECTIVE MATERIAL HIGH GLOSS.**
Reflektierendes Material, bestehend aus Mikroprismen auf einer flexiblen glänzenden Polymerschicht.
Einsatzgebiete: funktionale und modische Applikationen für Freizeitbekleidung, Accessoires, Kinder- und Berufsbekleidung.
Hersteller: 3M Company, USA.

SEACELL®. Cellulose-Faser, in die Algenwirkstoffe für die Haut eingearbeitet sind. Die Struktur ermöglicht den Stoffaustausch und die Interaktion zwischen Faser und Haut. Durch die spezielle Algenstruktur bleiben die Wirkstoffe langfristig aktiv. Die textilphysikalischen Eigenschaften entsprechen den Werten von Standard-Lyocell-Fasern.
Hersteller: Zimmer AG, D-Frankfurt/Main.

SECURELLE®. Flammhemmende Füllfasern und Gewebe. Selbstverlöschend, dauerhafte Funktion.
Einsatzgebiete: Kopfkissen und Decken.
Hersteller: DuPont Sabanci Polyester GmbH, D-Hamm.

SIMTEX®. High-Tech-Material. Einlage als Schutz vor elektromagnetischen Strahlen.
Einsatzgebiete: Kissen, Zudecken, Matratzenunterlagen.
Hersteller: Sanders GmbH & Co., D-Bramsche.

SOFT SHELLS. Neue Generation eines Bekleidungssystems. Definition und Zuordnung der Eigenschaften variiert je nach Hersteller. Wegen ihrer Artverwandtheit zum „Zwiebelsystem" werden Soft Shells als Kombination von zweiter und dritter Schicht betrachtet. Kennzeichen der Soft Shells sind ihre gute Wetterschutzfunktion in Verbindung mit einem guten Feuchtemanagement. Solche High-Tech-Jacken bieten sehr guten Tragekomfort. Sie trocknen schnell. Je nach Hersteller sind Soft Shells winddicht oder Wind abweisend, wasserdicht oder Wasser abweisend und aus elastischem Material. Soft Shells sind viel atmungsaktiver und im Gewicht leichter als die dritte Schicht der Hard Shells.

SOLAR DRY WEAVE. Bademodenstoff aus Lycra-Polyamid. Hydrophob (reduzierte Wasseraufnahme auf 1-3%), antibakteriell, extrem leicht, schnell trocknend, Schmutz, Öl und Chlorid abweisend, pflegeleicht (waschbar bis 30°C), hautfreundlich. Öko-Tex Standard 100. Geeignet für Schwimmsport vom Freizeit- bis Hochleistungsbereich. Hersteller: Solar-Fashion GmbH & Co KG, D-Blindlach.

SOLAR TAN THRU®. Bademodenstoff aus winzigen durchlässigen Poren aus 73% Nylon und 23% Lycra. UV-A-Strahlen-durchlässig (Bräunungseffekt), Absorption von UV-B-Strahlen, wasserdampfdurchlässig, schweißtransportierend, hohe Elastizität, extrem schnell trocknend, hauchdünn. Geeignet für Bademoden, Active Swimwear, Beach- und Freizeitwear. Hersteller: Solar-Fashion GmbH & Co KG, D-Blindlach.

SPORTWOOL®. Merinowollfaser, die spezielle technische Eigenschaften wie optimiertes Feuchtemanagement mit natürlicher Woll-Optik vereint. Einsatzgebiete: Outdoor- und Sportbekleidung. Lizenznehmer: Pontetorto S.p.A., I-Montemurlo.

STRETCHLIGHT. Siehe *Schoeller*®-Stretchlight.

SUNPAQUE. Polyestergarn oder -gewebe mit Keramikkern für sehr hohen bis höchsten Sonnenschutz, das alleine oder als Beimischung eingesetzt wird. SPF bis 80+. Antitransparenz im nassen Zustand, lichtecht, kälte- und hitzebeständig. Einsatzgebiete: universell als Sonnenschutz. Hersteller: Tomen Deutschland GmbH, D-Düsseldorf.

SUPERFLAT. Maschenware mit dem Aussehen einer Webware mit 28% Lycra-Anteil. Superleicht, sehr weich, optimale Elastizität, sehr wasserdampfdurchlässig, blickdicht, hohe Chlorwasserresistenz, schneller Feuchtigkeitstransport, hautsympathisch, pflegeleicht (waschbar bis 40°C). Öko-Tex-Standard 100, Allroundmaterial vom Breitensport bis Hochleistungssport, besonders im Bade-, Fitness- und Gymnastikbereich geeignet. Hersteller: Arena, D-Bayreuth.

SUPPLEX®. Nylonfaser für Gestricke oder Gewebe. Einsatz auch in Mischungen mit *Lycra*®. Baumwolliger, weicher Griff, wasserdampfdurchlässig, geruchs-, wind- und wasserresistent, strapazierfähig, flexibel, leicht, scheuer- und reißfest, formstabil, knitterfrei, schnell trocknend. Pflegeleicht. Einsatzgebiete: Sportmode, Aerobic-, Ski-, Wanderbekleidung, Strumpfwaren, Leggings, Wäsche.

Hersteller: DuPont,
CH-Genf.

SYMPATEX®. Porenlose Membran aus hydrophilem Polyester. Wind- und wasserdicht, wasserdampf-durchlässig, kälte- und hitzebeständig, dehnfähig. Öko-Tex Standard 100.
Einsatzgebiete: Outdoorsportarten wie Wandern, Trekking, Radfahren, Ski- und Snowboardfahren, Laufen, Schuhe, Handschuhe, Hüte.
Hersteller: Sympatex Technologies GmbH,
D-Wuppertal.

SYMPATEX® ALL WEATHER. Der Klassiker unter den Sympatex® Produkten. Wind- und wasserdicht, wasserdampfdurchlässig, kältebeständig, dehnfähig. Öko-Tex Standard 100.
Einsatzgebiete: modische City-wear, Wandern, mittleres Trekking, Radfahren.
Hersteller: Sympatex Technologies GmbH,
D-Wuppertal.

SYMPATEX® HIGH$_2$OUT. 2- und 3-lagige Membransysteme mit zusätzlicher Funktion: Abtransport von flüssigem Schweiß mittels einer zusätzlichen saugfähigen Lage. Varianten: 100 % wasserdichte Bekleidung und Windschutzprodukte. Winddicht, höhere Wasserdampf-durchlässigkeit, kältebeständig, dehnfähig, extrem hohe Waschbeständigkeit.
Einsatzgebiete: schweißintensive Sportarten wie Running, Trekking, Radfahren, Ski- und Snowboard-fahren.

Hersteller: Sympatex Technologies GmbH,
D-Wuppertal.

SYMPATEX® PROFESSIONAL. Oberstoff- und 3-Lagen-Laminate in verschiedenen Lagenkonstruktionen speziell für Outdoorbekleidung. Extrem reißfest und strapazierfähig, wind- und wasserdicht, wasserdampfdurchlässig, kältebeständig, extrem hohe Waschbeständigkeit. Öko-Tex Standard 100.
Einsatzgebiete: funktionelle Sportbekleidung wie Trekking, Wandern, Skifahren, Golf, Segeln.
Hersteller: Sympatex Technologies GmbH,
D-Wuppertal.

SYMPATEX® REFLEXION. High-Tech-Funktionssystem mit Thermo-reflexionsmaterial für maximale Wärmeisolierung ohne zusätzliche Wattierung. Die Membran wird mit Aluminium bedampft. Die entstehende extrem glatte Oberfläche reflektiert die Körperwärme. Wind- und wasserdicht, wasserdampf-durchlässig, leicht.
Hersteller: Sympatex Technologies GmbH,
D-Wuppertal.

SYMPATEX® WINDMASTER. Laminate für Bekleidung mit absoluter Winddichtigkeit und optimaler Wasserdampfdurchlässigkeit. Sehr geringes Gewicht, hohe Elastizität. Pflegeleicht.
Einsatzgebiete: Fahrrad- und Laufbekleidung, funktionelle Handschuhe, Westen.
Hersteller: Sympatex Technologies GmbH,
D-Wuppertal.

SYPHON DRY. Polyestermaschenware mit piquéartiger Oberfläche. Hohe Wasserdampfdurchlässigkeit, antibakterielle Eigenschaften, hohe Wasseraufnahme, schnell trocknend.
Hersteller: Tatonka GmbH, D-Dasing.

TACTEL®. Spezialfaser aus vielen feinen Einzelfilamenten für innovative Optiken bei Gewebe und Maschenware. Zu 100 % oder in Mischungen. Geringes Gewicht, weicher, seidiger, geschmeidiger Griff. Einsatzgebiete: Bekleidung, Strumpfwaren, Wäsche, Mieder, Sportmode.
Hersteller: DuPont, CH-Genf.

TACTEL® **AQUATOR.** Doppelflächige Maschenware aus *Tactel*® und Baumwolle. Sehr schneller und hoher Feuchtigkeitstransport, sehr schnell trocknend, wasserdampfdurchlässig, reißfest, hoher Tragekomfort, pflegeleicht (waschbar bis 40° C). Geeignet für besonders schweißtreibende Outdoor-, Sport- und Freizeitaktivitäten.
Hersteller: DuPont, D-Östringen.

TACTEL® **COLOURSAFE.** Spezialentwicklung auf *Tactel*®-Basis mit verbesserten Farbechtheiten. Längere Lebensdauer der Farben, reduziertes Ausbluten, bessere Waschechtheit.
Hersteller: DuPont, D-Östringen.

TACTEL® **DIABOLO.** Garne aus einem besonderen Polymer mit besonderem Lüster und Fall für verschiedenste Stoffeffekt-Kreationen. Verbesserte Farbechtheit und -intensität.
Einsatzgebiete: Abendkleidung, elegante Wäsche, Strick, Feinstrümpfe.
Hersteller: DuPont, D-Östringen.

TACTEL® **HT.** Palette von Funktionsstoffen aus High-Tenacity-Garnen, inspiriert durch Fasern für Fallschirme und Ballons. Leichte Stoffe trotz hoher Strapazierfähigkeit in einer Vielzahl modischer Optiken. Deutlich verbessertes Verhältnis von Festigkeit zu Gewicht im Vergleich zu Nylon- oder Polyestergeweben. Sehr reißfest und atmungsaktiv, kälte-, hitze- und chemikalienbeständig, schnell trocknend. Pflegeleicht.
Einsatzgebiete: Extremsport, Lifestyle-Sportarten, Fashion, Streetwear.
Hersteller: DuPont, D-Östringen.

TACTEL® **ISPIRA.** *Tactel*®-Fasern mit Selbstkräuselungseffekt. Guter Feuchtigkeitstransport, sehr wasserdampfdurchlässig, kälte-, hitze- und chemikalienbeständig, schnell trocknend, hoher Tragekomfort, extrem leicht, weich im Griff. Pflegeleicht. Geeignet für Active Sportswear, Fashion, Casual/Streetwear.
Hersteller: DuPont, D-Östringen.

TACTEL® **METALLICS.** Variante der Tactel-Faser mit Gold- und Silberoptik für modischen Metallic Look. Vorgefärbtes Garn. Weicher als traditionelle Metallic-Effect-Garne. Spinngefärbt. Pflegeleicht.
Einsatzgebiete: allgemein modische Bekleidung.

Hersteller: DuPont,
CH-Genf.

TACTEL® MICRO TOUCH. Markenname für eine Produktgruppe von High-Tech-Polyamid-6,6-Garnen, die aus vielen ultrafeinen Filamenten besteht. Guter Feuchtigkeitstransport, Wasser und Wind abweisend, extrem schnell trocknend, leicht, sehr weich, außergewöhnlich formstabil, strapazierfähig, pflegeleicht.
Einsatzgebiete: Wäsche, als leichte, belastbare Stoffe für Regenbekleidung, Streetfashion, Sport- und Freizeitbekleidung.
Hersteller: DuPont,
D-Östringen.

TACTEL® MULTISOFT. Feinfibrilliges, Wasser abweisendes Multifilamentgarn aus Polyamid 6,6. Guter Feuchtigkeitstransport, sehr strapazierfähig, Wetterschutz, feiner Lüster (glanz bis matt), extrem leicht, sehr weich und komfortabel. Pflegeleicht. Einsatz als belastbare, leichte Stoffe für nahezu jede Sportart, Fashion und Sportswear.
Hersteller DuPont,
D-Östringen.

TACTEL® PRISMA. Palette von visuellen und Bicolor-Effekten für gestrickte und gewebte Stoffe für interessante Zweifarb-Melange-Effekte. Kombination von mattem mit glänzendem *Tactel®*. Möglichkeit zu verschiedenen Lüstern. Festigkeit, leicht, weicher Griff. Pflegeleicht.
Einsatzgebiete: Modische Bekleidung.

Hersteller: DuPont,
CH-Genf.

TACTEL® STRATA. Multifilamentgarn für den Web- und Rundstrickbereich. Zwei verschiedene Filamentfamilien werden im Bi-Spinnverfahren kombiniert, es entsteht ein modischer Melange-Effekt. Guter Feuchtigkeitstransport, je nach Webdichte Wind und Wasser abweisend, schnell trocknend, weicher Griff, formstabil, knitterfrei. Pflegeleicht.
Einsatzgebiete: ursprünglich für Unterwäsche, heute auch für Fashion, Casual Wear, Badebekleidung.
Hersteller: DuPont,
D-Östringen.

TECHNORA MICROFT. Strapazierfähige Gewebe/Maschenwaren aus 55 % Polyester, 45 % Aramidfasern. Reißfest, weicher Griff, optimale Anfärbbarkeit, kälte- und hitzebeständig.
Einsatzgebiete: Outdoorsportbekleidung, Motorradbekleidung, Bergtouren.
Hersteller: Tejin Europe Office,
D-Frankfurt.

TECNOPILE. Fleecematerial in verschiedenen Variationen für unterschiedlichste Einsatzzwecke von Unterwäsche bis Hochleistungssport.
Hersteller: Pontetorto S.p.A.,
I-Montemirlo.

TECNOKNIT®. Maschenware aus Silber mit Baumwolle, Polyester oder Polyacryl für eine modische und technische Optik. Gute Wärmeisolation.
Einsatzgebiete: Freizeit- und Sportbekleidung im Winter, haupt-

sächlich Snowboard.
Hersteller: Pontetorto S.p.A.,
I-Montemurlo.

TECNOWOOL. Speziell konstru-
ierte Wollmaterialien mit tra-
ditioneller Optik und technischen
Eigenschaften wie verbesserte
Wärmeisolation, Wasserabweisung, Membranlaminierung.
Einsatzgebiete: technisch-modi-
sche Freizeit- und Sportbekleidung.
Hersteller: Pontetorto S.p.A.,
I-Montemurlo.

TEFLON® FLECKENSCHUTZ.
Haltbarer, unsichtbarer, Flecken
und Schmutz abweisender Schutz
(Ausrüstung und Faser) für Stoffe
und Leder, der jede Faser um-
schließt. Keine Beeinträchtigung
von Gewicht, Optik, Griff, Farbe
oder Wasserdampfdurchlässigkeit.
Pflegeleichter Fleckenschutz.
Einsatzbereich: alle Arten von
Oberbekleidung, Sportmode, Out-
door, Uniformen, Heimtextilien,
Polsterstoffe.
Hersteller: DuPont,
CH-Genf.

TENCEL®. Lyocellfaser auf Zellulo-
sebasis mit angenehmen Trageeigenschaften. Verwendung zu
100 % oder in Mischungen für
Gewebe und Maschenwaren in
vielseitigen Optiken und Beschaf-
fenheiten. Seidig, wasserdampfdurchlässig, schweißaufsaugend,
waschbar und strapazierfähig.
Öko-Tex Standard 100. Variante:
Tencel® A100, nicht fibrillierend,
um Ausrüstungsverfahren zu ver-
einfachen.
Einsatzgebiete: Oberbekleidung,

leichte bis mittlere Sportarten wie
Fitness, Golf, Stretching, Laufen.
Hersteller: Acordis Fibres Ltd,
GB-London.

TERINDA®. Stoffe aus extrafeinen
Dacron® -Filamentgarnen für Textilien mit speziellen Oberflächenef-
fekten, z.B. Schmirgel- und Rauef-
fekte. Weicher Griff, scheuer- und
abriebfest, extrem drapierfähig,
weicher, geschmeidiger Fall, hautfreundliche Innenseite, auch ohne
Futter zu verarbeiten, wasserdampfdurchlässig. Pflegeleicht.
Einsatzgebiete: Sport- und Freizeitkleidung.
Hersteller: DuPont,
CH-Genf.

TEXACT[2.] Mikroporöse Beschich-
tung. Wasserdampfdurchlässig,
wind- und wasserdicht, kältebestän-
dig, strapazierfähig, schnell trock-
nend, geringes Gewicht und Pack-
volumen. Öko-Tex Standard 100.
Einsatzgebiete: alle Sportarten im
Outdoorbereich, wie Ski, Klettern,
Trekking, Golf, Segeln, Schlecht-
wetterbekleidung, modische
Sportbekleidung.
Hersteller: Elho Brunner AG
Münchner Sportbekleidung,
D-München.

TEXACT[3]. 3-Lagen-Laminat aus
strapazierfähigem, hochreißfestem
Nylon, einer mikroporösen
Membran und einem feuchtig-
keitsleitenden Futterstoff. Wasserdampfdurchlässig, wind- und wasserdicht, kältebeständig,
strapazierfähig, schnell trocknend,
geringes Gewicht und Packvolumen. Öko-Tex Standard 100.
Einsatzgebiete: alle Sportarten im

Outdoorbereich, wie Ski, Klettern, Trekking, Golf, Segeln, Schlechtwetterbekleidung, modische Sportbekleidung.
Hersteller: Elho Brunner AG Münchner Sportbekleidung, D-München.

THERMOCHROMATISCH. Eigenschaft, je nach Temperatur die Farbe zu ändern.

THERMO LINE. Fleece-Qualität. Mischung aus Spinnfaser- und Filamentgarnen mit hydrophiler Innenseite. Guter Feuchtigkeitstransport, hohe Wärmeisolation, wasserdampfdurchlässig, sehr kältebeständig, antibakteriell, sehr elastisch, schnell trocknend, weich, leicht, strapazierfähig. Geeignet für Thermowäsche und Oberbekleidung v.a. im Ski- und Bergsport.
Hersteller: Big Pack GmbH, D-Bissingen-Teck.

THERMOLITE® BASE. Palette von High-Tech-Hohlfasern auf Basis von DuPont *Dacron*®-Fasern für Stoffe und Isolierungen (Wattierungen) in unterschiedlichen Konstruktionen und Stärken. Schneller Feuchtigkeitstransport, hohe Bewegungsfreiheit, hoher Bausch und Bauschelastizität, hohe Wärmeisolation, leicht, schnell trocknend. Pflegeleicht. Öko-Tex Standard 100. Geeignet für Straßenkleidung, Outdoor-Freizeitsport, Wattierungen für Schuhe, Handschuhe, Schlafsäcke, v.a. im Winter.
Hersteller: DuPont, D-Hamm.

THERMOLITE® ACTIVE PADDING. Extrem feine, leichte und warme Isolationsfaser. Geeignet als Wattierung in wasserdichten und wasserdampfdurchlässigen Materialien. Strapazierfähig. Öko-Tex Standard 100.
Hersteller: DuPont, D-Hamm.

THERMOLITE® MICRO. Isolationsvlies aus vermischten und verwirbelten Mikrofasern. Sehr hohe Wärmeisolation, sehr leicht, kältebeständig, weich und angenehm im Griff, keine Fasermigration („Faserwanderung"). Öko-Tex Standard 100. Geeignet für Sport- und Freizeitbekleidung, vorwiegend für Wintersportarten.
Hersteller: DuPont, D-Hamm.

THINSULATE™ THERMAL INSULATION. Synthetisches Feinstvlies für Wärmeisolierung/Kälteschutz in verschiedenen Grammaturen. Leicht, wasserdampfdurchlässig, langlebig. Pflegeleicht. Öko-Tex Standard I - IV getestet.
Einsatzgebiete: Freizeitkleidung, Sportswear, Accessoires, Schlafsäcke, Bettwaren.
Hersteller: 3M Company, USA.

TP2. Leichtes, robustes, wasserfestes Material für Segelbekleidung. Die wasserdichte, wasserdampfdurchlässige Keramik-Beschichtung ist mit der äußeren Nylonschicht verbunden.
Einsatzgebiete: Oberbekleidung im Segelbereich, auch Langstreckensegeln.
Hersteller: Henri Lloyd, GB – Manchester.

TP3. Robustes, beschichtetes Membransystem speziell für den Segelbereich. Extrem lang anhaltend wasserdicht, hoch wasserdampfdurchlässig, winddichtes und abriebfestes Futter als Bestandteil der Beschichtung („Mulit-Layer-Coating").
Einsatzgebiete: Oberbekleidung im Segelbereich, auch Langstreckensegeln.
Hersteller: Henri Lloyd, GB-Manchester.

TRAGEKOMFORT. Wechselwirkung zwischen Körper, Klima und Kleidung. Ein optimaler Tragekomfort besteht, wenn Wärme- und Feuchtehaushalt des Körpers ausgeglichen sind und ein hautnahes „Mikroklima" entsteht, das als angenehm empfunden wird. Der Tragekomfort ist quantitaiv messbar. Es wird unterschieden zwischen thermophysiologischem Komfort, hautsensorischem und ergonomischem Komfort. Als Ergebnis ergibt sich eine Komfortnote von 1-6. Ergänzend kann durch den Wasserdampfdurchgangswiderstand R_{et} die Atmungsaktivität in drei Qualitätsstufen ausgedrückt werden. Verfahrensentwicklung am Bekleidungsphysiologischen Institut Hohenstein e.V., Bönnigheim.

TRANSACTIVE. Wind- und wasserdichtes Membransystem, das Feuchtigkeit nicht nur als Dampf, sondern auch in flüssiger Form vom Körper weg transportieren kann. Beschleunigt den Transport von flüssigem Schweiß um den Faktor 13 als herkömmliche Laminate. Ist um 40 % atmungsaktiver als diese.

Nähte werden verschweißt, kältebeständig, hoher Tragekomfort, erhöhte Wasserdampfdurchlässigkeit, recyclebar nach Ecolog-Standard. Einsatzgebiete: vor allem an Partien mit erhöhtem Schweißaufkommen. Outdoor, Ski, Snowboard, Freizeit. Gemeinschaftsentwicklung von Sympatex, Wuppertal und Vaude Sport, D-Tettnang-Obereisenbach.

TRANSACTIVE ULTRA. Sehr leichtes 3-Lagen-Laminat. Außenseite wasserdicht, Transport von flüssigem Schweiß – nicht nur Wasserdampf – möglich. Sehr guter Tragekomfort. Nähte werden verschweißt.
Hersteller: Vaude Sport, D-Tettnang-Obereisenbach.

TRANSTEX. Doppelflächige Maschenware aus Polypropylen und Baumwolle (2-Schichten-Konstruktion). Hoher Feuchtigkeitstransport, beste Hautverträglichkeit (Öko-Tex-100 Standard), pflegeleicht (waschbar bis 30°C). Geeignet für alle Aktivitäten von Freizeit- bis Hochleistungssport.
Hersteller: E. Löffler Ges.m.b.H., A-Ried im Innkreis.

TREVIRA®. Polyesterfaser für Gewebe, Maschenware und Nonwovens. Zu 100 % oder als Mischung einsetzbar. Strapazierfähig, formstabil, knitterfrei, pillarm. Pflegeleicht.
Einsatzgebiete: Oberbekleidung, Unterwäsche, Sport- und Freizeitkleidung, Heimtextilien, technische Textilien.

Hersteller: Trevira GmbH,
D-Frankfurt/Main.

TREVIRA® BIOACTIVE. Antimikrobielle Faser. Das Wachstum der Bakterien an der Faseroberfläche wird verhindert. Die Wirkung ist in der Faser verankert, daher gesundheitlich unbedenklich. Verhindert Geruchsbildung. Industriewaschfähig und pflegeleicht, belastbar, pillarm, hoher Tragekomfort. Öko-Tex Standard 100. Einsatzgebiete: u.a. Funktionswäsche, Sportbekleidung, Berufsbekleidung im Krankenhaus- und Gastronomiebereich, Kissen- und Deckeninlays.
Hersteller: Trevira, GmbH & Co. KG, Frankfurt/Main.

TREVIRA® CS. Permanent schwer entflammbares Gewebe für den Raumausstattungs- und Möbelbereich in einer Vielzahl von Dessins. Die Funktion ist bereits in die molekulare Faserstruktur eingebaut, nachträgliches Imprägnieren entfällt. Hervorragende Anfärbeeigenschaften, gute Formbeständigkeit, nassreibecht. Pflegeleicht. Öko-Tex Standard 100.
Hersteller: Trevira GmbH, D-Frankfurt/Main.

TREVIRA® FINESSE. Gewebe für leichte, sportliche und modische klimatisierende Kleidung. Wind und Wasser abweisend, wasserdampfdurchlässig, strapazierfähig, schnell trocknend, kälte-, hitze- und chemikalienbeständig. Pflegeleicht. Öko-Tex Standard 100.
Einsatzgebiete: Outdoorbekleidung und technische Anwendungen.

Hersteller: Trevira GmbH,
D-Frankfurt/Main.

TREVIRA® FILL. Jede Hohlfaser wird von einem feinen Luftkanal durchzogen. Das macht sie leicht – 10.000 Meter Trevira Fill wiegen nur 6 Gramm – und lässt sie zugleich ein 15 % höheres Bauschvolumen als herkömmliche Vollfasern erreichen. Guter Feuchtetransport, sehr gute Luftzirkulation, antiallergen, pflegeleicht.
Hersteller: Trevira GmbH, D-Frankfurt/Main.

TREVIRA® MICRO. Feinfädige Polyestermaterialien für leichte und elegante Kleidung mit hohem Tragekomfort. Verarbeitung zu 100 % oder in Mischungen. Winddichte Varianten möglich. Wasserdampfdurchlässig, schnell trocknend, kälte-, hitze- und chemikalienbeständig. Pflegeleicht. Öko-Tex Standard 100.
Einsatzgebiete: Oberbekleidung, Wäsche, Funktionswäsche, Sportbekleidung, Mode.
Hersteller: Trevira GmbH, D-Frankfurt/Main.

TREVIRA® PERFORM. Web-, Strick- und Wirkwaren aus speziell modifizierten Funktionsfasern zu 100 % oder in Mischungen. Formstabil, knitterfrei, pillfrei, kälte-, hitze- und chemikalienbeständig. Je nach Konstruktion feuchtigkeitsleitend und wärmeisolierend. Pflegeleicht. Öko-Tex Standard 100. Geeignet für Funktionswäsche, Sport- und Outdoorbekleidung, Mode.
Hersteller: Trevira GmbH & Co KG, D-Frankfurt/Main.

TREVIRA® POLAIR. Flauschmaterial, in Speziallegung gestrickt, geraut als Basis für flauschige Wintermode und ultraleichte Sommerware. Wärmeregulierend auch bei extremen Temperaturen.
Einsatzgebiete: Freizeit- und Sportbekleidung.
Hersteller: Trevira GmbH & Co KG, D-Frankfurt/Main.

TREVIRA® SUPERLOFT. Leichte Endloshohlfaser aus 100 % Polyester mit hoher Bauschkraft.
Einsatzgebiete: Füllmaterial für Bettdecken.
Hersteller: Trevira GmbH & Co KG, D-Frankfurt/Main.

TREVIRA® XPAND. Dauerhaft dehnfähige Stoffe auf Basis eines PBT-Garns, zu 100 % oder in Mischungen. Beständig gegen Hitze, Kälte, Chlor, Salzwasser, Chemikalien, UV-Licht, reißfest, schnell trocknend, angenehm im Griff, formstabil, hydrophob. Pflegeleicht. Öko-Tex Standard 100. Geeignet für Oberbekleidung, Berufs-, Sport- und Freizeitbekleidung, die leicht elastisch sein soll.
Hersteller: Trevira GmbH & Co KG, D-Frankfurt/Main.

TRIPELPOINT®. Wasserdicht auch bei starkem Regen, sehr atmungsaktiv, sehr gutes Feuchtemanagement (*AIMMS®*).
Einsatz: Outdoorbekleidung.
Hersteller: Lowe-Alpin, GB – Kendal Cumbra.

TUFLEX-HR. Mikrofasergewebe mit extrem dicht gewebten Fäden. Wasserdampfdurchlässig, wasserdicht, schnell trocknend. Pflegeleicht.
Einsatzgebiete: allgemein Bekleidung, von Freizeit bis hohe Beanspruchung.
Hersteller: Unitika Fibers Ltd., Osaka, Japan.

T-400. „*Lycra®*"-Elastikfaser, basierend auf patentierter Multikomponententechnologie für den Einsatz bei zeitgemäßen Stoffen, auch Denim. Verbesserte Passform und Bewegungsfreiheit. Geschmeidiger Griff, leicht, knitterarm, minimaler Schrumpf, dimensionsstabil, chlorresistent, reißfest. Pflegeleicht. Geeignet für synthetische und natürliche Fasern, ideal für leichtgewichtige Gewebe.
Hersteller: DuPont, CH-Genf.

ULTIMA™. Ballistische Unterziehschutzweste mit spezieller *Gore-Tex®* Comfort Cool™-Umhüllung und wasserdampfdurchlässiger Gore-Tex®-Membran für optimalen Schutz und Tragekomfort.
Hersteller: W. L. Gore & Associates GmbH, D-Putzbrunn.

UPF= ULTRAVIOLET- PROTECTION-FACTOR. Um einen UPF zu ermitteln, wird die UV-Durchlässigkeit (Transmission) gemessen. Es gibt zwei wesentliche Prüfmethoden. In Europa führend ist die Prüfung nach dem UV Standard 801, ein Testverfahren, das als Weiterentwicklung der australisch-neuseeländischen Norm (AS/NZ 4399) gilt und neben den Waschzyklen auch die Tragesituation bei Nässe und durch Dehnung berücksichtigt. Die Klassifizierung unterscheidet UPF von 15-24 = gut, 25-39 = sehr gut, 40+= ausgezeichnet. Dabei kann ein „Protect 20" nach dem UV Standard 801 besser sein als ein 40+ nach der AS/NZ 4399.

VENTURI®. Superleichtes, strapazierfähiges Funktionsmaterial aus 100 % Polyester, laminiert mit einer mikroporösen Polyurethan-Membran. Nähte werden verschweißt. Softer Griff. Wind- und wasserdicht, wasserdampfdurchlässig, kälte-, hitze- und chemikalienbeständig, schnell trocknend, geringes Packvolumen. Einsatzgebiete: Regenschutzbekleidung, vor allem Jacken. Variationen: *Venturi*® Ski (Skibereich), *Venturi*® DownTec (für Daunenjacken), *Venturi*® EveryWear® (Wetterschutz), *Venturi*® Saw (leicht angeraute Oberfläche). Hersteller: Schöffel Sportbekleidung GmbH, D-Schwabmünchen.

VENTURI® WINDBREAK. 3-Lagen-Kombination aus zwei Fleeceschichten und Venturi Windbreak in der Mitte. Guter Feuchtigkeitstransport, Wärmeisolation, winddicht, schnell trocknend, strapazierfähig, weich im Griff, leicht. Pflegeleicht. Geeignet für Freizeitaktivitäten wie Skifahren, Trekking, Bergsteigen, Biking. Hersteller: Schöffel Sportbekleidung GmbH, D-Schwabmünchen.

VERSATECH. „High-Density-Wovens". Polyester-Mikrofaser-Gewebe, die durch extrem dichte Webeinstellungen winddicht sind. Wasser abweisend durch Durepel-

Ausrüstung, wasserdampfdurchlässig, kälte- und hitzebeständig, hohe Reiß- und Abriebfestigkeit, softes Gewebe mit hervorragender Wasserdampfdurchlässigkeit. Einsatzgebiete: hochaerobe Sportarten wie Laufen, Bergsteigen, Radfahren, Aerobic, Teamsprts. Hersteller: Burlington Performance Wear, D-Blaustein.

VILOFT. Spezial-Viskosefaser für Sportunterwäsche mit weichem Griff und guter Pflegbarkeit. Optimaler Feuchtigkeitstransport. Je nach Beimischungen von synthetischen Fasern mit unterschiedlichen Eigenschaften. Man unterscheidet VILOFT thermal mit hoher Wärmeisolierung, VILOFT activ mit hohem Schweißtransport, VILOFT micro, ein sehr leichtes Material. Wird als innerste Schicht im funktionellen Bekleidungssystem direkt auf der Haut getragen. Geeignet für Freizeitsport bis hin zu Hochleistungssportarten. Hersteller: Acordis, D-Wuppertal.

VISKOSE. Aus dem Naturmaterial Holz durch chemische Prozesse gewonnene regenerierte Zellulosefaser. Etwa fünf Festmeter Holz ergeben 1000 kg Zellstoff für 950 kg Viskosefasern. Die Viskosefaser ist eine Spinnfaser, man unterscheidet Filament und Stapelfaser. Eigenschaften der Viskose: sehr gute Feuchtigkeitsaufnahme (höher als bei Baumwolle). Strapazierfähig und antistatisch. Filamentgarn im Vergleich zu Stapelfaser: weicherer Griff, brillantere Farben, besserer Fall. Luftdurchlässigkeit und Atmungsaktivität abhängig von Gewebekonstruktion und Veredlung. Markenprodukt: das Filamentgarn *ENKA*®Viscose.

WARMTECH. Wetterschutzsystem mit einer Membran aus Aluminium und hydrophilem Polyurethan. Wind- und wasserdicht, wasserdampfdurchlässig, aktive Thermoregulierung bei starken Temperaturschwankungen. Einsatzgebiete: Freizeit-, Sport- und Arbeitsschutzbekleidung. Hersteller: Polycoating GmbH, D-March-Hugstetten.

WB-FORMULA. Siehe *Schoeller*®-WB-formula.

WB-400. Siehe *Schoeller*®-WB-400.

WINDCHILL EFFEKT. Gefahr der Auskühlung durch den Wind. Schutz aus synthetischem Funktionsmaterial entwickelt durch Gore (ab 1976, 1990 Entwicklung der Windstopper-Membran).

WINDSTOPPER® **DURASTRETCH LITE**. Kombination aus DuraStretch lite, einem *Cordura*®-/Nylon-Elastikmaterial, und der *Windstopper*®-Membran. Extrem abriebfest, sehr leicht, winddicht, wasserdampfdurchlässig, kältebeständig, schnell trocknend. Einsatzgebiete: Sportarten mit extremen Ansprüchen an die Belastbarkeit des Außenmaterials, wie Hochgebirgstouren, Bergsteigen, Eisklettern, allgemein Bergsport. Hersteller: W.L. Gore & Associates, D-Feldkirchen-Westerham.

WINDSTOPPER® **MEMBRAN**. Mikroporöse Membran für winddichte Bekleidung. Hersteller: W.L. Gore & Associates GmbH, D-Feldkirchen-Westerham.

WINDSTOPPER® **N2S**™ **Next To Skin Fabric**. Funktionstextil vereint in einer direkt auf der Haut getragenen Schicht das Feuchtigkeits-Management einer hochwertigen Funktionsunterwäsche mit dem Windschutz einer leichten atmungsaktiven Oberbekleidung. Basis ist Push-Pull-Konstruktion: eine Wasser abstoßende PE-Faser direkt auf der Haut und eine Wasser aufnehmende PE-Faser unmittelbar dahinter. Der Schweiß wird so auf eine größere Fläche verteilt und an die winddichte, aber atmungsaktive WINDSTOPPER®-Membrane weitergeleitet, die diese nach außen abgibt und zugleich vor Wind schützt. Einsatzgebiete: bei körperlicher Anstrengung in kühler, windiger Umgebung wie Skiwandern, Biken, Joggen. Hersteller: W.L. Gore & Associates GmbH, D-Feldkirchen-Westerham.

WINDSTOPPER® **2-LAGEN-FUTTERSTOFFE**. *Windstopper*®-Membran, direkt auf dem Futterstoff laminiert. 100 % winddicht, extrem wasserdampfdurchlässig, weich. Pflegeleicht. Geeignet für Berg- und Wintersport, Golf- und Freizeitmode. Hersteller: W.L. Gore & Associates D-Feldkirchen-Westerham.

WINDSTOPPER® **2-LAGEN-SHELLS**. *Windstopper*®-Membran,

direkt auf den Oberstoff (Webware) laminiert. Leicht, dauerhaft Wasser abweisend, winddicht, extrem wasserdampfdurchlässig, geringes Packvolumen.
Einsatzgebiete: anspruchsvoller Einsatz im Berg-, Winter- und Radsport.
Hersteller: W.L. Gore & Associates, D-Feldkirchen-Westerham.

WINDSTOPPER® 2-LAGEN-WOLL-LAMINATE. *Windstopper®* Membran, direkt auf den Woll-Oberstoff laminiert für modische Wollbekleidung mit technischer Funktion. Hochwertige Wollqualitäten, teilweise Cashmere und Lambswool. Hohe Wärmeisolierung bei geringem Gewicht. Winddicht, wasserdampfdurchlässig, geringes Packvolumen.
Einsatzgebiete: modischer Bereich.
Hersteller: W.L. Gore & Associates, D-Feldkirchen-Westerham.

WINDSTOPPER® 3-LAGEN-FLEECE. *Windstopper®*-Membran, fest verbunden (laminiert) mit einer Fleeceinnen- und einer Fleeceaußenschicht. Winddicht, leicht, sehr wasserdampfdurchlässig, hohe Wärmeisolation, guter Feuchtigkeitstransport. Pflegeleicht. Geeignet für Berg-, Winter-, Radsport, Golf- und Freizeitmode, Handschuhe und Mützen.
Hersteller: W.L. Gore & Associates GmbH,
D-Feldkirchen-Westerham.

WINDSTOPPER® 3-LAGEN-KNITS. *Windstopper®*-Membran, fest verbunden (laminiert) zwischen zwei sehr dünnen Textilschichten aus Maschenware. Ext-

rem wasserdampfdurchlässig, winddicht, dehnbar, leicht, geringes Packungsvolumen.
Einsatzgebiete: alle Aktivsportarten, wie Rad- und Laufsport, Langlauf, Golf- und Freizeitmode.
Hersteller: W.L. Gore & Associates, D-Feldkirchen-Westerham.

WINDSTOPPER®LIGHT SHELL. Neueste Generation winddichter Laminate (ab Sommer 2003), dauerhaft Wasser abweisend, extrem leicht, extrem wasserdampfdurchlässig.
Hersteller: W.L. Gore & Associates, D-Feldkirchen-Westerham.

WWA-Bekleidung. Bezeichnung für Textilien mit den Funktionen winddicht, wasserdicht und wasserdampfdurchlässig.

XALT. Weiches, softes, 2- oder 3-lagiges Membransystem. Porenlose Membran aus 100 % Polyurethan. Oberstoff je nach Einsatzgebiet aus *Tactel®*, Supplex, Polyesterfasern oder Mischungen daraus. Zugabe von *Lycra®* oder anderen Elastanfasern möglich. Wind- und wasserdicht, wasserdampfdurchlässig, dehnfähig, permanent waschbeständig, kältebeständig, dehnbar. Durch Durepel-Ausrüstung Wasser abstoßend.
Hersteller: Burlington Performance Wear,
D-Blaustein.

X-LIGHT. Maschenware für Sportwäsche. Wasserdampfdurchlässig, hautfreundlich, leitet den Schweiß rasch von der Haut nach außen ab, schnell trocknend, angenehmer Griff, waschbar bis 95° C. Öko-Tex

Standard 100.
Hersteller: E. Löffler, A – Ried im Innkreis.

X-STATIC® – THE SILVER FIBER™.
Silberfaser, die sich aus Polyester und Silber zusammensetzt. Verfügt über verbesserten Feuchtigkeitstransport, Thermoregulierung sowie antibakterielle und antistatische Ausstattung.
Einsatzgebiete: als Filament oder Spinnfaser in Gewebe und Maschenware für Bekleidung, Wäsche, Socken, therapeutische Zwecke.
Hersteller: Nobel Fiber Technologies, Clarks Summit, USA.

ZWIEBELPRINZIP. Bekleidungssystem bestehend aus drei aufeinander abgestimmten Schichten, die ein Funktionssystem darstellen: die Unterwäsche (Base Layer), wärmende Zwischenschicht (Warmth Layer), gegen Wind/Regen/Kälte schützende Jacke (Outer Shell). Je nach Wetterverhältnissen kann die zweite Schicht als Wärmeschicht (z.B. in Form einer Fleece-Jacke) ausreichen oder auch ein Funktions-T-Shirt als einzige Lage.

Herstelleradressen

(alphabetisch nach Markennamen geordnet)

3M
3M Deutschland GmbH
Carl-Schurz-Straße 1
D-41453 Neuss
Tel.: +49 (0) 2131/14-0
Fax: +49 (0) 2131/14-2649
Internet: www.3m.com

Adidas
Adidas Deutschland
Adi-Dassler-Straße 2
Postfach 1120
D-91072 Herzogenaurach
Tel.: +49 (0) 9132/84-0
Fax: +49 (0) 9132/84-2241

AIGLE
AIGLE-Service Consommateurs
ZI Ingrandes – B.P. 755 – 86107
Châtellerault
Cedex – France
Tel. : +33 (0) 549 02 38 98
Fax : +33 (0) 549 02 38 37
Internet: www.aigle.com

Albany
Albany International GmbH & Co.
KG
Filtrastrasse 1
D-59227 Ahlen
Tel: +49 (0) 2528 / 371 02

Alsco (?)
ALSCO Berufskleidungs-Service-
GmbH
Unternehmenskommunikation
Durchhäuserhof 65
D-51107 Köln
Tel.: +49 (0) 221 / 986 05-0
Fax: +49 (0) 221 / 986 05-10
e-mail: hv@alsco.de

Amann
Amann & Söhne GmbH & Co
Hauptstraße 1
74357 Bönnigheim
Tel.: +49 (0) 7143/277-0
Fax: +49 (0) 7143/277-200
e-mail: ma@amann-online.de
Internet: www.amann-online.de

Amicor
Acordis AG
Kasinostraße 19
D-42103 Wuppertal
Tel.: +49 (0) 202/32-0
Fax: +49 (0) 202/322 200
Internet: www.acordis.com

Anton Cramer
Anton Cramer GmbH & Co.
Münsterstraße 112
D-48268 Greven
Tel.: +49 (0) 2571 / 82-0
Fax: +49 (0) 2571 /82-477
e-mail: info@anton-cramer.de

Arc'Teryx

ARC'TERYX Equipment Inc.
2770 Bentall Street
Vancouver, British Columbia /
Canada
Tel.: + 001 / 604.451.7755
Fax: +001 / 604.451.7705
e-mail: bird@arcteryx.com

Arena

Arena International
ARENA DEUTSCHLAND GmbH
Rosenheimer Strasse 145 C
D-81671 München
Tel.: +49 (0) 89 / 627 240
Fax: +49 (0) 89 / 627 2485
e-mail: info@arena-germany.com

Asics

Asics Deutschland GmbH
Nissanstraße 4
D-41468 Neuss
Tel.: +49 (0) 2131 / 3802-0
Fax: + 49 (0) 2131 / 3802-179
e-mail: asics@asics.de
Internet: www.asics.de

Bardusch

Bardusch GmbH & Co.
Pforzheimer Straße 48
D-76275 Ettlingen
Tel.: +49 (0) 7243 / 707-0
Fax: +49 (0) 7243 / 707-104
e-mail: service@bardusch.de

Bayer

Bayer AG
D-51368 Leverkusen
Tel.: +49 (0) 214 / 30-1
Internet: www.bayer.de

J.L. de Ball

J.L.de Ball GmbH
Niedieckstr. 56
D-41334 Nettetal
Tel.: +49 (0) 2153 / 120 325
Fax: +49 (0) 2153 / 120 203
e-mail: info@jl-deball.de

Berghaus

Berghaus Ltd
Extrem Centre
12 Colima Avenue,
Sunderland Enterprise Park
Sunderland,
Tyne & Wear,
SR5, 3XB
England
Tel.: +44 (0) 191 516 5600
Fax: +44 (0) 191 516 5601

Big Pack

Big Pack GmbH
Fabrikstraße 35
D-73266 Bissingen / Teck
Tel.: +49 (0) 7023 / 95110
Fax: +49 (0) 7023 / 951155
e-mail: info@bigpack.de

boco

HB Deutschland GmbH
Geschäftsbereich Boco
Lise-Meitner-Straße 6
D-63308 Deieich
Tel.: +49 (0) 6103/309492
Fax. +49 (0) 6103/309169
e-mail: info@boco.de
Internet: www.boco.de

Bodet & Horst

Bodet & Horst GmbH & Co. KG
Gewerbegebiet 9
D-09481 Elterlein
Tel.: +49 (0) 37349 / 6970
Fax: +49 (0) 37349 / 69710
e-mail: contact@bodet-horst.de

Bogner
Willy Bogner GmbH & Co. KG
Sankt-Veit-Straße 4
D-81673 München
Tel.: +49 (0) 89 / 43606-0
Internet: www.bogner.com

Brax
Leineweber GmbH & Co. KG
Wittekindstraße 16-18
D-32051 Herford
Tel.: +49 (0) 5221 / 592-0
e-mail: info@brax-fashion.com
Internet: www.brax-fashion.com

Brennet
Brennet AG
Brennet-Vertrieb Deutschland
Postfach 1350
D-79704 Bad Säckingen / Wehr
Tel.: +49 (0) 7761 / 552-0
Internet: www.brennet.de

Bugatti
F.W. Brinkmann GmbH
Waltgeristraße 1-5
D-32049 Herford
Tel.: +49 (0) 5221 / 884-0
Fax: +40 (0) 5221 / 884-281
e-mail: info@bugatti.de
Internet: www.bugatti.de

Burlington
Textil-Vertretungen GmbH
Mayerbacherstrasse 32
D-85737 Ismaning
Tel.: +49 (0)89 / 939-4600
Fax: +49 (0) 89 / 931-134

Centa-Star
Nord Feder GmbH & Co. KG
Wohntextilien
Augsburger Straße 275
D-70327 Stuttgart-Untertürkheim
Tel.: +49 (0) 711 / 30 50 50
Fax: +49 (0) 711 / 30 50 530
e-mail: verkauf@centa-star.de

Chiemsee
Windsurfing Chiemsee Ag & Co.
KG
Chieminger Straße 19
83355 Grabenstätt
Tel.: +49 (0) 8664 / 444
Fax: +49 (0) 8664 / 1783
e-mail: info@windsurfing-
chiemsee.com

Conta
Gebr. Conzelmann GmbH & Co.
KG
PF 201320
D-72436 Albstadt-Tailfingen
Tel.: +49 (0) 7432 / 9795-0
Fax: +49 (0) 7432 / 9795-50
e-mail: info@conta.de
Internet: www.conta.de

Cordura/DuPont
DuPont Corporate Information
Center
Chestnut Run Plaza
705 / GS 38
Wilmington, DE 19880-0705
Tel.: +01 302 774 1000
e-mail: info@dupont.com
Internet: www.dupont.com
www.cordura.de

Craft of Scandinavia
CRAFT OF SCANDINAVIA AB
Evedalsgatan 5, Box 1774
SE-501 17 Borås
Tel.: +46 33 22 58 20
e-mail: info@craft.se

DBL
Deutsche Berufskleider- und Textil-
Leasing GmbH
Traarer Straße 15-17
D-47829 Krefeld
Tel.: +49 (0) 2151 / 49830
Fax: +49 (0) 2151 / 498310
e-mail: info@dbl-zentrale.de

DressLine
DressLine GmbH
Zehntwiesenstraße 5
D-76275 Ettlingen
Tel.: +49 (0) 7243/76460
Fax: +49 (0) 7243/764660
e-mail: info@dressline.de
Internet. www.dressline.de

DuPont
DuPont Corporate Information
Center
Chestnut Run Plaza
705/GS38
Wilmington, DE 19880-0705
Tel.: +01 302-774-1000
e-mail: info@dupont.com

Dureta
DURETA GmbH
Luchsweg 7
D-42897 Remscheid
Tel.: +49 (0) 2191 / 608174
Fax: +49 (0) 2191 / 608176
e-mail: info@dureta.de

Delius
DELIUS GmbH – Sparte Medizin
Weyerhofstraße 20
D-47803 Krefeld
Tel.: +49 (0) 2151/76 62 78
Fax: +49 (0) 2151/76 62 79
e-mail: service@delimed.de

Digel
Menswear Gustav Digel
GmbH & Co. KG
Calwer Straße 81
D-72202 Nagold
Tel.: +49 (0) 7452 / 65003
bzw. +49 (0) 7452 / 604-0

Elbeo
Sara Lee Personal Products GmbH
Osterfeldstraße 82
D-85737 Ismaning
Tel.: +49 (0) 89 / 96978-0
Internet: www.elbeo.de

Elho
Elho Sportswear GmbH
Stahlgruberring 22
D-81829 München
Tel.: +49 (0) 89 / 42091-0
Fax: +49 (0)89 / 42091-213
e-mail: contact@elho.de

Enka
Enka GmbH & Co. KG
Kasinostraße 19-21
D-42103 Wuppertal
Tel.: +49 (0) 202-302
Fax: +49 (0) 202-324800
Internet: www.enka.de

Chr. Eschler
Eschler Textil AG
Max-Planck-Straße 10
D-72336 Balingen
Tel.: +49 (0) 7433 / 9924-0
Fax: +49 (0) 7433 / 9924-30

Ergee
Ergee Textilgruppe Gmbh
Gmünder Straße 43
A-3943 Schrems
Tel.: +43 (0) 2853 / 701-0
Fax: +43 (0) 2853 / 701-323
e-mail: office@ergee.at
Internet: www.ergee.com

Eurodress
Eurodress GmbH & Co.
Industriestraße 6
D-36341 Lauterbach
Tel.: +49 (0) 6641 / 668-0
Fax: +49 (0) 6641 / 668-140
www.eurodress.de
e-mail: info@eurodress.de

Falke
Falke KG
P.O. Box 1109
D-57376 Schmallenberg
Tel.: +49 (0) 2972 / 7991
Fax: +49 (0) 2972 / 799319
e-mail: post@FALKE.com

Fjällräven
Fjällräven GmbH
 Postfach 460 305
D-80911 München
Tel.: +49 (0) 89 /32 46 350
Fax: +49 (0) 89 / 32 46 35 10
e-mail: Info@fjallraven.de

Evolon
Freudenberg Evolon KG
D-69465 Weinheim
Tel.:+ 49 (0) 6201 / 80 7370
Fax: + 49 (0) 6201 / 88 7370
e-mail:
matthias.schuster@freudenberg.de

Frisby
Frisby Technologies Inc.
3195 Centre Park Blvd.
Winston Salem, NC 27107
Tel.: +01 / 336-784-7754
Fax: +01 / 336-784-4664
e-mail: info@frisby.com

Fuchs & Schmitt
Fuchs & Schmitt GmbH & Co.
Lilienthalstraße 2
D-63741 Aschaffenburg
Postfach 100315
63703 Aschaffenburg
Tel.: +49 (0) 6021 / 360-3
Fax: +49 (0) 6021 / 360-460
Internet: www.fuchs-schmitt.de

Geckoline
Geckoline Shop
Ludwig-Levy-Strasse 1a
D-23795 Bad Segeberg
Tel.: +49 (0) 4551 / 999162
Fax: +49 (0) 4551 / 999161
e-mail: geckolineshop@t-online.de

Girmes
Girmes GmbH
Niedieckstraße 56
D-41334 Nettetal
Tel.: +49 (0) 2153 / 9513-0

Gonso
Gonso Sportmoden GmbH & Co.
KG
Eberhardstraße 24
D-72461 Albstadt
Tel.: +49 (0) 7432 209-0
Fax: +49 (0) 7432 209-88

Gore – Tex

W.L.Gore & Associates GmbH
Hermann-Oberth-Straße 22
D-85640 Putzbrunn
Tel.: +49 (0) 89 / 4612-2773
Fax: +49 (0) 89 / 4612 2329
e-mail: mhaag@wlgore.de

Haglöfs

Haglöfs Deutschland
Spies 18
D-91282 Betzenstein
Tel.: +49 (0) 9244 / 8134
Fax: +49 (0) 9244 / 8129
e-mail: info@haglofs.de

Halti Oy

Halti Oy / Ltd.
PL / P.O. Box 38
Juvan teollisuuskatu 23 B
FIN – 02921 Espoo
Tel.: + 358-9-8520 81
Fax: + 358-9-8520-8300
e-mail: halti@halti.fi

Hartmann

Paul Hartmann AG
Abteilung SBS / MF
Paul-Hartmann-Straße 12
D-89522 Heidenheim
Tel.: +49 (0) 7321 / 36-0
Fax: +49 (0) 7321 / 36-3636
e-mail: info@hartmann.info
Internet: www.hartmann-online.com

Hefel

Hefel Textil AG
Schwarzachtobelstraße 17
A-6858 Schwarzach
Tel.: +43 (0) 5572 / 503-262
Fax: +43 (0) 5572 / 503-45
e-mail: hefel.textil@hefel.com

Helly Hansen

Helly Hansen Deutschland GmbH,
Gustav-Heinemann-Ring 212,
D-81739 München,
Tel.: +49 (0) 89 / 673496 20
Fax: +49 (0) 89 / 673496 50
e-mail:
Daniela.Jannausch@hellyhansen.no

Henri Lloyd

Henri-Lloyd Ltd
Smithfold Lane
Worsley
Manchester
M38 0GP
United Kingdom
Tel.: +44 (0) 161 / 799 1212
Fax: +44 (0) 161 / 790 8620
e-mail:
information@henrilloyd.co.uk

Hucke/Whoopi

Hucke Fashion GmbH
Ravensberger Straße.41
D-32312 Lübbecke
Postfach 1251
D-32392 Lübbecke
Tel.: +49 (0) 5741 / 364-0
Fax: +49 (0) 5741 / 364-410

Hudson-Kunert

Hudson-Kunert Vertriebs GmbH
Julius-Kunert-Straße
D-87509 Immenstadt
e-mail: info@hudson-kunert.de
Internet: www.hudson-international.com

Hyphen

Hyphen – Reinschmidt Operations
GmbH
Neureutherstraße 26
D-80799 München
Tel.: 089/273 701 0
Fax: 089/273 701 29
e-mail: info@my-hyphen.com
Internet: www.my-hyphen.com

Ibena

Ibena Textilwerke Beckmann
GmbH
Industriestraße 7-13
D-46395 Bocholt
Tel.: +49 (0) 2871 / 287-0
Fax: +49 (0) 2871 / 287-309
e-mail: info@ibena.de
Internet: www.ibena.de

Intera

Austin, Texas (Hauptsitz)
Intera Incorporated
9111A Research Boulevard
Austin, TX 78758
Tel.: +01 – 512 425-2000

Jeantex

Jeantex Sportswear GmbH & Co.
Adlerstraße 69-75
D-25462 Rellingen
Tel.: +49 (0) 4101 / 555-0
Fax: +49 (0) 4101 / 555-198
e-mail: info@jeantex.de

Julius Zorn

Julius Zorn GmbH
Juliusplatz 1
D-86551 Aichach
Tel.: +49 (0) 8251 / 901142
Fax: +49 (0) 8251 / 901205
e-mail: info@juzo.de

Kansas

Kansas Wenaas A/S
Blangstedgaardsvej 66
DK-5220 Odense SØ
CVR no. 38 53 54 12
Tel.: +45 666 12 200
Internet: www.kansaswenaas.com

Mountain Hardwear

Klett Sports
Friedrich-Krupp-Straße 5
D-72461 Albstadt
Tel.: +49 (0) 7432 / 98410-0
Fax: +49 (0) 7432 / 98410-10
e-mail: info@klett-sports.com

Kock

Kock Spinnerei GmbH & Co.
Adalbertstraße 8
D-48565 Steinfurt
Tel.: +49 (0) 2552 / 9362-0

Koppermann

G. Koppermann & Co. GmbH
Höllriegelskreuther Weg 3
D-82065 Baierbrunn
Tel.: +49 (0) 89 / 744743-0
Fax: +49 (0) 89 / 7938956
e-mail: info@koppermann.org
Internet: www.koppermann.org

K-Way

K-Way Deutschland GmbH
Rheinstraße 15
D-66955 Pirmasens
Tel.: +49 (0) 6331 / 43939
Fax: +49 (0) 6331 / 283550
e-mail: info@k-way.de

Lampertsmühle

Spinnerei Lampertsmühle AG
Carl-Denk-Straße
D-67659 Kaiserslautern
Tel.: +49 (0) 6301 / 706-0
Fax: +49 (0) 6301 / 706-120
e-mail: mail@lampertsmuehle.de

Larosé
LAROSÉ Hygiene-Service-GmbH
Marketing
Claudiastraße 13
51149 Köln
Tel.: +49 (0) 2203 / 1004-0
Fax: +49 (0) 2203 / 1004-329
e-mail: marketing@larose.de

Lenzing
Lenzing Aktiengesellschaft
Zentrale und Stammwerk
A-4860 Lenzing
Tel.: +43 (0) 7672 / 701-0
Fax: +43 (0) 7672 / 701-3880
e-mail: office@lenzing.com

Liegelind
Liegelind GmbH & Co.
Brenzstraße 24
D-89542 Herbrechtingen
Tel.: +49 (0) 7324 / 176-0
Fax: +49 (0) 7324 / 176-199
e-mail: info@liegelind.de

Löffler
E. Löffler Ges.m.b.H.
Südtiroler Straße 41
A-4910 Ried im Innkreis
Tel.: +43 (0) 7752/84421-0
Fax: +43 (0) 7752/84421-148
e-mail: office@loeffler.at

Lowe Alpine
Lowe Alpine Deutschland GmbH
Lochhamer Straße 29
D-82152 Martinsried
Tel. +49 (0) 89 / 899603-0
Fax. +49 (0) 89 / 89960315
e-mail: info@lowe-alpine.de

Luhta
L-Fashion Group Oy
Box 55
FIN – 15501 Lahti
(Linjakatu 5)
Tel.: +358 (0) 3 822 111
Fax: +358 (0) 3 822 1215
Internet: www.luhta.fi

Lycra
Lycra Home Furnishings Division
Du Pont de Nemours International
S.A.
2, Chemin du Pavillon
Case Postale 50
CH-1218 Le Grand-Saconnex
Tel.: +41 22-717.58.15
Internet: www.lycra.com

Malden Mills
Malden Mills Industries Inc.
550 Broadway
Lawrence
MA 01841
Tel.: +01 – 978-685-6341

Mammut
Mammut AG
Industriestraße Birren
CH-5703 Seon
Tel.: +41 62 769 82 25
e-mail: info@mammut.ch

medi
Christian-Ritter-v.-Langheinrich
Straße 24
D-95448 Bayreuth
Tel.: +49 (0) 921/912-0
Fax: +49 (0) 921/912-57
e-mail: orthetik2000@medi.de
Internet: www.medi.de

Medico
Medico Sports Fashion GmbH
Vor dem Weißen Stein 25-31
D-72461 Albstadt
Tel.: +49 (0) 7432 / 707-0
e-mail: medico.sports.fashion@t-
online.de

Mewa
Mewa Textil-Service AG & Co.
Management OHG
Postfach 43 20
D-65033 Wiesbaden
John-F.-Kenedy-Straße 4
D-65189 Wiesbaden
Tel.: +49 (0) 611 / 7601-0
Fax: +49 (0) 611 / 7601-361
e-mail: info@mewa.de

Mey
Gebrüder Mey GmbH & Co.
Auf Steingen 6
Postfach 150015
D-72459 Albstadt
Tel.: +49 (0) 7431 / 706-0
Fax: +49 (0) 7431 / 706-100
e-mail: info.women@mey.de

Nextec
Nextec Applications Inc.
2611 Commerce Way
Vista, CA 92083
Tel.: +01 – 760 / 597-5700
Fax: +01 – 760 / 597-5710
e-mail: info@nextec.com

Nike
Nike Germany
Hessenring 13a,
D-64546 Morfelden-Walldorf,
e-mail: HR_GER@nike.com

Nina von C.
Karl Conzelmann GmbH + Co. KG
Kleine Straße 12
D-72461 Albstadt
Tel.: +49 (0) 7432 / 704-0
Fax: +49 (0) 7432 / 704-48
e-mail: info@conzelmann.de
Internet: www.ninavonc.com

Noble Fiber
Noble Fiber Technologies
421 South State Street
Clarks Summit, PA 18411
Tel.: +01 – 570.348.2760
e-mail: info@noblefiber.com

The North Face
The North Face Inc.
2013 Farallon Dr.
San Leandro, CA
94577 USA

oder über

VF Corporation
105 Corporate Center Blvd.
Greensboro, NC 27408
PO Box 21488
Greensboro
NC 27420-1488
Tel.: +01 – 336.424.6000
Fax: +01 – 336.424.7631

Novaceta
Novaceta S.p.a.
Viale Piemonte 66
I-20013 Magenta – (MI)
Tel.: +39/02/979.62.348
Fax: +39/02/979.62.367
e-mail: Marketing@novaceta.com

Novotex
Novotex GmbH
Königsberger Straße 135
D-47809 Krefeld
Tel.: +49 (0) 2151 / 520051
Fax: +49 (0) 2151 / 520054

Nylstar
Nylstar GmbH
Nylstar Deutschland
Engessserstrasse 8
D-79108 Freiburg
Tel.: +49 (0) 761 / 511-0
Fax: +49 (0) 761 / 511-3222

Odlo
Odlo International AG
Im Bösch 67
CH-6331 Hünenberg/Zug
Tel.: +41 41785 7070
Fax: +41 41785 7077
Internet: www.odlo.com

Oroblu/Gabriella
Oroblu/Gabriella
Inhaberin Gabriella Albers
Rosenstraße 1
D-34508 Willingen
Tel.: +49 (0) 5632 / 69 182
Fax: +49 (0) 5632 / 96 84 03
Internet: www.gabriella.de

Otto Bock
Otto Bock HealthCare GmbH
Max-Näder-Straße 15
D-37115 Duderstadt
Tel.: +49 (0) 5527 / 848-0
e-mail: healthcare@ottobock.de
Internet: www.ottobock.de

Outlast
Outlast Technologies Inc.
Outlast Europe GmbH
Ploucquetstraße 11
D-89522 Heidenheim
Tel.: +49 (0) 7321 / 325-500
Fax: +49 (0) 7321 / 325-9417
e-mail: martin.bentz@outlast-
europe.com

Patagonia
Patagonia Int. Inc.
Patagonia Mail Order
8550 White Fir St.
P.O. Box 32050
Reno, NV 89523-2050
bzw.
Leopoldstrasse 47
D-80802 München
Tel: +49 (0) 89 / 399 299
Fax: +49 (0) 89 / 399 241
Hotline für Versand: +49 (0) 89 /
389 989 13
e-mail:
store_munich@patagonia.com

Pausa
Pausa GmbH
Richard-Burkhardt-Straße 6
D-72116 Mössingen
Tel.: +49 (0) 7473 / 91674

Peak Performance
Peak Performance Production AB
Box 272 24
102 53 STOCKHOLM Sweden
Tel.: +46-8-506 555 00
Fax: +46-8-506 555 95
e-mail:
mail.us@peakperformance.se
Internet:
www.peakperformance.se

Pertex
Perseverance Mills Limited
Albion Mills
Padiham, Lancashire,
BB12 DY, England
Tel.: +44 (0) 1282-778711
Fax: + 44 (0) 1282-858405
e-mail: info@pertex.com

Pichler Textil
Hermann Pichler GmbH & Co. KG
Leinen und Jacquard Weberei
Pichlerstraße 4
D-89150 Laichingen
Tel.: +49 (0) 7333 / 959-0
Fax: +49 (0) 7333 / 959-120
e-mail: info@pichler-textil.de
Internet: www.pichler-textil.de

Ploucquet
C.F.Ploucquet GmbH & Co.
Ploucquetstr. 11
D-89522 Heidenheim
Tel. +49 (0) 7321 / 325 – 0
Fax +49 (0) 7321 / 325 – 403
e-mail: webmaster@ploucquet.de

Polartec
Polartec, Malden Mills Inc.
Susanne Fischer
Reismühlenstraße 13
D-81477 München
Tel.: +49 (0) 89 / 748 79874
Fax: +49 (0) 89 / 748 79875
e-mail: fischers@maldenmills.com

Polycoating (?)
Polycoating GmbH
Industriestraße 6
D-79232 March-Hugstetten
Tel.: +49 (0) 7665 / 9375-0
Fax: +49 (0) 7665 / 9375-20
e-mail: info@polycoating.de
Internet: www.polycoating.de

Pontetorto
Pontetorto Spa
Via Roma, 15/17/19/21
I-59013 Montemurlo – Prato
Tel.: +39 0574/685-1
Fax: +39 0574/799251
e-mail: pontetorto@pontetorto.it

PrimaLoft
PrimaLoft, Albany International
Corp.
Richard Ebert
Kraelerstraße 6
D-81373 München
Tel.: +49 (0) 89 / 7251108
Fax: +49 (0) 89 / 76772697
e-mail: richard_ebert@albint.com

Rotofil
Rotofil AG
STABIO Textil SA
Via Vite 3
CH-6855 Stabio / TI
Tel.: +41 91 641 7 641
Fax: +41 91 641 7 640
e-mail: info@stabiotextil.com

Reima
Reima Oy
PO Box 26 (Jämintie 14)
FIN-38701 Kankaanpää
Tel.: +358 2 578 270
Fax: +358 2 572 1280
e-mail: info@reima.fi
Internet: www.reima.com

Sanders
Gebr. SANDERS GmbH & Co.
Maschstraße 2
D-49565 Bramsche
Tel.: +49 (0) 5461 / 804-0
Fax: +49 (0) 5461 / 804-180
e-Mail: info@sanders-of-germany.com

Salewa
Salewa GmbH
Oberalp AG / Salewa
Negrellistraße 6
I-39100 Bozen
e-mail: info@salewa.it
Internet: www.salewa.it
oder über
Salewa Sportgeräte GmbH
Saturnstraße 63
D-85609 Aschheim
Tel.: +49 (0) 89 / 90993110
Fax: +49 (0) 89 / 90993190

Sanetta
Gebr. Amann GmbH + Co.
Postfach 1253
D-72466 Meßstetten
Tel.: +49 (0) 7431/639-0
Fax: +49 (0) 7431/6 39-1009
Internet: www.sanetta.de
Internet: www.cool-casual-
kids.com

Schöffel
Schöffel Sportbekleidung GmbH
Mittelstetter Weg 23
D-86830 Schwabmünchen
Tel.: +49 (0) 82 32 / 5 00 61 12
Fax: +49 (0) 82 32 / 7 27 87
e-Mail: mail@schoeffel.de
Internet: www.schoeffel.de

Schoeller
Schoeller Textil AG
Bahnhofstrasse 17
CH- 9475 Sevelen
Tel.: +41 81 786 08 00
Fax: +41 81 786 08 10
e-mail: info@schoeller-textiles.com
Internet: www.schoeller-
textiles.com

Seacell
Zimmer AG
LURGI AUSTRIA
Graben 5
A-4840 Vöcklabruck
Tel.: +43 (0) 7672 / 24522-0
Fax: + 43 (0) 7672 / 24522-10
e-mail: marketing@seacell.com

Setila
Setila S.A.
B.P. 1452
220, avenue des Auréats
F-26014 Valence Cedex
Fax: + 33 (0) 475 57 46 98
e-mail: info@setila.fr

Solar Fashion
Solar-Fashion GmbH & Co. KG
Stöckigstraße 2
D-95463 Bindlach
Tel.: +49 (0) 9208 / 90-0
Fax: +49 (0) 9208 / 90-45,
e-Mail: info@solar.info
Internet: www.solar-fashion.com

S. Oliver
S. Oliver Bernd Freier GmbH & Co.
KG
Ostring
D-97228 Rottendorf
Tel.: +49 (0) 9302 / 309-0
Fax: +49 (0) 9302 / 309-426
e-mail: info@s.oliver.de

Steilmann
KSI Klaus Steilmann Institut
für Innovation und Umwelt GmbH
Lyrenstraße 13
D-44866 Bochum
Tel.: +49 (0) 2327 / 9325-0
Fax: +49 (0) 2327 / 9325-20
e-mail: info@ksi.steilmann.com
Internet: www.klaus-steilmann-
institut.de

Swiss Shield
Swiss Shield AG
Bahnhofsplatz 10c
CH-8853 Lachen SZ
Tel.: +41 55 462 11 10
Fax: +41 55 462 20 04
e-mail: info@swiss-shield.ch
Internet: www.swiss-shield.ch

Sympatex
Sympatex Technologies
Kasinostraße 19-21
D-42103 Wuppertal
Tel.: +49 (0) 202 / 32-0
Fax: +49 (0) 202/32-24-88
e-mail: info@sympatex.de
Internet: www.sympatex.de

Tactel
Tactel Supplex-DuPont Tectel
Industriestraße 1
D-766847 Östringen
Tel.: +49 (0) 69 / 36 16 68

Tatonka
Tatonka GmbH
Postfach 63
D-86451 Dasing
Tel.: +49 (0) 82 05 / 96 02-0
Fax: +49 (0) 82 05 / 96 02-30
e-Mail: info@tatonka.com

Tao
TAO-Sportswear
Bräunleinsberg 16
D-91242 Ottensoos
Tel.: +49 (0) 9123 / 9410-0
Internet: www.tao-sportswear.de

Teijin
Teijin Limited Europe Office
Lyoner Straße 26
D-60528 Frankfurt am Main
Tel.: +49 (0) 69 / 66 800 20
Fax: +49 (0) 69 / 66 800 231
Internet: www.teijin.co.jp

Tencel
Acordis Service GmbH
Königsallee 106
D-40215 Düsseldorf
Tel.: +49 (0) 211 / 30 122- 483 oder -384
Fax: +49 (0) 211 / 30 122-200
e-mail:
silvia.happel@fiber2fashion.de
Internet: www.fiber2fashion.de
www.tencel.com

Tenson
M/T Owner AB – Tenson
Euromoda C208
Anton-Kux-Straße 2
D-41460 Neuss
Tel.: +49 (0) 2131 / 2913478
e-mail: info.de@tenson.com

Tempur
Tempur Deutschland GmbH
Carl-Benz-Straße 8
D-33803 Steinhagen
Tel.: +49 (0) 5204 / 10 00-50
Fax: +49 (0) 5204 / 10 00-551
e-mail: info@tempur.de

Thermolite
Thermolite/CoolMax – du Pont de
Nemoures (France) S.A.
137, rue de l´Université
F-75334 Paris Cedex 07
Tel.: +33 145 506 168

Tomen
Tomen Deutschland GmbH
Oststrasse 10
D-40211 Düsseldorf
Tel.: +49 (0) 211 / 99499-52
Ansprechpartner: Mr. Cont
e-mail: cont@dus.tomen.co.uk

Toray
Toray Deutschland GmbH
Hugenottenallee 175
D-63263 Neu-Isenburg
Tel.: +49 (0) 6102 / 7999-0
e-mail: info@tdg.toray.de
Internet: www.toray.de

Trevira
Trevira GmbH & Co. KG
Lyoner Straße 38a
D-60528 Frankfurt am Main
Tel.: +49 (0) 69 / 305-83021
Fax: +49 (0) 69 / 305-16341
e-mail: info@fra.trevira.com

Triumph
Triumph International
Marsstraße 40
D-80323 München
Tel.: +49 (0) 89 / 51118-0
Fax: +49 (0) 89 / 51118-542
e-mail: info@triumph-
international.de
Internet: www.triumph-
international.de

UCB
UCB Chemicals Group
UCB S.A.
Allée de la Recherche 60
B-1070 Brussels
Tel.: +32 2 559 99 99
Fax: +32 2 559 95 71

Unitika
Unitika Ltd. Düsseldorf Office
Steinstraße 27
D-40210 Düsseldorf
Tel.: + 49 (0) 211 / 3230 296 bzw.
+49 (0) 211 / 3230 297
Fax: + 49 (0) 211 / 132642

Uvex
Uvex Sports GmbH & Co.
Fichtenstraße 43
D-90763 Fürth
Tel.: +49 (0) 911 / 97 74-0
Fax: +49 (0) 911 / 97 74 -350
e-mail: info@uvex-sports.de
Internet: www.uvex-sports.de

Vaude
VAUDE Sport GmbH & Co. KG
Vaude Straße. 2
D-88069 Tettnang
Tel.: +49 (0) 7542 / 53060
Fax: +49 (0) 7542 / 530660
e-mail: info@vaude.de

Venotrain
Bauerfeind Phlebologie GmbH &
Co. KG
Weißendorfer Straße 5a
D-07937 Zeulenroda
Tel.: +49 (0) 180 / 325 25 23
Fax: +49 (0) 180 / 325 25 22
e-mail: info@bauerfeind-
phlebologie.de
Internet: www.bauerfeidn.com

VivoMetrics
VivoMetrics Inc.
121 N. Fir Street
Suite E
Ventura, California 93001
Tel.: +01 805 667 2225
Fax: +01 805 667 6646
e-mail: info@vivometrics.com
Internet: www.vivometrics.com

Vossen
Vossen Frottierwarenvertriebsges.
mbH
Schlossallee 7-9
D-66442 Herzebrock-Möhler
Tel.: +49 (0) 5245 / 8713-0
Fax: +49 (0) 5245 / 8713-30
e-mail: sales@vossen.com
Internet: www.vossen.com

Wolford
Wolford AG
Wolfordstraße 1
A-6901 Bregenz
Tel.: +43 (0) 5574 / 690-0
Fax: +43 (0) 5574 / 795 44
Internet: www.wolford.com

Jack Wolfskin
Ausrüstung für Draussen GmbH
Limburger Straße 38-40
65510 Idstein /Ts.
Tel.: +49 (0) 6126 / 954-0
Fax: +49 (0) 6126 / 954-159
e-mail: info@jack-wolfskin.com
Internet: www.wolfskin.de

Xybernaut
Xybernaut GmbH
Otto-Lilienthal-Straße 36
D-71034 Böblingen
Tel.: +49 (0) 7031 / 714-850
Fax: +49 (0) 7031 / 714-849
e-mail: info@xybernaut.de
Internet: www.xybernaut.de

Zollner
Zollner GmbH & Co.
Weberei, Wäschefabrik
Postfach 1140
D-84131 Vilsbiburg
Veldener Straße 4
D-84131 Vilsbiburg
Tel.: +49 (0) 8741 / 306-0
Fax: +49 (0) 8741 / 306-66
e-mail: info@zollner.org
Internet: www.zollner-textil.de

Zwickauer Kammgarn
Zwickauer Kammgarnspinnerei
GmbH
Wilkau-Haßlau
Tel.: +49 (0) 37603-0
e-mail: n.meissner@zks-
kammgarn.de
Internet: www.zks-kammgarn.de

Das Verzeichnis erhebt keinen Anspruch auf Vollständigkeit. Der Verlag
übernimmt für die Richtigkeit der Angaben keine Gewähr.
Stand: März 2003

Übersicht wesentlicher Hersteller und deren Markenprodukte im Bereich Funktionstextilien

(alphabetisch nach Herstellern geordnet)

3M Deutschland GmbH
www.3m.com
- Scotchlite
- Thinsulate

Acordis AG
www.acordis.com
- Amicor
- Danufil
- Dolan
- Enka Viscose
- Novaceta
- Tencel
- Viloft

Adidas-Salomon AG
www.adidas.de
- Climalite
- Climashell
- Clima Warm

Agu B.V.
www.agu.nl
- Poray5000

Albany International Corp.
www.albint.com
www.primaloft.com
- Primaloft

Anton Cramer& Co.
www.anton-cramer.de
- Active Cotton
- Intera
- Sanicare
- Sanicott
- Sleepcare

Arena International
www.arenainternational.com
- Powerskin
- Superflat

Big Pack GmbH
www.bigpack.de
- Active AirCondition
- Thermo Line

J.L. de Ball
www.jl-deball.de
- Belseta
- Glacia
- Polarskin

Bayer AG
www.bayer.de
- Dorlastan
- Dralon

Berghaus Ltd.
www.berghaus.com
- Aquafoil

BHA Technologies AG, CH - Klus-Balsthal
- Event Protection Fabric

Bodet & Horst GmbH & Co. KG
www.bodet-horst.de
- Bioneem
- Matcontrol
- Medicott

Burlington Industries Inc.
www.burlington.com
- Hydrofusion
- Moisture Control System MCS
- VERSATECH
- XALT

Craft of Scandinavia AB
www.craft.se
- Craft Shift

DuPont
www.dupont.com
- Aerelle
- Allerban
- Aquator
- Comforel
- CoolMax
- Cordura
- Dacron
- Hollofil
- Kevlar
- Lycra
- Nylon
- Nomex
- Protective
- Quallofil
- Securelle
- Supplex
- T-400
- Tactel
- Teflon
- Terinda
- Thermolite

Dureta GmbH
www.dureta.de
- Dureta

Delius GmbH
www.delimed.de
- Delimed

Elho Sportswear GmbH
www.elho.de
- Elho
- Texact

Eschler Textil AG
www.eschler.com
- Atmos
- Exotex
- Gamex
- Hygienic
- Husky
- Isofilm / Isowind
- Paragon
- Reozon
- Sprintnit

Fjällräven GmbH
www.fjallraven.com
- G-1000

Freudenberg Evolon KG
www.evolon.de
- Evolon

Frisby Technologies Inc.
www.frisby.com
- Comfortemp

W.L. Gore & Assoc. GmbH
www.gore.com/fabrics/
www.windstopper.com
- Gore-Tex
- 2-Lagen-Laminat
- 3-Lagen-Laminat
- XCR 2-Lagen-Laminat
- XCR 3-Lagen-Laminat
- XCR D/Max Light
- XCR 3000
- XCR S/Helite
- Xero Light
- Z-Liner
- Airlock Outerwear
- Airvantage
- Antistatic Outerwear

- Exactgrip Glove
- Hilite Fabric
- Paclite Laminat
- Ultima
- Windstopper Membrane
- Durastretch Lite
- N2S – Next to Skin Fabric
- 2-Lagen-Futterstoffe
- 2-Lagen-Shells
- 2-Lagen-Woll-Laminate
- 3-Lagen-Fleece
- 3-Lagen-Knits
- Light Shell

Haglöfs
www.haglofs.se
- Climatic

Halti Oy Ltd.
www.halti.fi
- Drymaxx

Helly Hansen
www.hellyhansen.com
- Advance
- Helly Tech +
- Lifa +
- Profleece
- Propile

Henri-Lloyd Ltd.
www.henrilloyd.com
- TP2/3

Intera
www.intera.com
- Intera

Jeantex Sportswear GmbH & Co.
www.jeantex.de
- Jeantex

K-Way Deutschland GmbH
www.k-way.de
- K-Way

Lenzing AG
www.lenzing.com
- Lyocell
- Modal
- Viscose

E. Löffler GmbH
www.loeffler.at
- Transtex
- X-Light

Lowe Alpine Deutschland GmbH
www.lowe-alpine.de
- Triplepoint
- Dry Yarn

Malden Mills Industries Inc.
www.maldenmillsstore.com
www.polartec.com
- Polarfleece
- Polartec

Mammut AG
www.mammut.com

Medico Sports Fashion GmbH
www.medico-sports-fashion.de
- Duotex

Nextec Applications Inc.
www.nextec.com
- EPIC

Nike
www.nike.com
- Clima-Fit
- DRI-FIT

Noble Fiber Technologies
www.noblefiber.com
- X-Static

Novotex GmbH
www.novotex.de
- Novotex

Nylstar GmbH
www.nylstar.com
- Meryl

Odlo International AG
www.odlo.de
- Effect by Odlo
- Odlo Protec Brushed

S. Oliver
www.s.oliver.de
www.business.s.oliver.de
- Hydro X Change

Outlast Technologies Inc.
www.outlast.com
- Outlast

Patagonia
www.patagonia.com
- Capilene
- Regulator
- Synchilla

Pertex
www.pertex.com
- Pertex
- Pertex Quantum

Polycoating GmbH
www.polycoat.de
- Warntech

Pontetorto Spa
www.pontetorto.com
- Dryfast
- No Wind
- Sportwool
- Tecnopile
- Tecnoknit
- Tecnowool

C.F. Ploucquet GmbH & Co.
www.ploucquet.com
- Intac
- Miporex
- Outlast (Lizenz in Europa)
- Pactive

Rotofil AG
www.rotofil.com
- Aquaguard
- Climaguard
- Dryguard

Sanders GmbH & Co.
www.sanders-of-germany.com
- Eden Vario Protect
- San Pro Care
- Simtex

Salewa GmbH
www.salewa.de
- Powertex

Schöffel Sportbekleidung GmbH
www.schoeffel.de
- Active Comfort Fabric (ACF)
- Dry Skin
- Venturi

Schoeller Textil AG
www.schoeller-textiles.com
- 3XDry
- 4Way Stretch
- Comfortemp
- DrySkin
- Dynamic
- Dynatec
- Keprotec
- Nanosphere
- Prestige
- Reflex
- skifans
- Soft Shells
- Stretchlight
- WB-400

Setila S.A.

www.setila.fr

- Pontella
- Setila

Solar-Fashion GmbH & Co. KG

www.solar-fashion.com

- Solar Dry Weave
- Solar Tan Thru

Spinnerei Lampertsmühle AG

www.lampertsmuehle.de

www.dunova.de

- Dunova

Sympatex Technologies

www.sympatex.de

- All Weather
- Dureta
- High Out
- Professional
- Reflexion
- Windmaster

Tatonka GmbH

www.tatonka.com

- RipTX
- SyphonDry

Tenson M/T Owner AB

www.mtowner.com

www.tenson.com

- Air Push
- MPC

Teijin Ltd.

www.teijin.co.jp

- Neozoic
- Rivalex
- Technora Micoroft

Trevira GmbH & CoKG

www.trevira.de

- Bioactive
- CS
- Finesse
- Micro
- Perform
- Polair
- Xpand

Tomen Corp.

www.tomen.co.jp/profile/text.htm

www.gelanots.com

- Aquamiracle
- Airdrive
- Q3
- Sunpaque

Toray Inc.

www.torayusa.com

- Entrant
- Dermizax
- Fieldsensor

UCB Chemicals Group

www.chemicals.ucb-group.com

- Breathe

Unitika Ltd.

www.unitika.co.jp

- Celtech
- Microft
- Tüflex-HR

VAUDE GmbH & Co. KG

www.vaude.de

- Transactive/Ultra
- Ceplex

Zimmer AG

www.seacell.com

- Seacell

Weiterführende Literatur und Autorenverzeichnis

Weiterführende Literatur

Zusammengestellt von Sigrid Riedel aus der Textildatenbank TOGA des Fachinformationszentrum Technik e.V. Frankfurt am Main

Aneja, A.-P. und O'Brien, J.-P.: Eine Faservision zu Beginn des neuen Jahrtausends, International Textile Bulletin – CH-Schlieren, 2001.

Bartels, V. T.: Erforschung der Konstruktionsleitlinien zur Optimierung des Tragekomforts von Outdoor-, Sport und Freizeitkleidung. Schlussbericht zum AiF-Forschungsvorhaben 11285, 2000.

Bartels, V. T.: Untersuchung der Feuchtetransporteigenschaften von Wetterschutztextilien bei Temperaturen um und unter dem Gefrierpunkt. Schlussbericht zum AiF-Forschungsvorhaben 11674, 2001.

Bartels, V. T./Umbach, K.-H.: Schutzbekleidung im OP – die physiologische Funktion ist ein vorrangiges Qualitätsmerkmal, Reiniger & Wäscher 7 (2001), S. 23-24.

Bartels, V. T./Umbach, K.-H.: Tragekomfort von Schutz- und Arbeitskleidung im Krankenhaus: Ein vorrangiges Qualitätsmerkmal,: Hohensteiner Report 57 (2001), S.10-14.

Bittner, O.: Evolon – eine neue Generation von Mikrofaser-Oberstoffen, Konferenz-Einzelbericht: Avantex, Frankfurt/Main 2000 (28 Seiten).

Bobrowski, S.: Voll im Trend: Funktionelle Trevira Materialien, Mittex, (2002) Heft 2 (2 Seiten).

Böhringer, B: Optimierung des Tragekomforts von Funktionsbekleidung, 7. EMPA-Textiltagung, Zürich 2002 (11 Seiten).

Böhringer, B.: Innovationen mit Sympatex in einem ausgereiften Markt. Konferenz-Einzelbericht: Avantex, Frankfurt/Main 2000.

Böhringer, B., Schindling, G., Schön, U., Hanke, D., Hoffmann, K., Altmeyer, P. und Klotz, M.L.: UV-Schutz durch Textilien Melliand Textilberichte (1997), Heft 7/8, S.522-525.

Bockelmann, E.: Beschichtete Textilprodukte mit vielen Gesichtern, Unitex, 1999.

Eickhoff, A./Scheppat, B.: Gore-Tex Workwear anti-static – Eine neue Generation von Schutzkleidung. The new Gore-Tex Workwear anti-static protective clothing. Konferenz-Einzelbericht: Avantex, Frankfurt/Main 2000.

Gillow, J./Sentence, B.: Atlas der Textilien, Bern 1999.

Glimm, S: Neue Entwicklungen in der Sympatex Sportbekleidung, 40th Internat. Man-Made Fibres Congress, Innovations in Sportswear, Dornbirn 2001 (13 Seiten).

Groten, R: Funktionelle Eigenschaften moderner Mikrofilamentvliesstoffe, International Textile Bulletin Vliesstoffe – Technische Textilien, (2001) Heft 4, Seite 37-38,40.

Haerri, H.P., Haenzi, D., Donze, J.J.: Applikation von UV-Absorbern für Sonnenschutztextilien, Melliand Textilberichte (2001), Heft 1/2 , S.59-62.

Hamburger, E.: Bekleidungsphysiologie – das 3-Lagen-Prinzip. Konferenz-Einzelbericht: 33. Internat. Chemiefasertagung – Dornbirn 1994.

Höhlein, A. Reitemeier, B. Jatzwauk, L. Scheuch, K., Rödel, H.: Prüfung des Tragekomforts von Berufskleidung, Melliand-Textilberichte, (2002) Heft 1/2, Seite 68-70.

Hübner, H.-J.: Soft Shell and Feelgood – High-Tech-Textilien für anspruchsvolleKunden. Mittex, (2002) Heft 4, Seite 18,23.

Hübner, H.-J.: Hochtechnologie-Stoffe: Innovationen mit Dominoeffekt für die ganze Textilbranche, Melliand Textilberichte 4/2001.

Kubin, I.: Modische und funktionelle Beschichtung für die Oberbekleidung, Melliand Textilberichte 6/2001, S.500-506.

Koslowski, H.-J.: Chemiefaser-Lexikon, Begriffe – Zahlen – Handelsnamen. 11. Auflage, Frankfurt/Main 1997.

Leckenwalter, R.: Klimamembrane – einst, heute, morgen. Konferenz-Einzelbericht: SVT-Kurs, Schweiz, 1998.

Lindemann, B.: Dauerhafte antimikrobielle Ausrüstung von Textilien, Melliand Textilberichte 10/2000, S.850-851.

Luckmann, U.: Touchbuch, Funktionelle Materialien für Sport- und Freizeitmode, Wiesbaden 2001.

Marzano, S.: Kommunikationstextilien: Herausforderung für die Textil- und Elektroindustrie. Textilveredelung, CH-Schlieren, 2001.

Mathis, R.: Textilien mit kosmetischen Substanzen, Melliand Textilberichte 5/2002, S. 339 – 340.

Maggi, F.: Seamless: Technologie, Markt, Zukunft, Melliand Textilberichte 6/2002, S. 430-431.

Mecheels, S./Umbach, K.-H.: Innovative Funktionsbekleidung: Wie man Tragekomfort gezielt konstruiert und vermarktet, Jahrbuch für die Bekleidungswirtschaft. Berlin 2000. S. 24 ff.

Mecheels, S.: Mit funktionellen und intelligenten Bekleidungstextilien zu neuen Märkten, Festschrift 50 Jahre Forschungskuratorium Textil. Eschborn: Forschungskuratorium Textil e. V., 2001. S. 25 f.

Mecheels, J.: Körper – Klima – Kleidung. Wie funktioniert unsere Kleidung? Monographie, 147 Seiten, Berlin 1998.

Meyer zur Capellen, T.: Lexikon der Gewebe, 2. Auflage, Frankfurt/Main 2001.

Mieck, K.P.: Textile Faserstoffe und Technologien als Promotor für Stoffinnovationen, Taschenbuch für die Textilindustrie. Berlin 2001.

Militz, D.: Silvertex – eine multifunktionale Maschenware, Melliand Textilberichte 6/2002, S. 440.

Nachtigall, W., Kolb, A.: Natur macht erfinderisch, Das große Buch der Bionik,Ravensburg 2001.

Nachtigall, W., Blüchel, K.G.: Das große Buch der Bionik. Neue Techniken nach dem Vorbild der Natur, Stuttgart 2001.

Nocker, W.: Merkmale komfortabler Funktionsbekleidung, 7. EMPA-Textiltagung, Zürich 2002 (29 Seiten).

Raschle, P.: Möglichkeiten und Grenzen – antibakterieller Wirkstoff und Textilien, Textilveredlung (2001) Heft 9/10, S.16-21.

Pause, B.: PAN-Fasern mit PCM-Ausrüstung ermöglichen modische Bekleidung mit aktiver Thermoisolation, Taschenbuch für die Textilindustrie, Seite 356- 359, Berlin 2001.

Reinhold, K.: Wie viel Funktion darf's denn sein? Händlerbefragung der TW: Erst die waschbare Wolle, dann die sprechende Jacke. TextilWirtschaft , Frankfurt/Main 2001.

Rouette, H.K.: Handbuch Textilverdlung. Technologie, Verfahren, Maschinen. Melliand Edition Textiltechnik, 14. Auflage, 2 Bände, Frankfurt/Main 2003.

Rouette, H.K.: Encyclopedia of Textile, Berlin/Heidelberg 2001.

Rupp, J.: Hochleistungstextilien oder Smart Textiles? Wissen ist Geld. International Textile Bulletin, CH-Schlieren 2001.

Rupp, M.: Smart Clothes – intelligente und modische Kleidung. Konferenz-Einzelbericht: Avantex , Frankfurt/Main 2000.

Rupp, M.: Smart Clothes: Technologie im Bereich Sport und Freizeit. Konferenz-Einzelbericht: HIGH-TEX, Stuttgart 2000.

Schatz, K.: Antimikrobieller Schutz in Kombination mit Hydro- und oleophober Ausrüstung, Textilveredlung 1/2-2001, S.19.

Schenek, A.: Naturfaser-Lexikon, Frankfurt/Main 2001.

Schnegelsberg, G.: Handbuch der Faser. Theorie und Systematik der Faser, Frankfurt/Main 1999.

Seibert, J.: Gore-Tex Airlock Outerwear-Thermischer Schutz durch ein Luftisolationssystem, Konferenz-Einzelbericht: Avantex, Frankfurt/Main 2000.

Seidl, R.: Gore-Tex Paclite Laminat. Mittex , CH-Schlieren 1999.

Sponer, S.: Funktionelle Bekleidung. Grundzüge der Bekleidungsphilosophie und ihre Vorteile. 40. Internat. Chemiefasertagung, A-Dornbirn 2001.

Umbach, K.-H.: Mikroklima in der Kleidung: Laminate und Beschichtungen,Tagungsband zur Veranstaltung „High-Tex Stuttgart 2000". Bönnigheim/Denkendorf: Forschungsinstitut Hohenstein und Institut für Textil- und Verfahrenstechnik, Denkendorf, 2000. S. 19-24.

Weder-M: Entwicklung von Produkten mit verbessertem Trage-komfort, 7. EMPA- Textiltagung, Zürich 2002 (30 Seiten).

Weder, M./Rossi, R.: Untersuchung des Wärme- und Feuchtetrans-fers bei mehrschichtigenSchutzkleidungen. Konferenz-Einzelbe-richt: 5. Dresdner Textiltagung 2000.

Wacker, F.: Kuschelrock. Fleece, Outdoor 12/2001, Seite 77-78.

Waschko, D.: Biofunktionale Textilien: Kosmetische Anwendung und medizinische Therapie in: Tagungsband zur Veranstaltung „High-Tex Stuttgart 2000". Bönnigheim/Denkendorf: Forschungs-institut Hohenstein und Institut für Textil- und Verfahrenstechnik, Denkendorf, 2000. S. 43-46.

Anonym: Klinisch geprüfte Lebensqualität. Delius entwickelt Neu-rodermitis-Anzug, BW Fashion Technics, (2001) Heft 2 .

Anonym: Merylfasern: Kleidung als High-Tech-Klimaanlagen, PPF. Personal Protection & Fashion, (2002) Heft 1.

Autorenverzeichnis

Petra Knecht, Herausgeberin

Petra Knecht, Dipl.-Journalistin, Fachwirtin Marketing, International Business (EA), studierte internationales Marketing, Kommunikationswissenschaften, Deutsch und Geschichte.

Ihren Einstieg in die Textilbranche fand sie 1993 beim Internationalen Textilforschungszentrum Hohensteiner Institute. Bis 2001 leitete sie dort die Abteilung Presse- und Öffentlichkeitsarbeit und das Marketing für die Forschungsstelle Textilreinigung e.V. 1995 wurde ihr zusätzlich die Vermarktung des Öko-Tex-Standards 100 übertragen sowie die PR-Arbeit für den Verband Textilpflege Schweiz in Bern.

Petra Knecht veröffentlicht regelmäßig in Fachzeitungen Artikel zum Thema Marketing. Im Jahr 2000 war sie Herausgeberin des Buches „Erfolgreiches Beziehungsmarketing in der textilen Kette", erschienen im Deutschen Fachverlag, Frankfurt.

Zum 1. Oktober 2001 gründete sie in Stuttgart die [Petra Knecht] Kommunikationsberatung. Auch weiterhin richtet sie ihren Fokus auf die Textilwirtschaft. Ihr besonderes Interesse gilt Unternehmen mit innovativen Produkten und deren erfolgreicher Positionierung im Markt.

Michael Albaum

Jahrgang 1960, Dipl.-Soziologe, arbeitet als Marketingleiter für die Branchenzeitschrift *TextilWirtschaft* im Deutschen Fachverlag. Darüber hinaus ist er verantwortlich für das Kundenressort der *TextilWirtschaft*, in dem er regelmäßig über Kunden und ihr Einkaufsverhalten bei Mode und Bekleidung schreibt.

Dr. Walter Begemann

Dr. rer. nat. Walter Begemann, geb. am 11.3.1957 in Lügde, Kreis Lippe, verheiratet, ist seit September 1993 beim Gesamtverband der Textilindustrie in der Bundesrepublik Deutschland – GESAMT-TEXTIL e.V., Eschborn, als Leiter der Abteilung Forschung, Normung, Betriebswirtschaft und als Geschäftsführer des Forschungskuratoriums Gesamttextil (seit September 1998 Forschungskuratorium Textil e.V.) tätig.
Studium an der Universität Bielefeld mit Physik-Diplom (1983), Promotion in Physik (1988) und Forschungsaufenthalte an der University of Salford (UK) in 1983 und 1985.
Berufstätigkeit an der Universität Bielefeld als Wissenschaftlicher Mitarbeiter (1983 – 1989) und bei der Deutschen Forschungsgemeinschaft, Bonn, als Referent (1989 – 1992) und Referatsleiter (1992/1993)

Elke Dieterich

Die gebürtige Wiesbadenerin studierte Germanistik, Allgemeine und Vergleichende Literaturwissenschaft und Buchwesen an der Johannes-Gutenberg-Universität in Mainz. Ihre journalistische Karriere begann die 39-Jährige in der Sportredaktion des Wiesbadener Tagblatts. Es folgten ein Volontariat und die Redakteurstätigkeit bei der Fachzeitschrift *Sport+Mode* im Verlag Chmielorz, bevor sie 2001 zum Deutschen Fachverlag nach Frankfurt am Main wechselte. Dort betreut Dieterich derzeit als Redakteurin den Bereich Sport für die Fachzeitschrift *TextilWirtschaft*.

Ludwig Egelhof

Textilreinigungsmeister, Inhaber gerock-Reinigung, Heilbronn; Vorsitzender der Forschungsstelle Textilreinigung e.V., Schloss Hohenstein; seit 13 Jahren im Vorstand des Deutschen Textilreinigungsverbands e.V., Bonn; Vorstandsmitglied im Landesverband Fatex, Stuttgart. Egelhof erhielt 2001 die Wirtschaftsmedaille des Landes Baden-Württemberg.

Karl Erdle

Jahrgang 1948, arbeitete nach umfassender Ausbildung im technischen und kaufmännischen Bereich lange Zeit als technischer Serviceleiter mit der Zielgruppe „Händel und Industrie".

Danach schloss sich eine über 10-jährige Tätigkeit bei führenden Unternehmen im Marketing und Vertrieb auf Geschäftsleitungsebene an.

Karl Erdle war jahrelang als nebenberuflicher Dozent für Marketing und Verkauf tätig, bevor er sich 1997 freiberuflich selbständig gemacht hat. Als Verkaufstrainer, Dozent und Berater wirkt er heute bei verschiedenen Bildungsakademien, Fachhochschulen, Verwaltungsakademien, der Uni München und bei verschiedenen Unternehmen mit.

Den Ruf eines Pragmatikers erwarb sich Karl Erdle durch seine zahlreichen Vorträge vor Organisationen, Verbänden sowie durch seine beratende Tätigkeit in Unternehmen. Dies stellte er auch durch Veröffentlichungen in Fachzeitschriften und als Co-Autor von Fachbüchern unter Beweis.

Till Gottbrath

Der 42-Jährige liebt den Norden. Als Journalist, Schriftsteller, Fotograf und Outdoorspezialist hatte er die Möglichkeit, mehrere Expeditionen nach Grönland, Sibirien und in die Antarktis zu unternehmen. Klettern, sowohl im Gebirge, aber auch im Eis, Paragliding, Skifahren, Mountainbiking, Segeln – all das begeistert ihn. Gottbrath hat mittlerweile 15 6000er Gipfel bestiegen. Zusammen mit Arved Fuchs unternahm Gottbrath zahlreiche Expeditionen, auch abseits des Gebirges, so zu Fuß durch das Eis Süd-Patagoniens, auf dem Kamelrücken durch das australische Outback und auf dem Segelschiff rund um Kap Horn. 2002 unternahm Gottbrath die Trans-Baikal-Bike-Expedition.

Gottbrath war Gründer und Herausgeber der Zeitschrift *Outdoor*. Heute konzentriert er sich als Schriftsteller, Journalist und Fotograf auf Expeditionen, Abenteuerreisen und Outdoorevents. Schwerpunkt seiner beruflichen Tätigkeit ist die Teilhaberschaft der Kommunikationsagentur *KGK – KernGottbrathKommunikation* in München. Die Agentur gibt die Zeitschrift *SPORTBIZO* heraus und macht PR, Werbung, Marketing und auch Produktentwicklung für namhafte Unternehmen der Funktionskleidungs- und Outdoorbranche (*Arc'Teryx*, *At.one*, *Berghaus*, *Black Diamond*, *Frank Climbing*, *Meindl*, *Pertex* u.a.).

Cornelia Gottwald

Jahrgang 1959, Dipl.-Industrie-Designerin (FH), war sieben Jahre als Industrie-Designerin bei verschiedenen Unternehmen tätig (playmobil, Augenstein Design, bulthaupt Küchen GmbH & Co.). Seit 1993 leitet sie die Akademie Dorfen beim Bildungszentrum des Bayerischen Handels, München. Gottwald schreibt darüber hinaus als Autorin für den Bereich „Visual Merchandising" für verschiedene Fachzeitschriften (*Orthopädie*, *stil&markt*, *office today*, *style guide*, *Der Augenoptiker*, *Lederwarenreport* u.a.).

Uta-Maria Groth (†)

Trat 1992 in die Dienste der Forschungsgemeinschaft Bekleidungsindustrie e.V. und übernahm 1997 die Geschäftsführung. Sie baute die Forschungsgemeinschaft systematisch zu einer branchenweit anerkannten Dienstleistungseinrichtung mit den Schwerpunkten Umwelt, Technik, neue Medien, Innovation und Forschung aus. Frau Groth war Mitherausgeberin des Jahrbuches für die Bekleidungswirtschaft. 2002 verstarb sie im Alter von nur 36 Jahren.

Hans-Jürgen Hömske

Jahrgang 1945, Journalist, gründete nach seiner Redaktionstätig-keit bei der Fachzeitschrift *Textil-Mitteilungen* 1974 sein eigenes Redaktionsbüro in Nürnberg. In den 70er und 80er Jahren schrieb Hömske als freier Journalist für eine Vielzahl textiler Fachzeit-schriften in Deutschland, ab 1985 fast ausschließlich für die Fach-zeitschriften *heimtex*, *haustex* und *WRP*. 1993 wurde er zum Chef-redakteur der *heimtex* berufen und ist bis heute in dieser Position tätig. Seine Schwerpunktthemen sind Deko und Gardine sowie handgefertigte, abgepasste Teppiche.

Dr. Isa Hofmann M.A.

Jahrgang 1956, Studium der Geisteswissenschaften (Romanistik, Kunstgeschichte und Islamwissenschaft) an der Rheinischen Friedrich-Wilhelms-Universität Bonn und der Sorbonne (Paris IV) in Paris. Zunächst Lehrtätigkeit, freie journalistische Arbeit für TV (u.a. ZDF) und Printmedien sowie diverse Publikationen und Projekte im Medienbereich. Seit 1989 bei der Messe Frankfurt GmbH. 1990 bis 1994 Aufbau eines eigenständigen Pressebereichs Auslandsmessen. 1994 bis 1997 verantwortlich für die weltweiten Presse- und PR-Aktivitäten aller Textil- und Freizeitmessen der Messe Frankfurt GmbH im In- und Ausland. Seit 1997 Textil-Brandmanager im Marketingbereich. Initiatorin der Avantex – Internationales Innovationsforum und Symposium für Hochtechnologie-Bekleidungstextilien. Intensive Beschäftigung mit den Themen Hochtechnologietextilien und ihre diverse Einsatzfelder in der Bekleidung und im Home Fashion-Bereich, interdisziplinäres Networking.

Ulrike Luckmann

Jahrgang 1956, leitete nach ihrem Modedesign-Studium in Hamburg das Internationale Sportmode Institut (ISI) in München. Später in der W.L. Gore-Presseabteilung entdeckte sie die Faszination der „neuen" Textilien. Mit ihren profunden Kenntnissen schrieb sie dann als Journalistin über moderne Technologien, Bekleidungsphysiologie und Produktentwicklung. Sie erkannte Trends der Sport-Fashion-Szene und entwickelte das „Touchbuch" – heute ein Must der Branche, ein Nachschlagewerk der neuen Materialien, indem man per Stoffproben sogar auf Tuchfühlung gehen kann. Auch die von ihr organisierten Modenschauen auf der ISPO – Internationale Sportartikel Messe in München setzten Maßstäbe. Im Jahr 2001 gründete Ulrike Luckmann in Weyarn südlich vor München ihre PR-Agentur.

Bettina Maurer

Jahrgang 1966, Studium Bekleidungstechnik an der Fachhochschule Sigmaringen und am Scottish College of Textiles in Galashiels/Schottland, Abschluss als Diplom-Bekleidungsingenieurin (FH). Mehrere Praktika in führenden Unternehmen der Bekleidungsindustrie und im Deutschen Fachverlag, Frankfurt. Seit 1.3.1992 beim Deutschen Fachverlag in Frankfurt, zunächst Volontärin, seit 1.6.1993 als Redakteurin, zunächst im Mode-, jetzt im Wirtschafts-Ressort.

Hedda Mikuta

Jahrgang 1949, sammelte zunächst Erfahrungen als freie Mitarbeiterin bei einer Bamberger Tageszeitung und absolvierte anschließend ein Volontariat bei der im Meisenbach Verlag erscheinenden Fachzeitschrift *Baby&Junior*. Nach Jahren als Redakteurin wurde sie im August 1985 zur Chefredakteurin von *Baby&Junior* berufen. Seit Januar 2002 ist sie darüber hinaus als Chefredakteurin für das zweimal jährlich erscheinende Kindermodemagazin *style<14* verantwortlich.

Dietram Neuper

Jahrgang 1955, Dipl.-Ing. (Textiltechnik); 1971 Eintritt in die Westdeutsche Verlagsanstalt als Redakteur für die Fachzeitschriften *Heimtex* und *Aussteuer, Bett & Couch* (jetzt *Haustex*); seit 1976 stellvertretender Chefredakteur und seit 1979 Chefredakteur bei *Haustex*, der in Europa führenden Fachzeitschrift in den Bereichen Betten, Bettwaren, Decken, Matratzen/Schlafsysteme, Bett- und Tischwäsche sowie Haushaltstextilien.

Prof. Dr.-Ing. Heinrich M. F. Planck

Prof. Dr.- Ing. Heinrich M. F. Planck, Jahrgang 1947, ist seit 1998 Direktor des Instituts für Textil- und Verfahrenstechnik Denkendorf der Deutschen Institute für Textil- und Faserforschung Stuttgart und Ordinarius auf dem Lehrstuhl für Textiltechnik/Textilmaschinenbau der Universität Stuttgart. Der in Rottenburg am Neckar geborene Wissenschaftler studierte an der Universität Stuttgart Maschinenbau und war ab 1974 als wissenschaftlicher Mitarbeiter am Institut für Textil- und Verfahrenstechnik verantwortlich für den Aufbau des Forschungsbereichs Biomedizintechnik und Flechttechnik/Faserverbundwerkstoffe. 1980 promovierte er an der Universiät Stuttgart auf dem Gebiet der Verfahrenstechnik und Textiltechnik. Seit 1990 arbeitet Prof. Dr. Planck als Dozent an der Universität Stuttgart auf dem Gebiet der Biomedizinischen Verfahrenstechnik. 1996 übernahm er die Professur für das gleichnamige Vertiefungsfach und zwei Jahre später auch die Lehrtätigkeit im Hauptfach Textiltechnik/Textilmaschinenbau. Prof. Planck ist Herausgeber von fünf Fachbüchern und veröffentlichte über 80 Fachpublikationen. Er ist Mitglied in nationalen und internationalen Fachgremien und wurde mehrfach für seine wissenschaftlichen Leistungen ausgezeichnet.

Kirsten Reinhold

Jahrgang 1973; nach einer Ausbildung zum Herrenmaßschneider studierte Reinhold Kulturwissenschaften und Journalistik an der Universität Leipzig und an der Royal Holloway University of London.

Als Journalistin arbeitete sie unter anderem für die *Freie Presse*, die *Leipziger Morgenpost*, die *Rundschau*, *Madame* und den Nachrichtensender *n-tv*. Reinhold war Redakteurin bei der Wirtschaftszeitung *geld&betrieb* und der Fachzeitschrift *TOP HAIR* beim Magazinpresse Verlag in München. Im November 2000 kam sie als Redakteurin zu der im Deutschen Fachverlag in Frankfurt erscheinenden Fachzeitschrift *TextilWirtschaft* ins Industrie-Ressort. Seit Januar 2003 ist Reinhold deren Korrespondentin für Berlin, Brandenburg, Sachsen, Sachsen-Anhalt und Mecklenburg-Vorpommern.

Siegrid Riedel

Dipl.-Ing. Textiltechnologie, übersiedelte nach ihrem Studium an der TH Dresden 1986 in die BRD. 1988 war sie wissenschaftliche Mitarbeiterin beim VTDI in Ratingen und arbeitete dort beim Aufbau der Textildatenbank TITUS mit. 1989 erfolgte die Eingliederung des VTDI in die FIZ Technik in Frankfurt am Main; dort arbeitete Riedel am Aufbau der Textildatenbank TOGA mit. Seit dieser Zeit ist sie auch im Vertrieb der Textildatenbank tätig.

Stefan Roller-Aßfalg, M.A.

Jahrgang 1966; Studium der Osteuropäischen Geschichte, Slavistik und Ethnologie an der Universität Heidelberg. Langjährige Tätigkeit als freier Mitarbeiter bei der Südwest-Presse, Ulm. Seit 1999 war Roller-Aßfalg als Fachzeitschriftenredakteur im Verlagshaus Gruber, Rödermark, tätig. Seit März 2001 ist er Chefredakteur der Zeitschrift *SIP-Textil*, Fachzeitschrift für Textilveredlung & Promotion, und seit Januar 2002 stellvertretender Chefredakteur von *PPF Personal Protection & Fashion*, Fachzeitschrift für persönlichen Arbeitsschutz und Berufsbekleidung.

Ilona Sauerbier

Studium Textil-Design in Münchberg; anschließend Produktentwicklung in unterschiedlichen textilen Branchen und Unternehmen. Seit 19 Jahren Redakteurin bei der im Deutschen Fachverlag in Frankfurt am Main erscheinenden Fachzeitschrift *TextilWirtschaft*. Nachdem Sauerbier dort in unterschiedlichen Bereichen des Moderessorts gearbeitet hat und eine Zeit lang das Ressort Wohnen betreute, kümmert sie sich seit 10 Jahren um Strümpfe und hat vor drei Jahren den Bereich Outfit (Schuhe, Taschen, Accessoires) aufgebaut. Sauerbier ist eine der Autorinnen des im Deutschen Fachverlag erschienenen Buches „Strümpfe. Mode, Markt und Marketing".

Iris Schlomski

Dipl.-Ing. für Bekleidungstechnik, ist seit 1992 freie Fachjournalistin und seit 2001 Chefredakteurin der Fachzeitschrift *texDECOR* (Meisenbach Verlag, Bamberg). Sie hat Mann und Kind und lebt heute mit ihrer Familie in Duderstadt bei Göttingen.

Dr. Reinhold Schneider

Jahrgang 1963; Chemiestudium an der Universität Stuttgart, 1992 Promotion. Seit 1.12.1992 Wissenschaftlicher Mitarbeiter am DITF Denkendorf mit Schwerpunkt Textildruck.

Die wissenschaftlichen Arbeiten von Dr. Schneider befassen sich schwerpunktmäßig mit dem Fachbereich Textildruck, Färberei und Ausrüstung. Sowohl Fragestellungen des konventionellen Textildrucks als auch die innovative Inkjetdrucktechnologie sind Gegenstand der Forschungsarbeiten. Diese schließt Arbeiten auf dem Gebiet der Rheologie ebenso ein wie die zukunftsweisenden Arbeiten auf dem Gebiet der Steuerung von industriellen Wasch-prozessen. Die Arbeiten auf dem Gebiet der Flammschutzausrüs-tung sind von grundlegender Bedeutung für die Entwicklung von innovativen formaldehydfreien/-armen Flammschutzausrüstungs-verfahren. Darüber hinaus wird durch die Entwicklung biologisch abbaubarer Textilhilfsmittel und Recycling von Druckverdickungs-mitteln auch der Bereich des Umweltschutzes abgedeckt. Diese Arbeiten sind in über 80 Publikationen, Fachbeiträgen und For-schungsprojekten dokumentiert.

Regine Schulte Strathaus

Hat an der Fachhochschule Wiesbaden Modedesign studiert (Designer grad. FH) und war anschließend in diversen Textilverlagen als Redakteurin für Textil- und Schuhmode tätig, u.a. als Chefredakteurin der damals im Deutschen Fachverlag, Frankfurt am Main, erscheinenden Fachzeitschrift *Schuh-Wirtschaft*. Schulte Strathaus wechselte später in den Bereich Medizin/Gesundheit und betreute im Verlag Medical Tribune, Wiesbaden, eine Apotheken-Kundenzeitschrift. Seit 20 Jahren schreibt Schulte Strathaus inzwischen für die Fach- und Publikumspresse mit Themen zu Gesundheit, Beauty, Wellness, Psychologie, Frau, Familie und Mode. Darüber hinaus berät sie Unternehmen hinsichtlich Pressearbeit und Konzeption.

Schulte Strathaus hat eines der ersten Ratgeber-Bücher zur Knochenkrankheit Osteoporose verfasst und ist eine der Autorinnen des erfolgreichen Handbuchs „Selbstmedikation" der Stiftung Warentest.

Karl-Heinz Umbach

Prof. Dr. rer. nat., Dipl. Phys., Jahrgang 1944, stellvertretender Leiter des Bekleidungsphysiologischen Instituts Hohenstein e.V. und Direktor der Abteilung Bekleidungsphysiologie; Honorarprofessor an der Universität Kassel und an der North Carolina State University, Raleigh, USA. Arbeitsgebiete: Bekleidungsphysiologie, Wechselwirkung Körper-Klima-Kleidung, Tragekomfort von Textilien und Kleidung, funktionelle Sport-, Arbeits- und Schutzbekleidung, klimatischer Sitzkomfort auf Kfz-Sitzen und Polstermöbeln.

Umbach ist Obmann von vier und Mitarbeiter in 15 nationalen und internationalen Normenausschüssen (u.a. für Schutzbekleidung) und Autor zahlreicher Veröffentlichungen auf dem Gebiet „Bekleidungsphysiologie".

Ihr professioneller Partner im E-Zeitalter

- E-Publishing-Lösungen
- Cross-Media-Publishing-Lösungen (z.B. E-Shop und Katalog)
- E-Business-Lösungen (CRM, SRM etc.)
- Digitale Druckvorstufe mit Bildbearbeitung (z.B. Katalogproduktion)

Lassen Sie sich einfach ein kostenloses Angebot unterbreiten.

Zu Preisen, die Sie wirklich überzeugen werden.

Ihr Ansprechpartner:
Deutscher Fachverlag
Mainzer Landstraße 251
60326 Frankfurt am Main
Jürgen Frühschütz
☎ 069 / 75 95 21 11
Juergen.Fruehschuetz@dfv.de

Scotchlite™
Reflective Material

We make people visible

Zertifizierte Sichtbarkeit für den Verbraucher

Bestimmt durch die verstärkte Mobilität unserer Gesellschaft und die daraus resultierende immer größere Verkehrsdichte ist das Erkennen von Fußgängern und Sportlern bei Dämmerung und in der Dunkelheit ein beständiges Sicherheitsthema unserer Zeit.

Die Sichtbarkeit eines Bekleidungsteiles wird bestimmt durch das Design, die Qualität und die Fläche des verwendeten Reflexmaterials. Auf der Grundlage aktueller Studien hat 3M eine Spezifikation entwickelt, die bei größtmöglicher Designfreiheit eine Rundumsichtbarkeit von 360° ermöglicht. Die Erfüllung dieser Spezifikation berechtigt, nach Prüfung durch ein Testinstitut, zur Nutzung eines CE-Zeichens.

In Bereichen, in denen die Norm EN 471 für Berufsbekleidung nicht greift, kann so auch für Corporate Fashion eine sinnvolle Anordnung von Reflexmaterial erreicht werden. Durch das CE-Zeichen wird auch in diesem Bereich eine Rundumsichtbarkeit gewährleistet.

Design — Qualität — Fläche

360° visibility

TM of 3M Co.

3M Deutschland GmbH
Personal Safety & Insulation Products
Carl-Schurz-Str. 1, 41453 Neuss
Tel. 02131/14-2044, Fax 02131/14-3852
www.scotchlite.de

TEXTILTECHNIK

Hans J. Koslowski
Chemiefaser-Lexikon
Begriffe - Zahlen - Handelsnamen

11., überarbeitete und erweiterte Auflage,
322 Seiten, zahlreiche s/w-Abbildungen,
Tabellen und Statistiken, gebunden

ISBN 3-87150-496-3   **€ 68,-**

Aus dem Inhalt:
Über 1.500 technische Begriffe mit Erklärung ●
Marktdaten, Produktionsländer und Einsatzgebiete
chemischer Fasern ● Handelsmarken und Produzenten
weltweit ● u. v. m.

Jetzt auch in Englisch erhältlich!

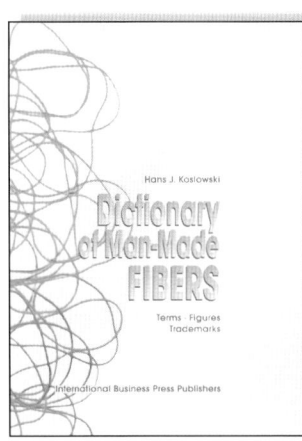

Hans J. Koslowski
Dictionary of Man-Made Fibers
Terms - Figures - Trademarks

328 pages, with a wealth of pictures and tables,
hardback

ISBN 3-87150-583-8   **€ 78,-**

**The standard work for the fiber, textile and clothing
industry contains:**
technicals terms and their explanation ● market data,
producer countries and man-made fiber application
ranges ● fiber trade marks and producers throughtout
the world ● a. s. o.

Ihr direkter Weg: www.dfv-fachbuch.de